中长期水文预报与 SPSS 应用

旦木仁加甫　编著

黄河水利出版社

·郑州·

内 容 提 要

本书系统地介绍了基于 SPSS Statistics 17.0 中文版环境平台的有关中长期水文预报的方法、统计检验及分析计算过程,并通过 SPSS 应用实例,详细介绍了每一种中长期水文预报方法的 SPSS 实现过程和输出结果。主要内容有:SPSS 简介与数据文件的建立,周期均值叠加,一元线性回归分析,多元线性回归分析,逐步回归分析,后向逐步剔除回归分析,前向逐步引入回归分析,强迫剔除回归分析,加权最小二乘回归分析,曲线参数估计法,平稳时间序列分析,非平稳序列逐步回归趋势分析,非平稳序列逐步回归周期分析,枯季退水曲线分析,含分类自变量的回归分析,二值 Logistic 回归分析,多项 Logistic 回归分析,有序回归分析,非线性回归分析等。本书是一本实用性、可操作性和可读性紧密结合的、探索和研究中长期水文预报方法与 SPSS 应用技术的参考书和工具书。

本书可供从事中长期水文预报与 SPSS 应用的工程技术、教学和研究人员阅读、使用,也可作为高等学校水文学及水资源专业的上机实习教材,还可供其他领域从事中长期预报和 SPSS 应用的人员参考。

图书在版编目(CIP)数据

中长期水文预报与 SPSS 应用/旦木仁加甫编著. —郑州:黄河水利出版社,2011.6
ISBN 978 - 7 - 5509 - 0069 - 1

Ⅰ.①中… Ⅱ.①旦… Ⅲ.①水文预报:中期预报 - 统计分析 - 软件包,SPSS ②水文预报:长期预报 - 统计分析 - 软件包,SPSS Ⅳ.①P338

中国版本图书馆 CIP 数据核字(2011)第 119294 号

组稿编辑:王路平　电话:0371 - 66022212　E-mail:hhslwlp@126.com

出　版　社:黄河水利出版社
　　　　　地址:河南省郑州市顺河路黄委会综合楼 14 层　　邮政编码:450003
发行单位:黄河水利出版社
　　　　　发行部电话:0371 - 66026940、66020550、66028024、66022620(传真)
　　　　　E-mail:hhslcbs@126.com
承印单位:河南地质彩色印刷厂
开本:787 mm×1 092 mm　1/16
印张:13.5
字数:310 千字　　　　　　　　　　　　印数:1—1 700
版次:2011 年 6 月第 1 版　　　　　　　印次:2011 年 6 月第 1 次印刷

定价:39.00 元

前　言

　　中长期水文预报是根据前期水文气象要素,用天气学、数理统计、宇宙－地球物理分析等方法,对未来较长时间的水文要素进行科学预测的一门边缘学科。近几年来,中长期水文预报在理论研究和生产实践方面有了长足的进展,但由于影响因素的复杂性和科学技术水平的限制,目前仍处于探索、发展阶段。通常把预见期为 3～15 d 的称为中期预报,15 d 至 1 年以内的称为长期预报,1 年以上的称为超长期预报。对径流预报而言,预见期超过流域最大汇流时间的即为中长期预报。

　　SPSS 是目前世界上最流行的著名统计软件之一,被广泛应用于社会科学和自然科学的各个领域。在国际学术界有条不成文的规定,即在国际学术交流中,凡是用 SPSS 软件完成的计算和统计分析,可以不必说明算法,由此可见其影响之大和信誉之高。

　　SPSS 的基本功能包括数据管理、统计分析、图表分析和输出管理,可为中长期水文预报提供崭新的操作环境平台和丰富的技术方法。SPSS 基本内容包括描述性统计等十几个大类,每个类包括多种统计过程(即模块),每个统计过程又允许用户选择不同的方法及参数。SPSS 可根据数据绘制各种图形,还以图表和相关信息的形式输出统计分析结果。

　　目前,在国内市面上还未见到结合中长期水文预报方法、生产实践及现行《水文情报预报规范》(GB/T 22482—2008)而编著成书的 SPSS 应用专著,鉴于此,作者结合自己 25 年的基层水文水资源工作实践,精心编著了本书。本书系统地介绍了基于 SPSS Statistics 17.0 中文版环境平台的有关中长期水文预报的方法、统计检验、分析计算过程及 SPSS 应用实例。全书共分 19 章,主要内容有:SPSS 简介与数据文件的建立,周期均值叠加,一元线性回归分析,多元线性回归分析,逐步回归分析,后向逐步剔除回归分析,前向逐步引入回归分析,强迫剔除回归分析,加权最小二乘回归分析,曲线参数估计法,平稳时间序列分析,非平稳序列逐步回归趋势分析,非平稳序列逐步回归周期分析,枯季退水曲线分析,含分类自变量的回归分析,二值 Logistic 回归分析,多项 Logistic 回归分析,有序回归分析,非线性回归分析等。

　　全书主要特点:

　　(1)第 1 章是 SPSS 简介与数据文件的建立,是与中长期水文预报有关的 SPSS 应用的预备知识。

　　(2)第 2～19 章分别介绍了 18 种中长期水文预报方法与 SPSS 应用,每章只介绍一种方法,基本按照中长期水文预报方法(基本思路、计算公式或回归方程)、统计检验、分析计算过程、SPSS 应用实例等步骤来介绍。

　　(3)上述步骤中,分析计算过程是按照我国现行《水文情报预报规范》(GB/T 22482—2008)的要求编写的,而 SPSS 应用实例是按照分析计算过程来介绍的。在每个应用实例中,还详细介绍了相应中长期水文预报方法的 SPSS 实现过程和输出结果,有些实例中说明了注意事项,有些还提出了建设性的讨论意见。

（4）一部分中长期水文预报方法有可能在不同章节中重复应用,遇此情形时除内容有所变动外,只指明了首次介绍过该方法的章节以供参阅。

（5）应用实例介绍与启用了打开数据、新建查询、单因素 ANOVA、计算变量、线图、线性回归、散点/点状、曲线估计、自相关、创建模型、均值、排序个案、描述、重新编码为不同变量、个案汇总、频率、二元 Logistic 回归、多项 Logistic 回归、有序回归、非线性回归等 20个 SPSS 模块,其中一部分模块在不同章节中可能会重复启用,此时除需要选择不同的方法及参数外,也只指明了首次介绍过该模块的章节以供参阅。

（6）一种中长期水文预报方法可由不同的 SPSS 模块来实现,书中除枯季退水曲线分析外,其他方法一般以一个 SPSS 模块为主,另外几个 SPSS 模块为辅。

（7）中长期水文预报技术方法有所创新,如作者首次提出了有关枯季退水曲线分析的历年开始消退值三分位数分组法,经 SPSS 应用,效果很好;再如利用序列平均值和距平值构建分类变量的做法,将会启迪和拓展中长期水文预报的建模思路。

（8）SPSS 结果输出和结果分析中的有关表格均用中英文予以对照,以方便 SPSS Statistics 英文版本的用户。

（9）每一种中长期水文预报方法既可由 SPSS 来建立相应的中长期水文预报方案,又可由 SPSS 来验证相应方案。

（10）SPSS 的应用为中长期水文预报提供了崭新的操作环境平台,即从数据管理、统计分析、图表分析到输出管理自成系统。

（11）SPSS 的应用为中长期水文预报提供了丰富的技术方法,如后向逐步剔除回归分析、前向逐步引入回归分析、强迫剔除回归分析、加权最小二乘回归分析、含分类自变量的回归分析、二值 Logistic 回归分析、多项 Logistic 回归分析、有序回归分析等。

（12）SPSS 是国际上公认的著名统计软件之一,所以用 SPSS 实现中长期水文预报,有利于与国际通用统计学方法的接轨。

总之,本书是一本实用性、可操作性和可读性紧密结合的,探索和研究中长期水文预报方法与 SPSS 应用技术的参考书和工具书,可供从事中长期水文预报与 SPSS 应用的工程技术、教学和研究人员阅读、使用,也可作为高等学校水文学及水资源专业的上机实习教材,还可供其他领域从事中长期预报和 SPSS 应用的人员参考。

由于中长期水文预报及 SPSS 应用技术发展迅速,加上作者水平有限,书中难免有不足之处,敬请广大读者批评指正。反馈意见请发电子邮件至:dmrjf@ sina. com。

旦木仁加甫

2011 年 3 月 18 日于新疆库尔勒

目　录

第 1 章　SPSS 简介与数据文件的建立

1.1　SPSS 简介

1.1.1　SPSS Statistics 概述

SPSS 是"Statistical Package for Social Sciences"(社会科学统计软件包)的缩写。1968年,3 位美国斯坦福大学的研究生开发了最早的 SPSS 统计软件系统,1975 年,在此基础上于芝加哥联合成立了 SPSS 公司。1984 年,SPSS 总部推出了世界上第一个统计分析软件微机版本 SPSS/PC＋,极大地扩充了它的应用范围。随着 SPSS 产品服务领域的扩大和服务程度的加深,SPSS 公司于 2000 年正式将英文全称更改为"Statistical Product and Service Solutions",意思是"统计产品与服务解决方案"。目前,该系统已经发展成为世界上最流行的著名统计软件之一,被广泛应用于社会科学和自然科学的各个领域。在国际学术界有条不成文的规定,即在国际学术交流中,凡是用 SPSS 软件完成的计算和统计分析,可以不必说明算法,由此可见其影响之大和信誉之高。

SPSS 的基本功能包括数据管理、统计分析、图表分析和输出管理。SPSS 基本内容主要有描述性统计、均值比较、相关分析、回归分析、聚类分析、判别分析、因子分析、主成分分析、可靠性分析、时间序列分析、生存分析等十几个大类,每个类包括多种统计过程(即模块),例如回归分析中又分线性回归分析、曲线估计、Logistic 回归等统计过程,每个统计过程又允许用户选择不同的方法及参数。SPSS 专有的绘图系统,可以根据数据绘制各种图形。SPSS 还以图表和相关信息的形式输出统计分析结果。

本书以 SPSS Statistics 17.0 中文版为环境平台,结合中长期水文预报与 SPSS 应用而撰写,书中的 SPSS 结果输出和结果分析中的有关表格均用中英文予以对照,以方便 SPSS Statistics 英文版本的用户。

1.1.2　SPSS 的启动、主界面和退出

1.1.2.1　SPSS 启动

单击 Windows 的"开始"按钮,在"所有程序"菜单项"SPSS Statistics"中找到子菜单"SPSS Statistics"并单击,或双击 Windows 桌面上"SPSS Statistics"快捷方式,即可启动 SPSS。

1.1.2.2　SPSS 数据编辑窗口

SPSS 主界面主要有两个,一个是 SPSS 数据编辑窗口,另一个是 SPSS 结果输出窗口。本节先介绍数据编辑窗口。

SPSS 数据编辑窗口与微软公司的 Excel 比较相似,但是 SPSS 的数据统计功能比

Excel 强很多。

　　数据编辑窗口由标题栏、菜单栏、工具栏、变量名栏、数据输入区、数据编辑区、标尺栏、显示区滚动条、窗口切换标签和状态栏组成，见图 1-1 和图 1-2。

图 1-1　数据编辑窗口（数据视图）

图 1-2　数据编辑窗口（变量视图）

　　本节主要介绍数据编辑窗口的菜单栏和窗口切换标签，其他内容请参阅 SPSS 专业书籍。

　　菜单栏列出了 SPSS 的命令菜单，每个菜单对应一组相应的功能。例如，"文件"菜单用来实现有关文件的调入、存储、显示和打印等；"编辑"菜单用来实现有关文件内容的选择、复制、剪贴、寻找和替换等；"视图"菜单用来对数据编辑窗口的各栏目是否显示进行选择；"数据"菜单用来实现数据变量定义，数据格式选定，观察对象的选择、排序、加权，数据文件的转换、连接、汇总等；"转换"菜单用来实现有关数据的计算、重新赋值、缺失值替代等；"分析"菜单用一系列的统计方法输出分析数据、图表等；"图形"菜单用来绘制相关统计图；"实用程序"菜单供用户进行命令解释、字体选择、文件信息、定义输出标题、窗口设计等；"附加内容"菜单供用户应用 SPSS 的辅助软件进行深入分析；"窗口"菜单用来实现对窗口的管理；"帮助"菜单帮助用户调用、查询、显示帮助文件等。

　　在数据编辑窗口下方有两个标签："数据视图"和"变量视图"，即窗口切换标签。"数据视图"对应的表格用于查看、录入和修改数据，见图 1-1；"变量视图"对应的表格用于输入和修改变量的定义，见图 1-2。

　　在数据编辑窗口中完成变量定义、数据输入后，单击某个统计功能菜单，SPSS 会自动完成统计分析，并弹出结果输出窗口，其中存放了数据统计的结果。

1.1.2.3　SPSS 结果输出窗口

　　SPSS 结果输出窗口是显示和管理 SPSS 统计分析结果、报表、图形及相关信息的窗口,见图1-3。

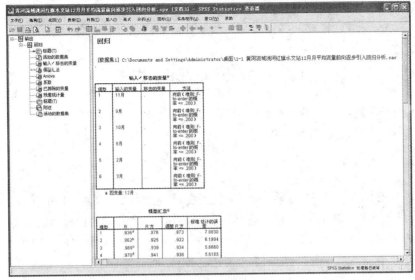

图1-3　结果输出窗口

结果输出窗口左边部分是索引输出区,右边部分是详解输出区。可以对详解输出区中的统计表格进行编辑等操作。

结果输出窗口中的内容可以以文件类型 ∗.spo 的形式保存,也可以以 ∗.doc 的形式导出。如果用户要单独保存统计表格或图形,应选中目标并单击鼠标右键,选择复制命令,粘贴到用户所需的文件中即可(表格或图形的输出格式必须是 SPSS 所支持的)。

1.1.2.4　退出 SPSS

依次单击菜单"文件→退出",或单击标题栏上关闭按钮即可退出 SPSS。

1.1.3　SPSS 统计分析基本步骤

SPSS 统计功能强大,但操作简单,其基本步骤归纳如下。

1.1.3.1　数据输入

将数据以电子表格的方式输入到 SPSS 中,也可以从其他可转换的数据文件中导入数据。数据输入主要有两项工作,一是定义变量,二是输入变量值。

1.1.3.2　数据预分析

输入完数据后,根据统计分析工作的需要,用户要对数据进行必要的预分析,包括数据的编辑、加工、基本统计特性描述等,以保证后续统计分析工作的有效性。

1.1.3.3　统计分析

按照统计分析工作要求和数据基本特点确定统计分析方法,并进行相应的统计分析。

1.1.3.4　统计结果可视化

统计分析完成后,SPSS 会自动生成一系列可视化的数据、统计图表及相关信息,用户可根据统计分析工作和数据基本特点的需求来选择使用。

1.1.3.5 保存和导出统计分析结果

将数据编辑窗口中的数据、结果输出窗口中的统计图表及相关信息以 SPSS 自带的文件格式进行保存,也可以以 SPSS 许可的其他文件格式导出,以供其他系统使用。

1.2　数据文件的建立

在使用 SPSS 软件进行数据分析时,首先要建立数据文件。一个数据文件的建立主要包括定义变量、数据输入、数据文件的保存等内容。

1.2.1　定义变量

输入数据前要定义变量,包括定义变量名、变量类型、变量宽度、小数点后位数、变量名标签、变量值标签、变量缺失值、变量列宽、变量对齐格式及度量标准等信息。

单击数据编辑窗口下方的“变量视图”标签,见图 1-2,在此界面即可按照 SPSS 的定义规则定义变量。本节主要介绍如何定义变量名、变量类型、小数点后位数、变量名标签及变量度量标准的属性,其他内容请参阅 SPSS 专业书籍。

1.2.1.1 变量名

(1)变量名总长度不能超过 64 个字符,即最多可容纳 32 个汉字或 64 个英文字母,长变量名将在结果输出时被分为多行显示。

(2)变量名必须以字母、汉字或@开头,英文字母不区分大小写,不能以圆点结尾。

(3)ALL、AND、BY、EQ、GE、GT、LE、LT、NE、NOT、OR、TO、WITH 等 SPSS 内部特有的字符不能作为变量名。

(4)SPSS 默认的变量名是以 VAR 开头,后面补足 5 位数字,如 VAR00001。

(5)变量名必须是唯一的,不允许与其他变量名重名。

(6)变量名避免使用下画线结尾,以免与 SPSS 某些程序自动生成的变量名发生冲突。

如果变量名不符合其命名规则,SPSS 会自动给出错误提示信息。

1.2.1.2 变量类型

SPSS 中,变量类型有 8 种,见图 1-4,其中数值型、日期型、字符串型是常用的基本变量类型。

数值型是系统默认的标准数据类型,默认的最大数值显示宽度是 8 位,小数点后位数是 2 位,见图 1-4。用户可以对数值显示宽度和小数点后位数进行修改,这不会影响实际数据的存储,也不影响数据的计量。

日期型数据主要用来表示日期或不同格式的时间,有很多显示格式,见图 1-5,用户可以根据需要进行选择。

字符串型数据的默认最大显示宽度是 8 个字符位,见图 1-6,它不能进行算术运算,但区分英文字

图 1-4　变量类型对话框(数值型)

母大小写,也可支持文字数字混排。

图1-5　变量类型对话框(日期型)

图1-6　变量类型对话框(字符串型)

1.2.1.3　小数点后位数

小数点后位数用来确定类似数值型变量的小数点后的位数,见图1-7,可在对应的单元格内输入正整数或单击上下箭头来确定小数点后位数。

图1-7　小数点后位数对话框

1.2.1.4　变量名标签

通过在变量名标签内输入文字,可以对变量含义进行详细的说明,从而提高变量名的可视性和分析结果的可读性。

1.2.1.5　变量度量标准

SPSS 给出的变量度量标准有度量尺度、有序尺度和名义尺度 3 种,见图1-8。度量尺度是定距或定比的数值型变量的度量标准。有序尺度是包含一定次序的描述性分类变量的度量标准,有序变量可为字符串型或数值型,并进行明确的分类。名义尺度是无序分类变量的度量标准,名义变量可为字符串型或有明确注解的数值变量。

图1-8　变量度量标准对话框

1.2.2　数据输入与保存

定义了所有变量后,单击"数据视图"标签,就可以在数据视图中输入数据。数据编辑窗口中亮光显示的单元为当前激活的单元,意味着在该单元中可以输入或修改数据。

数据输入时可以逐行输入,即输入完一个数据后,按 Tab 键,本行的右边单元被激活,再输入另一个数据。也可以逐列输入数据,也就是按照变量输入数据,输入完一个数据后,按回车键,本列的下边单元被激活,再输入另一个数据。

在输入数据时,应及时保存数据,防止数据的丢失。保存步骤为:在数据编辑窗口依次单击菜单"文件→保存",可直接保存为 SPSS 默认的数据文件格式(∗ . spo);或者,依次单击菜单"文件→另存为",在弹出的数据保存对话框中,确定保存数据文件的路径、文件名以及文件格式后单击"保存"按钮即可。SPSS 支持的数据文件保存格式很多,用户可以根据自己的需要进行选择。

1.2.3　建立数据文件的其他方式

建立数据文件的方式除前面介绍的人工输入数据外,还有打开其他格式的数据文件、使用数据库查询和导入文本文件等方式。

1.2.3.1　直接打开其他格式的数据文件

在数据编辑窗口依次单击菜单"文件→打开→数据",见图1-9,弹出如图1-10所示的打开数据对话框。

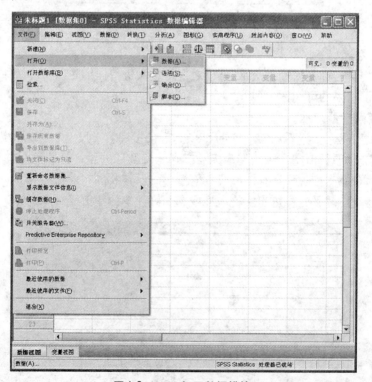

图1-9　SPSS 打开数据模块

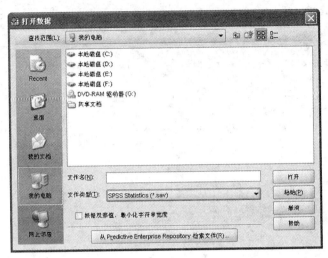

图 1-10　打开数据对话框

　　在图 1-10 中可以打开不同格式的数据文件，SPSS 可以打开的数据文件类型有：SPSS（.sav、.sys、.syd、.por）、Excel（.xls）、Lotus（.w）、Text（.txt）等。

1.2.3.2　使用数据库查询建立数据文件

　　在数据编辑窗口依次单击菜单"文件→打开数据库→新建查询"，见图 1-11，弹出如图 1-12 所示的数据库向导对话框。

图 1-11　SPSS 新建查询模块

在图 1-12 中选中所需的数据源,根据向导的提示即可将数据导入 SPSS。

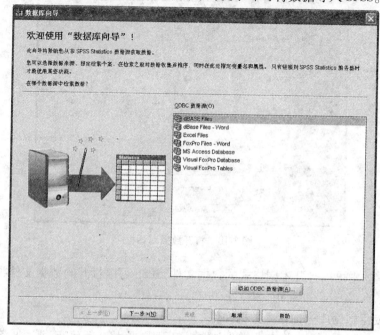

图 1-12　数据库向导对话框

1.2.3.3　导入文本文件建立数据文件

在数据编辑窗口依次单击菜单"文件→检索",弹出与图 1-10 一样的打开数据对话框,从中可以将选中的文本文件(.txt)导入 SPSS。

第 2 章　周期均值叠加

2.1　基本思路、F 检验与分析计算过程

2.1.1　基本思路

一个随时间变化的等时距水文要素观测样本,可以看成是有限个不同周期波叠加而成的过程。从样本序列中识别周期时,可以将序列分成若干组,当分组组数等于客观存在的周期长度时,组内各个数据的差异小,而组间各个数据的差异大;反之,如果组间差异显著大于组内差异,序列就存在周期,其长度就是组间差异最大而组内差异最小的分组组数。通常一个序列的总体差异是固定的,组间差异增大,组内差异则减小。那么,组内差异比组间差异小到什么程度才算是显著呢? 通常是用 F 检验来进行判断。

2.1.2　F 检验

设某水文要素随时间变化的等时距样本序列为 $X_1, X_2, \cdots, X_n$,排成表 2-1 的形式,其中 $j = 1, 2, \cdots, b$,表示分为 b 组,$b = 2, 3, \cdots, m$(当样本数 n 为偶数时,$m = n/2$;当 n 为奇数时,$m = (n-1)/2$;就是说,可能存在的周期数 b 为 $2, 3, \cdots, m$)。i 为每组含有的项数,$i = 1, 2, \cdots, a$,表示每组有 a 个数据。T_j 为每组的合计数,$\bar{X}_j$ 为每组的组平均值。对于不同的 b,可算得相应的方差比 F:

表 2-1　试验周期分组排列

i		试验周期分组(j)			
		1	2	$\cdots$	b
每组项数	1	X_{11}	X_{12}	$\cdots$	X_{1b}
	2	X_{21}	X_{22}	$\cdots$	X_{2b}
	$\vdots$	$\vdots$	$\vdots$		$\vdots$
	a	X_{a1}	X_{a2}	$\cdots$	X_{ab}
T_j		T_1	T_2	$\cdots$	T_b
$\bar{X}_j$		$\bar{X}_1$	$\bar{X}_2$	$\cdots$	$\bar{X}_b$
$T_j \times T_j$		$T_1 \times T_1$	$T_2 \times T_2$	$\cdots$	$T_b \times T_b$
$T_j \times T_j / a_j$		$T_1 \times T_1 / a_j$	$T_2 \times T_2 / a_j$	$\cdots$	$T_b \times T_b / a_j$

$$F = (S_1/f_1)/(S_2/f_2)$$

式中:S_1 为组间离差平方和,$S_1 = \sum (T_j \times T_j/a - T \times T/n)$,$T = \sum T_j$;$S_2$ 为组内离差平方和,$S_2 = \sum \sum (X_{ij} \times X_{ij}) - \sum (T_j \times T_j/a)$;$f_1 = b - 1$,为对应于 S_1 的自由度;$f_2 = n - b$,为对应于 S_2 的自由度。

当 b 分别取 $2,3,\cdots,m$ 时,可计算得 $m - 1$ 个不同的 F 值,SPSS 会自动给出其相伴概率 ρ 值,用户可挑选最小的 ρ 值,与给定的显著性水平 α(即信度)值相比较。

$\rho < \alpha$,则表明在这一信度水平上,差异显著,有周期存在,所对应的分组组数 b 即为周期长度,各组平均值即为对应于 b 的周期波振幅;$\rho \geqslant \alpha$,则表明在这一信度水平上,差异不显著,不存在周期。

2.1.3　分析计算过程

(1)建立由等时距水文观测变量序列组成的 SPSS 数据文件并保存。

(2)打开 SPSS 数据文件,在数据编辑窗口构建分组变量:确定等时距水文观测变量分组组数 $b(b = 2,3,\cdots,m)$,每组定义一个相应变量;变量取值很简单,如 $b = 3$ 时,依序取值为 $1,2,3,1,2,3\cdots$,排列至观测变量序列终止时刻(或时段)。

(3)接着在数据编辑窗口识别周期。

从观测变量序列识别第一周期波,若通过 F 检验,按周期长度 b 将观测变量各组平均值从序列开始时刻(或时段)排列至终止时刻(或时段),构成第一周期波序列。从观测变量序列中剔除第一周期波序列,生成新序列。

从新序列识别第二周期波,若通过 F 检验,将新序列各组平均值按上述方法排序,构成第二周期波序列。从新序列中剔除第二周期波序列,生成另一个新序列。

其余周期波的识别也以此类推,直到不能识别或者不想识别周期为止。

(4)最后在数据编辑窗口对所识别的各周期波序列进行叠加,计算观测变量与相应周期波叠加值之间的相对拟合误差,生成相应的历史拟合曲线图,保存数据编辑窗口中的数据和结果输出窗口中的统计结果、相关信息等。

(5)进行预报:外延叠加值即为预报值。

2.2　SPSS 应用实例

本次选用笔者编著的《常用中长期水文预报 Visual Basic 6.0 应用程序及实例》中列举的浙江省钱塘江流域金华江金华水文站 1952 ~ 1973 年年最高水位序列,用 SPSS 进行了周期均值叠加分析和预报,两者结果完全一致。

2.2.1　构建分组变量

金华江金华水文站 1952 ~ 1973 年年最高水位序列见图 2-1,可见,其样本容量 $n = 22$,为偶数,所以 $m = n/2 = 11$,可以生成分组组数 b 为 $2,3,\cdots,11$ 的 10 个分组变量。

打开 SPSS 数据文件,在数据编辑窗口依序定义分组变量名为"分组 2","分组 3",$\cdots$,"分组 11",再按照 2.1.3 部分的方法给各变量输入值,构建的分组变量见图 2-2。

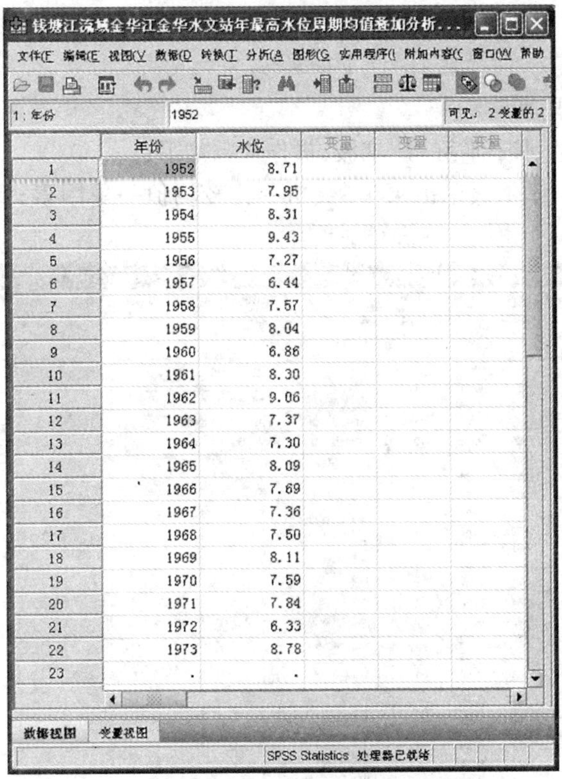

图 2-1　金华江金华水文站年最高水位序列

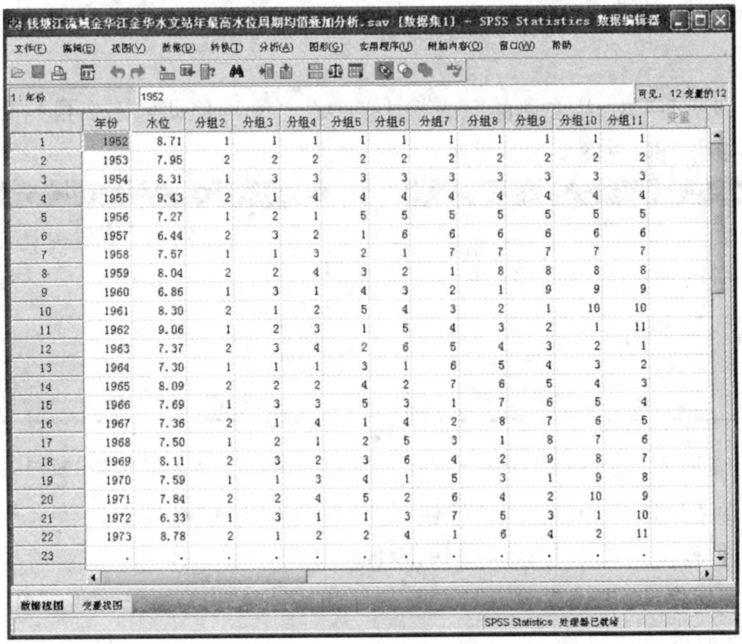

图 2-2　金华江金华水文站年最高水位及分组变量序列

2.2.2　识别周期

2.2.2.1　识别第一周期波

从年最高水位序列识别第一周期波,操作步骤如下:

步骤 1:在图 2-2 中依次单击菜单"分析→比较均值→单因素 ANOVA",见图 2-3,弹出如图 2-4 所示的单因素方差分析对话框。

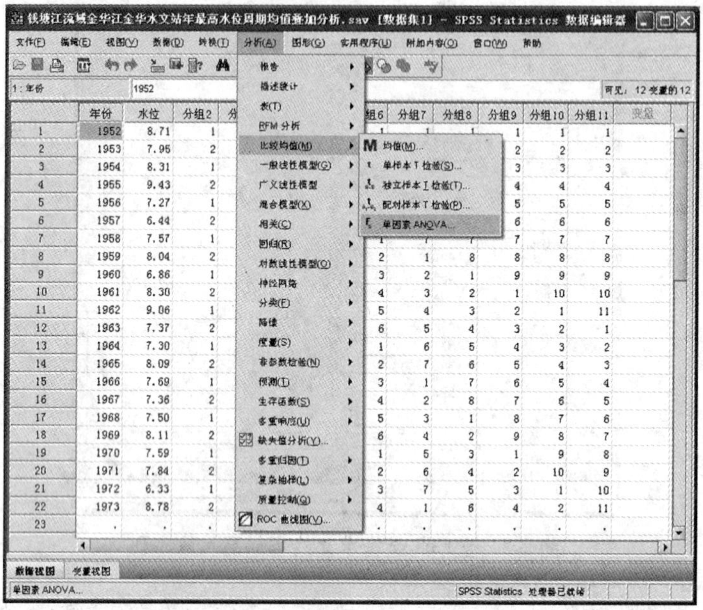

图 2-3　SPSS 单因素 ANOVA 模块

步骤 2:在图 2-4 中,从左侧的列表框中选择"水位",移动到因变量列表框,选择"分组 2",移动到因子框,见图 2-5。

图 2-4　单因素方差分析对话框(一)

图 2-5　单因素方差分析对话框(二)

步骤 3:单击图 2-5 中的"选项"按钮,打开选项对话框,见图 2-6,依次选择"描述性"和"方差同质性检验",单击"继续"按钮,返回图 2-5。

步骤 4:单击图 2-5 中的"确定"按钮,执行单因素方差分析的操作。在 SPSS 结果输出窗口将自动显示统计结果。

输出结果见表 2-2、表 2-3。表 2-2 是金华江金华水文站年最高水位对应"分组 2"变量(即分为两组)的统计量描述。表 2-3 是金华江金华水文站年最高水位对应"分组 2"变量(即分为两组)的单因素方差分析结果。

图2-6　选项对话框

表 2-2　金华江金华水文站年最高水位分为两组时的统计量描述(Descriptives)

	N	均值 (Mean)	标准差 (Std. Deviation)	标准误 (Std. Error)	均值的95%置信区间 (95%Confidence Interval for Mean)		极小值 (Min)	极大值 (Max)
					下限 (Lower Bound)	上限 (Upper Bound)		
1	11	7.653 6	0.788 33	0.237 69	7.124 0	8.183 2	6.33	9.06
2	11	7.973 6	0.776 25	0.234 05	7.452 1	8.495 1	6.44	9.43
总数 (Total)	22	7.813 6	0.780 83	0.166 47	7.467 4	8.159 8	6.33	9.43

表 2-3　金华江金华水文站年最高水位分为两组时的单因素方差分析(Anova)

	平方和(Sum of Squares)	df	均方(Mean Square)	F	显著性(Sig.)
组间(Between Groups)	0.563	1	0.563	0.920	0.349
组内(Within Groups)	12.240	20	0.612		
总数(Total)	12.804	21			

同理,将图2-5因子框中的"分组2"变量,依次改为"分组3","分组4",…,"分组11",重复上述操作步骤,可得到对应不同分组变量的统计量描述、单因素方差分析结果。

表 2-4(本表非 SPSS 操作完成,是手工制表,表2-6、表 2-8、表 2-10 同)是对应"分组2","分组3",…,"分组11"等10个分组变量的金华江金华水文站年最高水位序列统计量 F 及相伴概率 ρ 值,可见,仅在分组组数 $b = 7$ 时,$\rho = 0.027 < \alpha = 0.05$,通过信度 $\alpha = 0.05$ 的 F 检验,说明存在长度为7(年)的第一周期。

表 2-4　对应不同分组的年最高水位序列统计量 F 及相伴概率 p 值

分组组数 b	统计量 F 值	相伴概率 p
2	0.920	0.349
3	2.654	0.096
4	1.092	0.378
5	0.163	0.954
6	1.305	0.311
7	3.342	0.027
8	0.853	0.564
9	0.987	0.487
10	0.880	0.567
11	1.279	0.345

表 2-5 是对应"分组 7"变量的统计量描述,各组平均值 8.305 0、7.390 0、8.036 7、8.866 7、7.410 0、7.193 3、7.330 0 即为对应于 b 的第一周期波振幅,按周期长度 b 将观测变量各组平均值依次从 1952 年排列至 1974 年(其中 1974 年是序列外延值),构成第一周期波序列,见图 2-7 中的"第一周期"列。

表 2-5　金华水文站年最高水位分为七组时的统计量描述(Descriptives)

	N	均值 (Mean)	标准差 (Std. Deviation)	标准误 (Std. Error)	均值的 95% 置信区间 (95% Confidence Interval for Mean)		极小值 (Min)	极大值 (Max)
					下限 (Lower Bound)	上限 (Upper Bound)		
1	4	8.305 0	0.528 55	0.264 28	7.464 0	9.146 0	7.69	8.78
2	3	7.390 0	0.545 62	0.315 01	6.034 6	8.745 4	6.86	7.95
3	3	8.036 7	0.464 79	0.268 35	6.882 1	9.191 3	7.50	8.31
4	3	8.866 7	0.680 91	0.393 12	7.175 2	10.558 1	8.11	9.43
5	3	7.410 0	0.163 71	0.094 52	7.003 3	7.816 7	7.27	7.59
6	3	7.193 3	0.706 07	0.407 65	5.439 4	8.947 3	6.44	7.84
7	3	7.330 0	0.904 21	0.522 05	5.083 8	9.576 2	6.33	8.09
总数 (Total)	22	7.813 6	0.780 83	0.166 47	7.467 4	8.159 8	6.33	9.43

从年最高水位序列中剔除第一周期波序列,生成新序列,起名"新序列 1",其序列值可由 SPSS 自动生成,生成过程如下:

步骤 1:在图 2-7 中依次单击菜单"转换→计算变量",见图 2-8,弹出如图 2-9 所示的计算变量对话框。

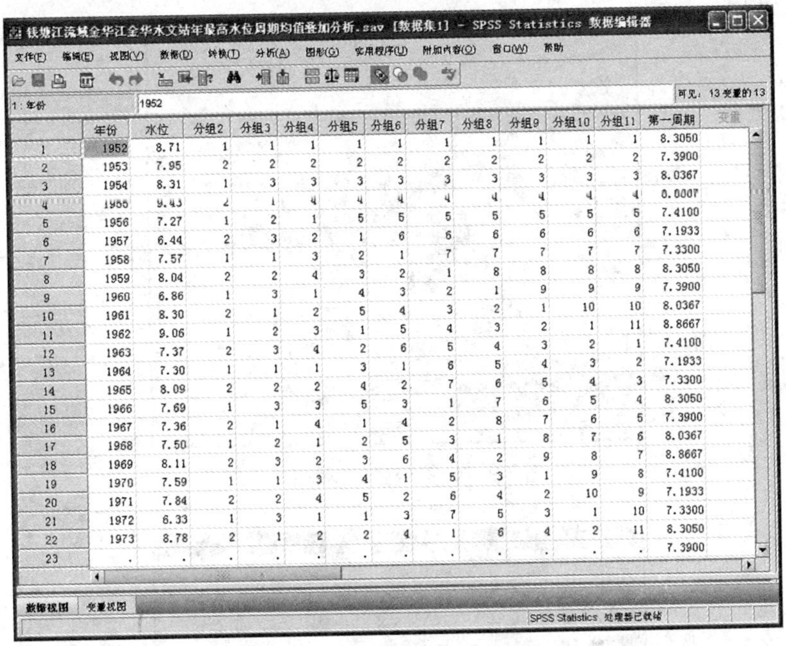

图 2-7　第一周期波识别结果

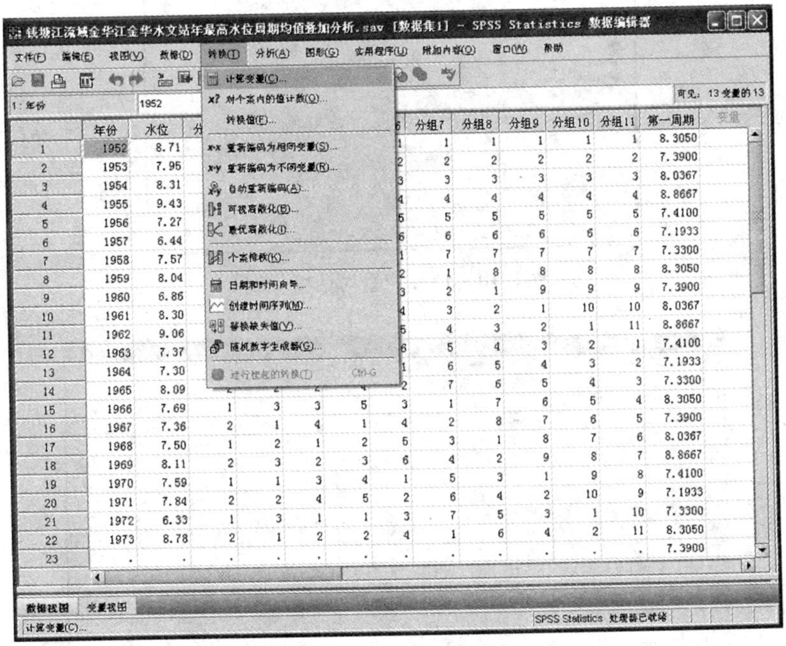

图 2-8　SPSS 计算变量模块

　　步骤 2：在图 2-9 左上侧目标变量框中输入存放计算结果的变量名"新序列 1"，在数字表达式框内输入运算表达式"水位 – 第一周期"，见图 2-10。

　　步骤 3：单击图 2-10 中的"确定"按钮，执行变量的计算操作，自动生成"新序列 1"序列，见图 2-11。

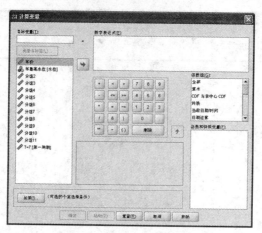

图 2-9　计算变量对话框(一)

图 2-10　计算变量对话框(二)

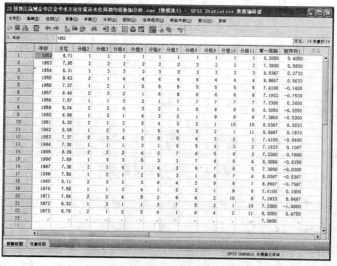

图 2-11　生成的"新序列 1"序列

2.2.2.2　识别第二周期波

从"新序列 1"序列识别第二周期波。将因变量由"水位"改为"新序列 1",重复上述识别第一周期波的步骤,得到如表 2-6 所示的对应"分组 2","分组 3",…,"分组 11"等 10 个分组变量的"新序列 1"序列统计量 F 及相伴概率 ρ 值。可见,分组组数 $b=3$、6、9 时,$\rho<\alpha=0.05$,通过信度 $\alpha=0.05$ 的 F 检验,说明存在长度为 3(年)、6(年)或 9(年)的第二周期,本次选取周期长度 $b=6$。

表 2-7 是对应"分组 6"变量的统计量描述,各组平均值 0.232 925、0.425 425、−0.467 925、0.317 900、−0.161 133、−0.516 667 即为对应 b 的第二周期波振幅,按周期长度 b 将各组平均值依次从 1952 年排列至 1974 年(其中 1974 年是序列外延值),构成第二周期波序列,从"新序列 1"序列中剔除第二周期波序列,生成新序列,见图 2-12 中的"第二周期"和"新序列 2"两列。

表 2-6　对应不同分组的"新序列 1"序列统计量 F 及相伴概率 ρ 值

分组组数 b	统计量 F 值	相伴概率 ρ
2	1.442	0.244
3	7.923	0.003
4	0.874	0.473
5	0.647	0.636
6	4.170	0.013
7	0.000	1.000
8	0.616	0.735
9	3.761	0.017
10	1.572	0.229
11	0.801	0.633

表 2-7　"新序列 1"序列的统计量描述(Descriptives)

	N	均值 (Mean)	标准差 (Std. Deviation)	标准误 (Std. Error)	均值的 95% 置信区间 (95% Confidence Interval for Mean)		极小值 (Min)	极大值 (Max)
					下限 (Lower Bound)	上限 (Upper Bound)		
1	4	0.232 925	0.127 008 7	0.063 504 4	0.030 826	0.435 024	0.106 7	0.405 0
2	4	0.425 425	0.467 511 2	0.233 755 6	−0.318 490	1.169 340	−0.265 0	0.760 0
3	4	−0.467 925	0.534 790 5	0.267 395 3	−1.318 896	0.383 046	−1.000	0.273 3
4	4	0.317 900	0.263 892 1	0.131 946 1	−0.102 011	0.737 811	−0.030 0	0.563 3
5	3	−0.161 133	0.365 458 6	0.210 997 6	−1.068 983	0.746 716	−0.536 7	0.193 3
6	3	−0.516 667	0.412 808 9	0.238 335 4	−1.542 141	0.508 808	−0.756 7	−0.040 0
总数 (Total)	22	−0.000 005	0.510 774 4	0.108 897 5	−0.226 469	0.226 460	−1.000	0.760 0

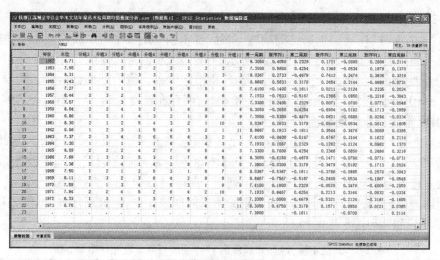

图 2-12　周期波识别结果

2.2.2.3　识别第三周期波

从"新序列 2"序列识别第三周期波。将因变量由"水位"改为"新序列 2",重复上述识别第一周期波的步骤,得到表 2-8 所示的对应"分组 2","分组 3",…,"分组 11"等 10 个分组变量的"新序列 2"序列统计量 F 及相伴概率 ρ 值。可见,仅在分组组数 $b=8$ 时,$\rho=0.045<\alpha=0.05$,通过信度 $\alpha=0.05$ 的 F 检验,说明存在长度为 8(年)的第三周期。

表 2-9 是对应"分组 8"变量的统计量描述,各组平均值 $-0.088\,522$、$-0.053\,353$、$0.347\,578$、$0.314\,447$、$-0.212\,389$、$0.085\,014$、$-0.070\,000$、$-0.519\,163$ 即为对应 b 的第三周期波振幅,按周期长度 b 将各组平均值依次从 1952 年排列至 1974 年(其中 1974 年是序列外延值),构成第三周期波序列,从"新序列 2"序列中剔除第三周期波序列,生成新序列,见图 2-12 中的"第三周期"和"新序列 3"两列。

表 2-8　对应不同分组的"新序列 2"序列统计量 F 及相伴概率 ρ 值

分组组数 b	统计量 F 值	相伴概率 ρ
2	0.000	1.000
3	0.000	1.000
4	0.873	0.473
5	0.350	0.840
6	0.000	1.000
7	0.294	0.931
8	2.845	0.045
9	1.548	0.232
10	1.487	0.256
11	2.509	0.074

表 2-9　"新序列 2"序列的统计量描述(Descriptives)

	N	均值 (Mean)	标准差 (Std. Deviation)	标准误 (Std. Error)	均值的 95% 置信区间 (95% Confidence Interval for Mean)		极小值 (Min)	极大值 (Max)
					下限 (Lower Bound)	上限 (Upper Bound)		
1	3	−0.088 522	0.274 777 2	0.158 642 7	−0.771 107	0.594 062	−0.375 6	0.172 1
2	3	−0.053 353	0.187 307 1	0.108 141 8	−0.518 649	0.411 944	−0.240 0	0.134 6
3	3	0.347 578	0.397 119 4	0.229 277 0	−0.638 922	1.334 077	−0.052 9	0.741 2
4	3	0.314 447	0.141 003 3	0.081 408 3	−0.035 824	0.664 719	0.221 3	0.476 7
5	3	−0.212 389	0.286 492 5	0.165 406 5	−0.924 076	0.499 298	−0.532 1	0.021 1
6	3	0.085 014	0.292 347 3	0.168 786 8	−0.641 217	0.811 245	−0.236 6	0.334 6
7	2	−0.070 000	0.109 000 5	0.077 075 0	−1.049 331	0.909 331	−0.147 1	0.007 1
8	2	−0.519 163	0.242 201 8	0.171 262 5	−2.695 259	1.656 934	−0.690 4	−0.347 9
总数 (Total)	22	0.000 000	0.336 576 3	0.071 758 3	−0.149 230	0.149 230	−0.690 4	0.741 2

2.2.2.4　识别第四周期波

从"新序列 3"序列识别第四周期波。将因变量由"水位"改为"新序列 3",重复上述识别第一周期波的步骤,得到如表 2-10 所示的对应"分组 2","分组 3",…,"分组 11"等 10 个分组变量的"新序列 3"序列统计量 F 及相伴概率 p 值。可见,仅在分组组数 $b=11$ 时, $p=0.003 < \alpha = 0.05$,通过信度 $\alpha = 0.05$ 的 F 检验,说明存在长度为 11(年)的第四周期。

表 2-11 是对应"分组 11"变量的统计量描述,各组平均值 0.211 409、0.137 046、0.321 604、−0.073 061、0.202 393、−0.304 346、−0.054 803、−0.285 883、−0.033 362、−0.160 466、0.039 471 即为对应 b 的第四周期波振幅,按周期长度 b 将各组平均值依次从 1952 年排列至 1974 年(其中 1974 年是序列外延值),构成第四周期波序列,见图 2-12 中"第四周期"列。

从"新序列 3"序列中剔除第四周期波序列,生成新序列,按照上述步骤从中识别第五周期波,结果都不能通过信度 α 为 0.05 和 0.10 的 F 检验,说明在给定信度 α 下不能识别第五周期波,周期识别到此结束。

表 2-10　对应不同分组的"新序列 3"序列统计量 F 及相伴概率 ρ 值

分组组数 b	统计量 F 值	相伴概率 ρ
2	0.000	1.000
3	0.218	0.806
4	0.000	1.000
5	0.140	0.965
6	0.193	0.961
7	0.321	0.916
8	0.000	1.000
9	1.009	0.474
10	0.827	0.605
11	6.401	0.003

表 2-11　"新序列 3"序列的统计量描述（Descriptives）

	N	均值（Mean）	标准差（Std. Deviation）	标准误（Std. Error）	均值的 95% 置信区间（95% Confidence Interval for Mean） 下限（Lower Bound）	上限（Upper Bound）	极小值（Min）	极大值（Max）
1	2	0.211 409	0.069 563 0	0.049 188 5	−0.413 591	0.836 408	0.162 2	0.260 6
2	2	0.137 046	0.071 958 0	0.050 882 0	−0.509 471	0.783 563	0.086 2	0.187 9
3	2	0.321 604	0.101 884 2	0.072 043 0	−0.593 789	1.236 997	0.249 6	0.393 6
4	2	−0.073 061	0.005 676 7	0.004 014 0	−0.124 064	−0.022 058	−0.077 1	−0.069 0
5	2	0.202 393	0.044 023 8	0.031 129 5	−0.193 145	0.597 930	0.171 3	0.233 5
6	2	−0.304 346	0.024 467 3	0.017 301 0	−0.524 176	−0.084 516	−0.321 6	−0.287 0
7	2	−0.054 803	0.186 502 9	0.131 877 5	−1.730 465	1.620 860	−0.186 7	0.077 1
8	2	−0.285 883	0.162 097 9	0.114 620 5	−1.742 274	1.170 509	−0.400 5	−0.171 3
9	2	−0.033 362	0.084 583 4	0.059 809 5	−0.793 314	0.726 589	−0.093 2	0.026 4
10	2	−0.160 466	0.225 170 4	0.159 219 5	−2.183 542	1.862 609	−0.319 7	−0.001 2
11	2	0.039 471	0.046 125 3	0.032 615 5	−0.374 949	0.453 890	0.006 9	0.072 1
总数（Total）	22	0.000 000	0.216 242 5	0.046 103 1	−0.095 876	0.095 877	−0.400 5	0.393 6

2.2.3　周期叠加

本次共识别了四个周期波,将所识别的四个周期波按照对应年限进行叠加,可得到周期叠加序列,SPSS 自动生成过程如下:

步骤 1:在图 2-12 中依次单击菜单"转换→计算变量",弹出计算变量对话框,在对话框左上侧目标变量框中输入存放计算结果的变量名"周期叠加",在数字表达式框内输入数字表达式"第一周期 + 第二周期 + 第三周期 + 第四周期",见图 2-13。

图 2-13　计算变量对话框

步骤 2:单击图 2-13 中的"确定"按钮,执行变量的计算操作,自动生成周期叠加序列,见图 2-14。

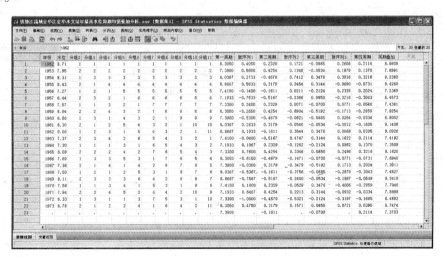

图 2-14　生成的周期叠加序列

2.2.4　相对拟合误差与历史拟合曲线

2.2.4.1　相对拟合误差

在图 2-14 中，按照 2.2.3 部分中生成周期叠加序列的操作步骤，将图 2-13 目标变量框中的“周期叠加”改为“相对拟合误差”，数字表达式框中的“第一周期 + 第二周期 + 第三周期 + 第四周期”改为“（周期叠加 − 水位）×100/水位”，再单击“确定”按钮，可自动生成金华江金华水文站年最高水位与其估计值（即周期叠加序列）之间的相对拟合误差序列，见图 2-15。

	年份	水位	分组2	分组3	分组4	分组5	分组6	分组7	分组8	分组9	分组10	分组11	第一周期	新序列1	第二周期	新序列2	第三周期	新序列3	第四周期	周期叠加	相对拟合误差
1	1952	8.71	1	1	1	1	1	1	1	1	1	1	8.3050	0.4050	0.2329	0.1721	-0.0885	0.2606	0.2114	8.6608	-0.5647
2	1953	7.95	2	2	2	2	2	2	2	2	2	2	7.3900	0.5600	0.4254	0.1346	-0.0534	0.1879	0.1370	7.8991	-0.6400
3	1954	8.31	1	3	3	3	3	3	3	3	3	3	8.0367	0.2733	-0.4679	0.7412	0.3476	0.3936	0.3216	8.2380	-0.8669
4	1955	9.43	2	1	4	4	4	4	4	4	4	4	8.8667	0.5633	0.3179	0.2454	0.3144	-0.0690	-0.0731	9.4260	-0.0426
5	1956	7.27	1	2	1	5	5	5	5	5	5	5	7.4100	-0.1400	-0.1611	0.0211	-0.2124	0.2335	0.2024	7.2389	-0.4282
6	1957	6.44	2	3	2	1	6	6	6	6	6	6	7.1933	-0.7533	-0.5167	-0.2366	0.0850	-0.3216	-0.3043	6.4573	0.2686
7	1958	7.57	1	1	3	2	1	7	7	7	7	7	7.3300	0.2400	0.2329	0.0071	-0.0700	0.0771	-0.0548	7.4381	-1.7421
8	1959	8.04	2	2	4	3	2	1	8	8	8	8	8.3050	-0.2650	0.4254	-0.6904	-0.5192	-0.1713	-0.2859	7.9254	-1.4256
9	1960	6.86	1	3	1	4	3	2	1	9	9	9	7.3900	-0.5300	-0.4679	-0.0621	-0.0885	0.0264	-0.0334	6.8002	-0.8719
10	1961	8.30	2	1	2	5	4	3	2	1	10	10	8.0367	0.2633	0.3179	-0.0546	-0.0534	-0.0012	-0.1605	8.1408	-1.9183
11	1962	9.06	1	2	3	1	5	4	3	2	1	11	8.8667	0.1933	-0.1611	0.3544	0.3476	0.0069	0.0395	9.0926	0.3600
12	1963	7.37	2	3	4	2	6	5	4	3	2	1	7.4100	-0.0400	-0.5167	0.4767	0.3144	0.1622	0.2114	7.4192	0.6874
13	1964	7.30	1	1	1	3	1	6	5	4	3	2	7.1933	0.1067	0.2329	-0.1262	-0.2124	0.0862	0.1370	7.3509	0.6970
14	1965	8.09	2	2	2	4	2	7	6	5	4	3	7.3300	0.7600	0.4254	0.3346	0.0850	0.2496	0.3216	8.1620	0.8905
15	1966	7.69	1	3	3	5	3	1	7	6	5	4	8.3050	-0.6150	-0.4679	-0.1471	-0.0700	-0.0771	-0.0731	7.6940	0.0522
16	1967	7.36	2	1	4	1	4	2	8	7	6	5	7.3900	-0.0300	0.3179	-0.3479	-0.5192	0.1713	0.2024	7.3911	0.4230
17	1968	7.50	1	2	1	2	5	3	1	8	7	6	8.0367	-0.5367	-0.1611	-0.3756	-0.0885	-0.2870	-0.3043	7.4827	-0.2307
18	1969	8.11	2	3	2	3	6	4	2	9	8	7	8.8667	-0.7567	-0.5167	-0.2400	-0.0534	-0.1867	-0.0548	8.2419	1.6261
19	1970	7.59	1	1	3	4	1	5	3	1	9	8	7.4100	0.1800	0.2329	-0.0529	0.3476	-0.4005	-0.2859	7.7046	1.5101
20	1971	7.84	2	2	4	5	2	6	4	2	10	9	7.1933	0.6467	0.4254	0.2213	0.3144	-0.0932	-0.0334	7.8998	0.7629
21	1972	6.33	1	3	1	1	3	7	5	3	1	10	7.3300	-1.0000	-0.4679	-0.5321	-0.2124	-0.3197	-0.1605	6.4892	2.5153
22	1973	8.78	2	1	2	2	4	1	6	4	2	11	8.3050	0.4750	0.3179	0.1571	0.0850	0.0721	0.0395	8.7474	-0.3715
23	.	.	.	.	.	.	.	.	.	.	.	.	7.3900	.	-0.1611	.	-0.0700	.	0.2114	7.3703	.

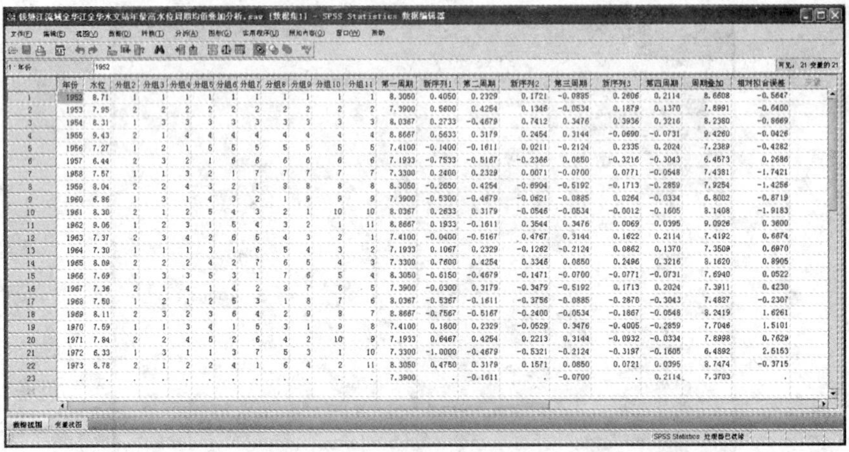

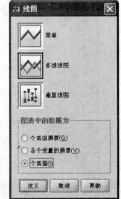

图 2-15　生成的相对拟合误差(%)序列

2.2.4.2　历史拟合曲线

可由 SPSS 自动生成由金华江金华水文站年最高水位与其估计值（即周期叠加序列）组成的历史拟合曲线图，生成过程如下：

步骤 1：在图 2-15 中依次单击菜单“图形→旧对话框→线图”，弹出如图 2-16 所示的线图对话框。

步骤 2：在图 2-16 中选择“多线线图”图表和“个案值”选项按钮，单击“定义”按钮，弹出如图 2-17 所示的多线线图与个案值对话框。

步骤 3：在图 2-17 左侧的列表框中选择“水位”和“周期叠加”，移动到线的表征框内，在类别标签选项钮中选择“变量”，然后从左侧的变量列表框中选择“年份”，移动到“变量”选项按钮下面的列表框内，见图 2-18。

步骤 4：单击图 2-18 中的“确定”按钮，即可在结果输出窗口显示历史拟合曲线图，见图 2-19，金华江金华水文站历年年最高水位与其估计值（周期叠加值）拟合的非常好。

周期均值叠加分析在 SPSS 上的操作过程到此结束，用户应选择路径保存数据编辑窗口、结果输出窗口中的数据与结果。

图 2-16　线图对话框

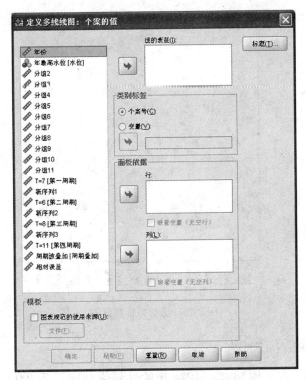

图 2-17　多线线图与个案值对话框(一)

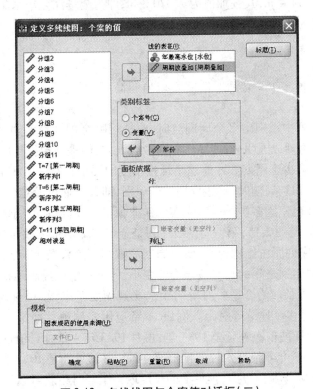

图 2-18　多线线图与个案值对话框(二)

图 2-19　历史拟合曲线图

2.2.5　周期外延叠加预报

由图 2-15 可见,四个周期波在 1974 年的外延值分别是 7.390 0 m、− 0.161 1 m、− 0.070 0 m 和 0.211 4 m,其叠加值为 7.370 3 m,即为金华江金华水文站 1974 年年最高水位预报值,实况为 7.32 m,相差 0.69%。

2.2.6　注意事项

(1)信度 α 取值多少为合适? 信度 α 取值越高(不是越大)越好,一般取 0.05,不能低于 0.10。

(2)从同一序列中识别出多个周期波时,应选用哪个周期波? 通常所选用的周期波应满足三个条件:物理成因明确,能减少相对拟合误差,能提高预报精度。

(3)究竟识别多少个周期波才能满足预报精度的要求? 在 2.1.3 部分曾经提到直到不能识别或者不想识别周期时,终止周期波的识别,即只要通过给定信度 α 的 F 检验,能识别多少个周期波就识别多少个。但在实际作业预报中,所识别的周期波数不宜过多,一般不要超过 2 或 3,见图 2-15,第一周期波序列是金华江金华水文站年最高水位序列的主成分,其他周期波序列所占比例很小,所以周期波数多了就没有实际意义,可能使观测变量序列与周期叠加序列之间的相对拟合误差变小,但不一定能提高预报精度。

(4)预见期取多长较为合适? 对等时距水文观测变量来说,预见期的长度可以是一个等时距,也可以是多个连续等时距。例如,本章应用实例预见期是 1 年,如果将图 2-15 中所识别的四个周期波依次外延至 1983 年,再对 1983 年 4 个外延值进行叠加,便得到金华江金华水文站 1983 年年最高水位的预报值,可见,其预见期是 10 个连续等时距(1974 ~ 1983 年)。但在实际作业预报中,预见期的长度取一个等时距就可以了,否则预报精度会显著下降。

第 3 章　一元线性回归分析

3.1　回归方程、统计检验与分析计算过程

3.1.1　建立回归方程

所谓一元线性回归分析,就是研究具有线性关系的两个变量相关关系的方法。在中长期水文预报实践中,挑选与预报对象 Y 关系密切的一个影响因素作为预报因子 X,建立回归方程:

$$y_i = b_0 + b_1 x_i + u_i \quad (i = 1, 2, \cdots, n)$$

式中: b_0、b_1 为待估的回归系数; n 为样本容量; u_i 为除 X 对 Y 线性影响外的其他因素对 Y 的影响,称为随机误差。

假设随机误差总体服从 $N(0, \sigma^2)$ 分布且相互独立,就可在 X、Y 的观测样本下以最小二乘法来估计 b_0、b_1:

$$b_0 = \bar{y} - b_1 \bar{x}$$
$$b_1 = S_{xy}/S_{xx}$$

式中: $\bar{y}$、$\bar{x}$ 分别为 Y、X 的样本均值; $S_{xy} = \sum (x_i - \bar{x}) \times (y_i - \bar{y})$; $S_{xx} = \sum (x_i - \bar{x})^2$。

预报对象 Y 的估计值 $\hat{y}$ 可以由以下回归模型求得:

$$\hat{y}_i = b_0 + b_1 x_i$$

3.1.2　重要的样本统计量

除以上的 $\bar{y}$、$\bar{x}$、S_{xy}、S_{xx} 外,再补充几个重要的样本统计量:

(1)预报对象 Y 的 n 次观测值的总离差平方和 S_{yy}、残差平方和 Q、回归平方和 U。它们之间的关系式为:

$$S_{yy} = Q + U$$

式中: $S_{yy} = \sum (y_i - \bar{y})^2$; $Q = \sum (y_i - \hat{y}_i)^2$; $U = \sum (\hat{y}_i - \bar{y})^2$。

(2)决定性系数(又称判定系数) R^2, $R^2 = U/S_{yy}$。它测度了由回归模型作出的离差在预报对象 Y 的总离差中所占的比例。

(3)统计量 F, $F = (U/n_1)/(Q/n_2)$,式中 $n_1 = 1$, $n_2 = n - 2$。统计量 F 服从第一自由度为 1、第二自由度为 $n - 2$ 的 F 分布。

(4)统计量 t 有两种计算公式,其一是: $t = R \times \sqrt{n-2}/\sqrt{1-R^2}$,式中 R 是线性相关系数, $R = S_{xy}/\sqrt{S_{xx}S_{yy}}$;其二是: $t = b_k/S_{bk}$,式中 $k = 0$、1, S_{bk} 是回归系数 b_k 的标准误差。统计量 t 服从自由度为 $n - 2$ 的 t 分布。

(5)剩余标准差 S_y,$S_y = \sqrt{Q/(n-2)}$。它是指在排除了 X 对 Y 的线性影响以后,衡量 Y 随机波动大小的一个估计量。

3.1.3　回归效果的统计检验

3.1.3.1　回归方程的拟合优度检验

拟合优度检验是指通过检验样本数据聚集在样本回归直线周围的密集程度,来判断回归方程对样本数据的代表程度。通常用决定性系数 R^2 来实现回归方程的拟合优度检验。R^2 越接近 1,表明回归直线的拟合程度越好;R^2 越接近 0,表明回归直线的拟合程度越差。

3.1.3.2　回归方程的显著性检验(F 检验)

在 SPSS 操作中,会自动计算样本统计量 F 的观测值及相伴概率 ρ 值,用户可与给定的显著性水平 α(即信度)值相比较。$\rho < \alpha$,则表明在这一信度水平上,回归方程预报因子 X 与预报对象 Y 之间有线性回归关系;$\rho \geq \alpha$,则表明在这一信度水平上,回归方程预报因子 X 与预报对象 Y 之间无线性回归关系。

3.1.3.3　回归系数的显著性检验(t 检验)

在 SPSS 操作中,会自动计算样本统计量 t 的观测值及相伴概率 ρ 值,用户可与给定的显著性水平 α(即信度)值相比较。$\rho < \alpha$,则表明在这一信度水平上,回归方程的回归系数有统计学意义;$\rho \geq \alpha$,则表明在这一信度水平上,回归方程的回归系数无统计学意义。

在一元线性回归分析中,回归方程的显著性检验可以替代回归系数的显著性检验,并且 $F = t^2$。但在多元线性回归分析中,两种检验说明的问题不同、作用不同,所以不能相互替代。

3.1.4　分析计算过程

(1)建立由预报对象、预报因子两样本观测变量序列组成的 SPSS 数据文件并保存。

(2)打开 SPSS 数据文件,在数据编辑窗口进行一元线性回归分析,计算预报对象的估计值及相对拟合误差,生成由预报对象与其估计值组成的历史拟合曲线。保存数据编辑窗口中的数据和结果输出窗口中的统计结果、相关信息等。

(3)对回归效果进行统计检验。

(4)若通过统计检验,可用一元线性回归方程进行预报,也可进行概率区间预报。当预报对象 Y 服从正态分布时,对应预报因子观测值 x_i 的预报对象估计值 $\hat{y}_i$,落在区间 $[\hat{y}_i - S_y, \hat{y}_i + S_y]$ 内的可能性约为 68%,落在区间 $[\hat{y}_i - 2S_y, \hat{y}_i + 2S_y]$ 内的可能性约为 95%。可见,S_y 越小,用回归方程所估计的 $\hat{y}_i$ 值就越精确。

3.2　SPSS 应用实例

本次选用笔者编著的《常用中长期水文预报 Visual Basic 6.0 应用程序及实例》中列举的新疆伊犁河雅马渡水文站 1953～1974 年年平均流量、伊犁气象站上一年 11 月至本年 3 月降水总量为预报对象和预报因子,用 SPSS 进行了一元线性回归分析计算,并对 1975 年年平均流量进行了预报,两者结果完全一致。

3.2.1　一元线性回归分析

一元线性回归分析的操作步骤如下:

步骤 1:打开 SPSS 数据文件,伊犁河雅马渡水文站年平均流量及相关降水总量变量序列见图 3-1。

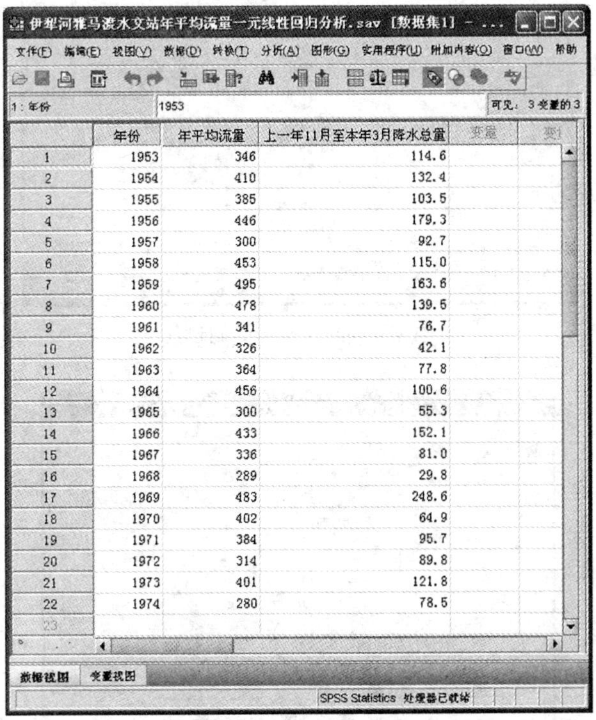

	年份	年平均流量	上一年11月至本年3月降水总量	变量	变量
1	1953	346	114.6		
2	1954	410	132.4		
3	1955	385	103.5		
4	1956	446	179.3		
5	1957	300	92.7		
6	1958	453	115.0		
7	1959	495	163.6		
8	1960	478	139.5		
9	1961	341	76.7		
10	1962	326	42.1		
11	1963	364	77.8		
12	1964	456	100.6		
13	1965	300	55.3		
14	1966	433	152.1		
15	1967	336	81.0		
16	1968	289	29.8		
17	1969	483	248.6		
18	1970	402	64.9		
19	1971	384	95.7		
20	1972	314	89.8		
21	1973	401	121.8		
22	1974	280	78.5		

图 3-1　伊犁河雅马渡水文站年平均流量及相关降水总量变量序列

步骤 2:在图 3-1 中依次单击菜单"分析→回归→线性",见图 3-2,弹出如图 3-3 所示的线性回归对话框。

步骤 3:在图 3-3 中,从左侧的列表框中选择"年平均流量",移动到因变量列表框,选择"上一年 11 月至本年 3 月降水总量",移动到自变量列表框,在"方法"下拉列表框中选择默认值"进入",即全部被选自变量一次性引入回归模型(方法下拉列表框提供了选择回归分析自变量的筛选方法),见图 3-4。

步骤 4:单击图 3-4 中的"统计量"按钮,打开统计量对话框,见图 3-5,依次选择"估计"、"模型拟合度"和"部分相关和偏相关性",单击"继续"按钮,返回图 3-4。

步骤 5:单击图 3-4 中的"保存"按钮,打开保存对话框,见图 3-6,在预测值选项组选择"未标准化",单击"继续"按钮,返回图 3-4。

图 3-2　SPSS 线性回归模块

图 3-3　线性回归对话框（一）

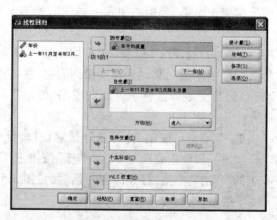

图 3-4　线性回归对话框（二）

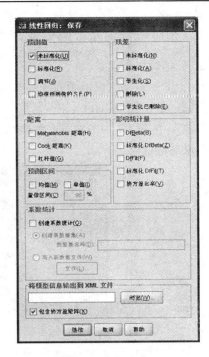

图 3-5 统计量对话框　　　　　　　图 3-6 保存对话框

步骤 6：单击图 3-4 中的"确定"按钮，执行一元线性回归的操作，SPSS 会自动以变量名"PRE_1"将伊犁河雅马渡水文站历年年平均流量非标准化估计值显示在数据编辑窗口，见图 3-7。

	年份	年平均流量	上一年11月至本年3月降水总量	PRE_1	变量
1	1953	346	114.6	390.77709	
2	1954	410	132.4	409.56375	
3	1955	385	103.5	379.06181	
4	1956	446	179.3	459.06344	
5	1957	300	92.7	367.66316	
6	1958	453	115.0	391.19926	
7	1959	495	163.6	442.49318	
8	1960	478	139.5	417.05731	
9	1961	341	76.7	350.77627	
10	1962	326	42.1	314.25838	
11	1963	364	77.8	351.93725	
12	1964	456	100.6	376.00106	
13	1965	300	55.3	328.19006	
14	1966	433	152.1	430.35573	
15	1967	336	81.0	355.31462	
16	1968	289	29.8	301.27658	
17	1969	483	248.6	532.20477	
18	1970	402	64.9	338.32219	
19	1971	384	95.7	370.82945	
20	1972	314	89.8	364.60241	
21	1973	401	121.8	398.37619	
22	1974	280	78.5	352.67605	

图 3-7 伊犁河雅马渡水文站历年年平均流量非标准化估计值

3.2.2　相对拟合误差与历史拟合曲线

3.2.2.1　相对拟合误差

可由 SPSS 自动生成伊犁河雅马渡水文站历年年平均流量与其估计值之间的相对拟合误差(%),生成过程如下:

步骤1:在图3-7 中依次单击菜单"转换→计算变量",见图3-8,弹出如图3-9 所示的计算变量对话框。

图 3-8　SPSS 计算变量模块

图 3-9　计算变量对话框(一)

步骤2:在图3-9 左上侧目标变量框中输入存放计算结果的变量名"相对拟合误差",在数字表达式框内输入运算表达式"(PRE_1 – 年平均流量)×100/年平均流量",见图3-10。

步骤3:单击图3-10 中的"确定"按钮,执行变量的计算操作,自动生成相对拟合误差序列,见图3-11。

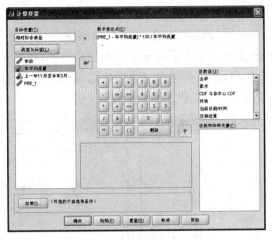

图 3-10　计算变量对话框(二)

	年份	年平均流量	上一年11月至本年3月降水总量	PRE_1	相对拟合误差
1	1953	346	114.6	390.77709	12.94135
2	1954	410	132.4	409.56375	-0.10640
3	1955	385	103.5	379.06181	-1.54239
4	1956	446	179.3	459.06344	2.92902
5	1957	300	92.7	367.66316	22.55439
6	1958	453	115.0	391.19926	-13.64255
7	1959	495	163.6	442.49318	-10.60744
8	1960	478	139.5	417.05731	-12.74952
9	1961	341	76.7	350.77627	2.86694
10	1962	326	42.1	314.25838	-3.60172
11	1963	364	77.8	351.93725	-3.31394
12	1964	456	100.6	376.00106	-17.54363
13	1965	300	55.3	328.19006	9.39669
14	1966	433	152.1	430.35573	-0.61069
15	1967	336	81.0	355.31462	5.74840
16	1968	289	29.8	301.27658	4.24795
17	1969	483	248.6	532.20477	10.18732
18	1970	402	64.9	338.32219	-15.84025
19	1971	384	95.7	370.82945	-3.42983
20	1972	314	89.8	364.60241	16.11542
21	1973	401	121.8	398.37619	-0.65432
22	1974	280	78.5	352.67605	25.95573

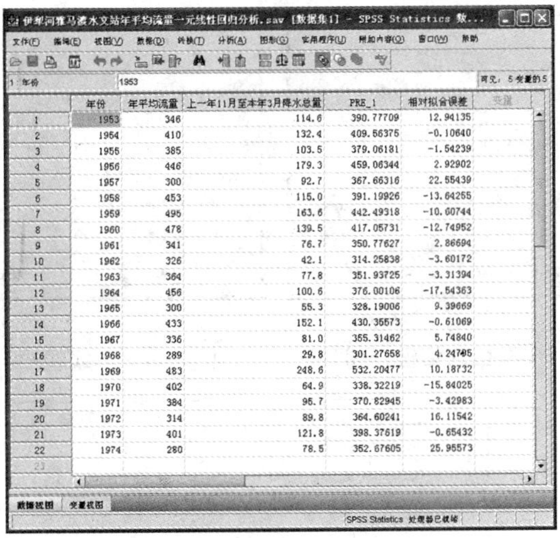

图 3-11　生成的相对拟合误差(%)序列

3.2.2.2　历史拟合曲线

可由 SPSS 自动生成由伊犁河雅马渡水文站历年年平均流量与其估计值组成的历史拟合曲线图,生成过程如下:

步骤 1:在图 3-11 中依次单击菜单“图形→旧对话框→线图”,弹出如图 3-12 所示的线图对话框。

图 3-12　线图对话框

步骤 2:在图 3-12 中选择“多线线图”图表和“个案值”选项,单击“定义”按钮,弹出如图 3-13 所示的多线线图与个案值对话框。

步骤 3:在图 3-13 左侧的列表框中选择“年平均流量”和“估计值”,移动到线的表征框内,在类别标签选项按钮中选择“变量”,然后从左侧的变量列表框中选择“年份”,移动到“变量”选

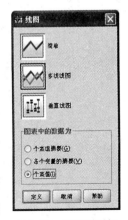

按项钮下面的列表框内,见图 3-14。

　　步骤 4:单击图 3-14 中的"确定"按钮,即可在结果输出窗口显示历史拟合曲线图,见图 3-15,伊犁河雅马渡水文站历年年平均流量与其估计值拟合尚可。

　　一元线性回归分析在 SPSS 上的操作过程到此结束,用户应选择路径保存数据编辑窗口、结果输出窗口中的数据与结果,供后继分析使用。

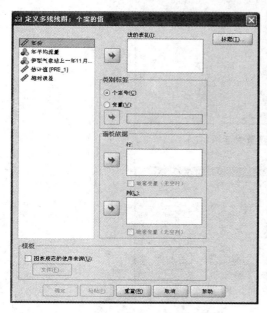

图 3-13　多线线图与个案值对话框(一)

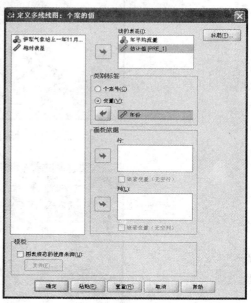

图 3-14　多线线图与个案值对话框(二)

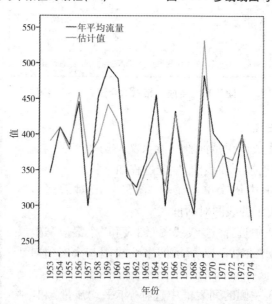

图 3-15　历史拟合曲线图

3.2.3　统计检验与预报

对 SPSS 结果输出窗口中的统计表格数据分析如下。

3.2.3.1　回归方程的拟合优度检验

表 3-1 是模型汇总情况,可见,一元线性回归(模型)的相关系数 $R = 0.768$,决定性系数 $R^2 = 0.589$,剩余标准差 $S_y = 44.544$。说明样本回归方程有一定的代表性。

表 3-1　模型汇总[b](Model Summary[b])

模型 (Model)	R	R^2 (R Square)	调整 R^2 (Adjusted R Square)	估计的标准误差 (Std. Error of the Estimate)
1	0.768[a]	0.589	0.569	44.544

注: a. 预测变量为常量、伊犁气象站上一年 11 月至本年 3 月降水总量。

　　b. 因变量为伊犁河雅马渡水文站年平均流量。

3.2.3.2　回归方程的显著性检验(F 检验)

表 3-2 是方差分析表,可见,一元线性回归分析的回归平方和 $U = 56\,938.612$,残差平方和 $Q = 39\,682.661$,离差平方和 $S_{yy} = 96\,621.273$。统计量 $F = 28.697$ 时,相伴概率[❶]值为 $\rho = 0.000 < 0.001$,说明回归方程预报因子 X 与预报对象 Y 之间有线性回归关系。

表 3-2　方差分析[b](Anova[b])

模型(Model)		平方和(Sum of Squares)	df	均方(Mean Square)	F	Sig.
1	回归(Regression)	56 938.612	1	56 938.612	28.697	0.000[a]
	残差(Residual)	39 682.661	20	1 984.133		
	总计(Total)	96 621.273	21			

注: 预测变量、因变量同表 3-1。

3.2.3.3　回归系数的显著性检验(t 检验)

表 3-3 是回归系数表,可见,常数项系数(表中采用 B,下同) $b_0 = 269.825$,回归系数 $b_1 = 1.055$。统计量 $t = 5.357$ 时,相伴概率值为 $\rho = 0.000 < 0.001$,说明回归系数有统计学意义。一元线性回归方程为:

$$\hat{y}_i = 269.825 + 1.055x_i$$

特别要提到的是,将表 3-3 中的回归系数 B 及其标准误差,或者偏相关系数代入 3.1.2 部分中的相应公式,便可计得统计量 t 的值。

---

　　❶　由于文中的表是国外 SPSS 软件的输出结果,所以会引起所用变量字母 SPSS 软件与国内惯例不一致,如相伴概率文中采用 ρ,而表中为 Sig.,余同。

表 3-3　回归系数^a（Coefficients^a）

模型（Model）		非标准化系数（Unstandardized Coefficients）		标准系数（Standardized Coefficients）	t	Sig.	相关性（Correlations）		
		B	标准误差（Std. Error）	Beta			零阶（Zero-order）	偏（Partial）	部分（Part）
1	常量	269. 825	23. 132		11. 664	0. 000			
	预测变量	1. 055	0. 197	0. 768	5. 357	0. 000	0. 768	0. 768	0. 768

注：预测变量、因变量同表 3-1。

3.2.3.4　预报

单值预报：伊犁气象站 1974 年 11 月至 1975 年 3 月降水总量是 90 mm，代入一元线性回归方程，计算得伊犁河雅马渡水文站 1975 年年平均流量的预报值为 365 m³/s，实况是 301 m³/s，相差 21.3%。

概率区间预报：表 3-1 显示剩余标准差 $S_y = 44.544$，所以 1975 年年平均流量预报值在区间［320，410］内的可能性约为 68%，在区间［276，454］内的可能性约为 95%。

第4章 多元线性回归分析

4.1 回归方程、统计检验与分析计算过程

4.1.1 建立回归方程

所谓多元线性回归分析,就是研究具有线性关系的一个因变量与一个以上自变量相关关系的方法。对于一元线性回归分析而言,由于引入回归方程的自变量只有一个,所以一元线性回归是多元线性回归的特例。

多元线性回归有5种建立回归方程的方法,包括强迫引入回归分析、逐步回归分析、后向逐步剔除回归分析、前向逐步引入回归分析和强迫剔除回归分析。本章介绍强迫引入回归分析(习惯称为多元线性回归分析)。

所谓强迫引入回归分析,就是将全部被选自变量一次性引入回归方程。在中长期水文预报实践中,挑选与预报对象 Y 关系密切的一个以上影响因素作为预报因子 $X_k(k=1,2,\cdots,m,m$ 是自变量总数,即预报因子总数),建立回归方程:

$$y_i = b_0 + b_1 x_{i1} + b_2 x_{i2} + \cdots + b_m x_{im} + u_i$$

式中:b_0、b_k 为待估的回归系数;$i=1,2,\cdots,n(n$ 是样本容量);u_i 是随机误差。假设随机误差总体服从 $N(0,\sigma^2)$ 分布且相互独立,就可在 X、Y 的观测样本下以最小二乘法来估计 b_0、b_k:

$$b_0 = \bar{y} - (b_1\bar{x}_1 + b_2\bar{x}_2 + \cdots + b_m\bar{x}_m)$$

式中:$\bar{y}$、$\bar{x}_k$ 分别为 Y、X_k 的样本均值。

b_k 由以下正规方程组求得:

$$S_{k1}b_1 + S_{k2}b_2 + \cdots + S_{km}b_m = S_{ky}$$

式中:$S_{tk} = S_{kt} = \sum(x_{ti} - \bar{x}_t) \times (x_{ki} - \bar{x}_k)$;$S_{ky} = \sum(x_{ki} - \bar{x}_k) \times (y_i - \bar{y})$,其中 $t,k = 1,2,\cdots,m,i = 1,2,\cdots,n$。

预报对象 Y 的估计值 $\hat{y}$ 可由以下回归模型求得:

$$\hat{y}_i = b_0 + b_1 x_{i1} + b_2 x_{i2} + \cdots + b_m x_{im}$$

4.1.2 重要的样本统计量

除以上的 $\bar{y}$、$\bar{x}_k$、S_{kt}、S_{ky} 外,再补充几个重要的样本统计量:

(1)预报对象 Y 的 n 次观测值的总离差平方和 S_{yy}、残差平方和 Q、回归平方和 U。它们之间的关系式为:

$$S_{yy} = Q + U$$

式中: $S_{yy} = \sum (y_i - \overline{y})^2$; $Q = \sum (y_i - \hat{y}_i)^2$; $U = \sum (\hat{y}_i - \overline{y})^2$。

（2）决定性系数（又称判定系数）R^2，$R^2 = U/S_{yy}$。它测度了由回归模型作出的离差在预报对象 Y 的总离差中所占的比例。

（3）统计量 F，$F = (U/n_1)/(Q/n_2)$，其中 $n_1 = m$，$n_2 = n - m - 1$。统计量 F 服从第一自由度为 m、第二自由度为 $n - m - 1$ 的 F 分布。

（4）统计量 t 有两种计算公式。其一是: $t = R_k \times \sqrt{n - m - 1}/\sqrt{1 - R_k^2}$，式中 R_k 是偏相关系数，即将每一个预报因子 X_k，在剔除其他因子的影响后，所计得的该因子与预报对象 Y 之间的相关系数；其二是: $t = b_k/S_{bk}$，其中 S_{bk} 是回归系数 b_k 的标准误差。统计量 t 服从自由度为 $n - m - 1$ 的 t 分布。

（5）剩余标准差 S_y，$S_y = \sqrt{Q/(n - m - 1)}$。它是指在排除了 m 个预报因子 X_k 对 Y 的线性影响以后，衡量 Y 随机波动大小的一个估计量。

4.1.3　回归效果的统计检验

4.1.3.1　回归方程的拟合优度检验

拟合优度检验是指通过检验样本数据聚集在样本回归直线周围的密集程度，来判断回归方程对样本数据的代表程度。通常用决定性系数 R^2 来实现回归方程的拟合优度检验: R^2 越接近 1，表明回归直线的拟合程度越好; R^2 越接近 0，表明回归直线的拟合程度越差。

4.1.3.2　回归方程的显著性检验（F 检验）

在 SPSS 操作中，会自动计算样本统计量 F 的观测值及相伴概率 ρ 值，用户可与给定的显著性水平 α（即信度）值相比较。$\rho < \alpha$，则表明在这一信度水平上，回归方程预报因子 X_k 与预报对象 Y 之间有线性回归关系; $\rho \geq \alpha$，则表明在这一信度水平上，回归方程预报因子 X_k 与预报对象 Y 之间无线性回归关系。

4.1.3.3　回归系数的显著性检验（t 检验）

在 SPSS 操作中，会自动计算样本统计量 t 的观测值及相伴概率 ρ 值，用户可与给定的显著性水平 α（即信度）值相比较。$\rho < \alpha$，则表明在这一信度水平上，回归方程的回归系数 b_k 有统计学意义; $\rho \geq \alpha$，则表明在这一信度水平上，回归方程的回归系数 b_k 无统计学意义。

4.1.4　分析计算过程

（1）建立由预报对象和 m 个预报因子样本观测变量序列组成的 SPSS 数据文件并保存。

（2）打开 SPSS 数据文件，在数据编辑窗口进行多元线性回归分析，计算预报对象的估计值及相对拟合误差，生成由预报对象与其估计值组成的历史拟合曲线。保存数据编辑窗口中的数据和结果输出窗口中的统计结果、相关信息等。

（3）对回归效果进行统计检验。

（4）若通过统计检验，可用多元线性回归方程进行预报，也可进行概率区间预报。当预报对象 Y 服从正态分布时，对应 m 个预报因子观测值的预报对象估计值 $\hat{y}_i$，落在区间

$[\hat{y}_i - S_y, \hat{y}_i + S_y]$ 内的可能性约为 68%，落在区间 $[\hat{y}_i - 2S_y, \hat{y}_i + 2S_y]$ 内的可能性约为 95%。可见，S_y 越小，用回归方程所估计的 $\hat{y}_i$ 值就越精确。

4.2　SPSS 应用实例

本次选用笔者编著的《常用中长期水文预报 Visual Basic 6.0 应用程序及实例》中列举的黄河流域洮河红旗水文站 1955～2000 年 12 月月平均流量为预报对象，选用 9 月、10 月、11 月月平均流量为预报因子，用 SPSS 进行了多元线性回归分析计算，并对 2001 年 12 月月平均流量进行了预报，两者结果完全一致。

4.2.1　多元线性回归分析

多元线性回归分析的操作步骤为：

步骤 1：打开 SPSS 数据文件，洮河红旗水文站 12 月月平均流量及相关预报因子变量序列见图 4-1、图 4-2（由于数据文件过长，不宜一次显示，故拆开显示；后文除最终数据结果外，仅显示前半部分）。

步骤 2：在图 4-1 中依次单击菜单“分析→回归→线性”，从弹出的线性回归对话框左侧的列表框中选择“十二月月平均流量”，移动到因变量列表框，选择“九月月平均流量”、“十月月平均流量”和“十一月月平均流量”，移动到自变量列表框，在“方法”下拉列表框中选择默认值“进入”，即全部被选自变量一次性引入回归模型（“方法”下拉列表框提供了选择回归分析自变量的筛选方法），见图 4-3。

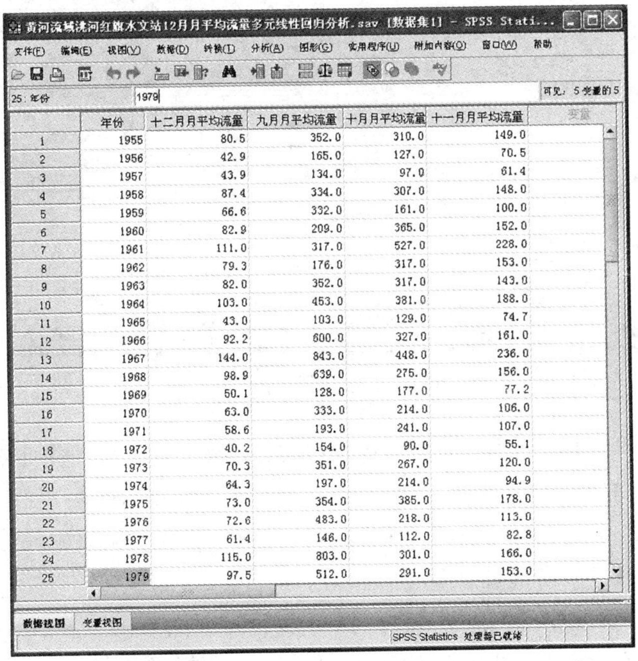
黄河流域洮河红旗水文站12月月平均流量多元线性回归分析.sav [数据集1] - SPSS Stati...

文件(F) 编辑(E) 视图(V) 数据(D) 转换(T) 分析(A) 图形(G) 实用程序(U) 附加内容(O) 窗口(W) 帮助

25：年份　1979　　可见：5 变量的 5

	年份	十二月月平均流量	九月月平均流量	十月月平均流量	十一月月平均流量	变量
1	1955	80.5	352.0	310.0	149.0	
2	1956	42.9	165.0	127.0	70.5	
3	1957	43.9	134.0	97.0	61.4	
4	1958	87.4	334.0	307.0	148.0	
5	1959	66.6	332.0	161.0	100.0	
6	1960	82.9	209.0	365.0	152.0	
7	1961	111.0	317.0	527.0	228.0	
8	1962	79.3	176.0	317.0	153.0	
9	1963	82.0	352.0	317.0	143.0	
10	1964	103.0	453.0	381.0	188.0	
11	1965	43.0	103.0	129.0	74.7	
12	1966	92.2	600.0	327.0	161.0	
13	1967	144.0	843.0	448.0	236.0	
14	1968	98.9	639.0	275.0	156.0	
15	1969	50.1	128.0	177.0	77.2	
16	1970	63.0	333.0	214.0	106.0	
17	1971	58.6	193.0	241.0	107.0	
18	1972	40.2	154.0	90.0	55.1	
19	1973	70.3	351.0	267.0	120.0	
20	1974	64.3	197.0	214.0	94.9	
21	1975	73.0	354.0	385.0	178.0	
22	1976	72.6	483.0	218.0	113.0	
23	1977	61.4	146.0	112.0	82.8	
24	1978	115.0	803.0	301.0	166.0	
25	1979	97.5	512.0	291.0	153.0	

数据视图　变量视图　　SPSS Statistics 处理器已就绪

图 4-1　洮河红旗水文站历年 12 月月平均流量及相关预报因子变量序列（一）

	年份	十二月月平均流量	九月月平均流量	十月月平均流量	十一月月平均流量	变量
25	1979	97.5	512.0	291.0	153.0	
26	1980	58.9	238.0	185.0	94.2	
27	1981	84.3	623.0	310.0	146.0	
28	1982	65.0	253.0	232.0	114.0	
29	1983	80.1	185.0	321.0	151.0	
30	1984	79.6	300.0	298.0	141.0	
31	1985	84.6	639.0	302.0	149.0	
32	1986	58.4	174.0	104.0	68.8	
33	1987	51.4	126.0	95.0	59.4	
34	1988	64.0	130.0	240.0	121.0	
35	1989	82.4	216.0	182.0	124.0	
36	1990	68.1	265.0	175.0	101.0	
37	1991	45.6	92.7	88.0	56.7	
38	1992	78.8	313.0	270.0	119.0	
39	1993	51.8	137.0	114.0	71.9	
40	1994	53.3	127.0	109.0	68.6	
41	1995	58.6	233.0	133.0	77.8	
42	1996	42.9	122.0	93.0	62.8	
43	1997	41.9	97.8	78.0	48.2	
44	1998	53.7	166.0	124.0	70.0	
45	1999	54.7	126.0	158.0	92.7	
46	2000	53.7	129.0	160.0	76.6	
47						

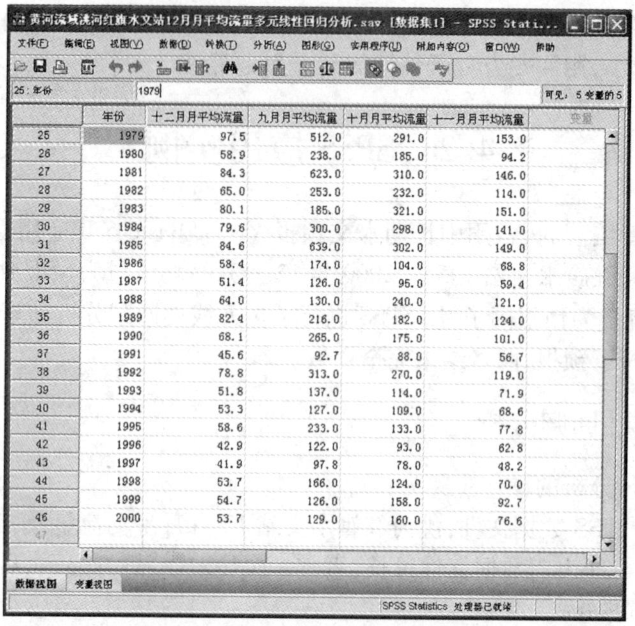

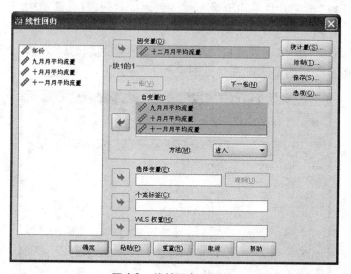

图 4-2　洮河红旗水文站历年 12 月月平均流量及相关预报因子变量序列(二)

图 4-3　线性回归对话框

步骤 3:单击图 4-3 中的“统计量”按钮,在打开的统计量对话框中,依次选择“估计”、“模型拟合度”和“部分相关和偏相关性”,单击“继续”按钮,返回图 4-3。

步骤 4:单击图 4-3 中的“保存”按钮,在打开的保存对话框预测值选项组中选择“未标准化”,单击“继续”按钮,返回图 4-3。

步骤 5:单击图 4-3 中的“确定”按钮,执行多元线性回归的操作,SPSS 会自动以变量名“PRE_1”将洮河红旗水文站历年 12 月月平均流量非标准化估计值显示在数据编辑窗口,见图 4-4。

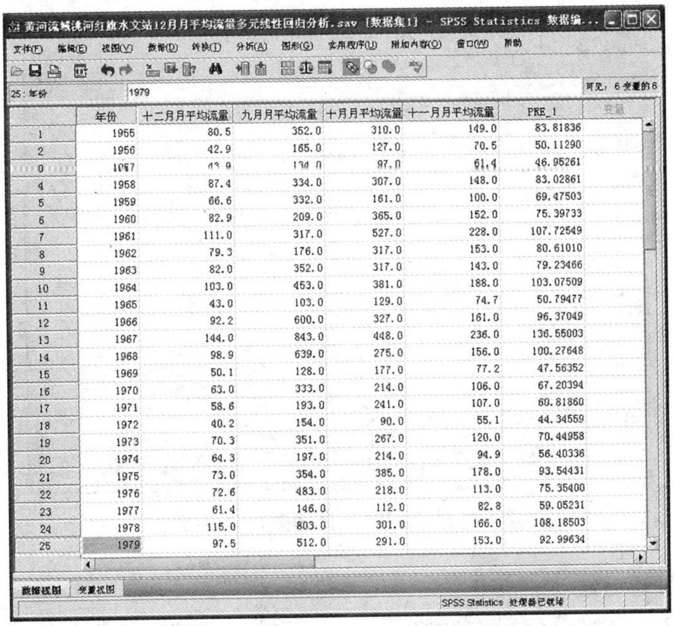

	年份	十二月月平均流量	九月月平均流量	十月月平均流量	十一月月平均流量	PRE_1
1	1955	80.5	352.0	310.0	149.0	83.81836
2	1956	42.9	165.0	127.0	70.5	50.11290
3	1957	43.9	134.0	97.0	61.4	46.95261
4	1958	87.4	334.0	307.0	148.0	83.02861
5	1959	66.6	332.0	161.0	100.0	69.47503
6	1960	82.9	209.0	365.0	152.0	75.39733
7	1961	111.0	317.0	527.0	228.0	107.72549
8	1962	79.3	176.0	317.0	153.0	80.61010
9	1963	82.0	352.0	317.0	143.0	79.23466
10	1964	103.0	453.0	381.0	188.0	103.07509
11	1965	43.0	103.0	129.0	74.7	50.79477
12	1966	92.2	600.0	327.0	161.0	96.37049
13	1967	144.0	843.0	448.0	236.0	136.55003
14	1968	98.9	639.0	275.0	156.0	100.27648
15	1969	50.1	128.0	177.0	77.2	47.56352
16	1970	63.0	333.0	214.0	106.0	67.20394
17	1971	58.6	193.0	241.0	107.0	60.81860
18	1972	40.2	154.0	90.0	55.1	44.34559
19	1973	70.3	351.0	267.0	120.0	70.44958
20	1974	64.3	197.0	214.0	94.9	56.40336
21	1975	73.0	354.0	385.0	178.0	93.54431
22	1976	72.6	483.0	218.0	113.0	75.35400
23	1977	61.4	146.0	112.0	82.8	59.05231
24	1978	115.0	803.0	301.0	166.0	108.18503
25	1979	97.5	512.0	291.0	153.0	92.99634

图 4-4　洮河红旗水文站历年 12 月月平均流量估计值

4.2.2　相对拟合误差与历史拟合曲线

4.2.2.1　相对拟合误差

按照 3.2.2 部分的操作步骤，可由 SPSS 自动生成洮河红旗水文站历年 12 月月平均流量与其估计值之间的相对拟合误差，见图 4-5、图 4-6，可见 1955 ~ 2000 年逐年相对拟合误差除 1975 年比较大外，其余都在 ±20% 之内，合格率达 97.8%。

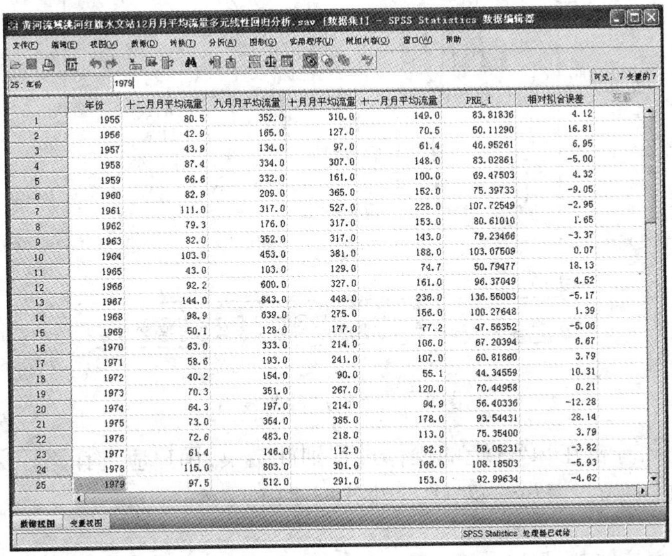

	年份	十二月月平均流量	九月月平均流量	十月月平均流量	十一月月平均流量	PRE_1	相对拟合误差
1	1955	80.5	352.0	310.0	149.0	83.81836	4.12
2	1956	42.9	165.0	127.0	70.5	50.11290	16.81
3	1957	43.9	134.0	97.0	61.4	46.95261	6.95
4	1958	87.4	334.0	307.0	148.0	83.02861	-5.00
5	1959	66.6	332.0	161.0	100.0	69.47503	4.32
6	1960	82.9	209.0	365.0	152.0	75.39733	-9.05
7	1961	111.0	317.0	527.0	228.0	107.72549	-2.95
8	1962	79.3	176.0	317.0	153.0	80.61010	1.65
9	1963	82.0	352.0	317.0	143.0	79.23466	-3.37
10	1964	103.0	453.0	381.0	188.0	103.07509	0.07
11	1965	43.0	103.0	129.0	74.7	50.79477	18.13
12	1966	92.2	600.0	327.0	161.0	96.37049	4.52
13	1967	144.0	843.0	448.0	236.0	136.55003	-5.17
14	1968	98.9	639.0	275.0	156.0	100.27648	1.39
15	1969	50.1	128.0	177.0	77.2	47.56352	-5.06
16	1970	63.0	333.0	214.0	106.0	67.20394	6.67
17	1971	58.6	193.0	241.0	107.0	60.81860	3.79
18	1972	40.2	154.0	90.0	55.1	44.34559	10.31
19	1973	70.3	351.0	267.0	120.0	70.44958	0.21
20	1974	64.3	197.0	214.0	94.9	56.40336	-12.28
21	1975	73.0	354.0	385.0	178.0	93.54431	28.14
22	1976	72.6	483.0	218.0	113.0	75.35400	3.79
23	1977	61.4	146.0	112.0	82.8	59.05231	-3.82
24	1978	115.0	803.0	301.0	166.0	108.18503	-5.93
25	1979	97.5	512.0	291.0	153.0	92.99634	-4.62

图 4-5　生成的相对拟合误差(%)序列(一)

	年份	十二月月平均流量	九月月平均流量	十月月平均流量	十一月月平均流量	PRE_1	相对拟合误差
25	1979	97.5	512.0	291.0	153.0	92.99634	-4.62
26	1980	58.9	238.0	185.0	94.2	60.43643	2.61
27	1981	84.3	623.0	310.0	146.0	89.51253	6.18
28	1982	65.0	253.0	232.0	114.0	67.94108	4.52
29	1983	80.1	185.0	321.0	151.0	79.14290	-1.19
30	1984	79.6	300.0	298.0	141.0	78.69863	-1.13
31	1985	84.6	639.0	302.0	149.0	92.76839	9.66
32	1986	58.4	174.0	104.0	68.8	51.93198	-11.08
33	1987	51.4	126.0	95.0	59.4	45.69790	-11.09
34	1988	64.0	130.0	240.0	121.0	67.99179	6.24
35	1989	82.4	216.0	182.0	124.0	78.94240	-4.20
36	1990	68.1	265.0	175.0	101.0	66.62403	-2.17
37	1991	45.6	92.7	88.0	56.7	43.86759	-3.80
38	1992	78.8	313.0	270.0	119.0	68.41181	-13.18
39	1993	51.8	137.0	114.0	71.9	51.70270	-0.19
40	1994	53.3	127.0	109.0	68.6	49.91700	-6.35
41	1995	58.6	233.0	133.0	77.8	55.92762	-4.56
42	1996	42.9	122.0	93.0	62.8	47.95778	11.79
43	1997	41.9	97.8	78.0	48.2	39.80144	-5.01
44	1998	53.7	166.0	124.0	70.0	50.16997	-6.57
45	1999	54.7	126.0	158.0	92.7	59.45394	8.69
46	2000	53.7	129.0	160.0	76.6	49.16356	-8.45

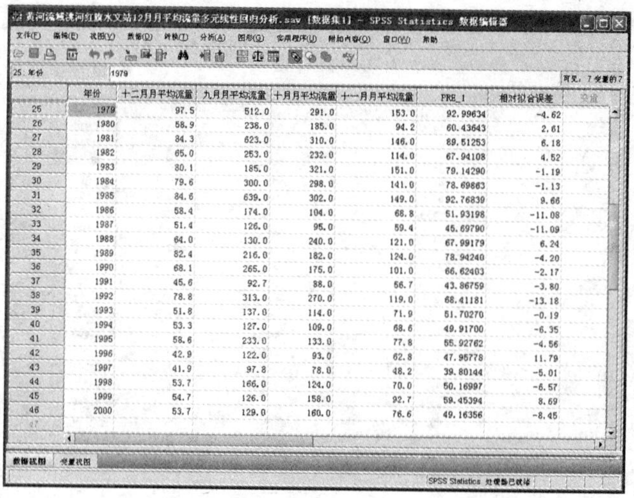

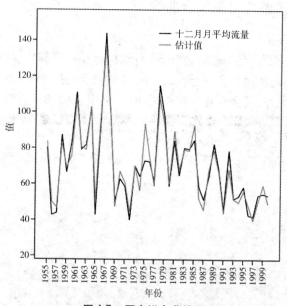

图 4-6　生成的相对拟合误差(%)序列(二)

4.2.2.2　**历史拟合曲线**

同理,按照 3.2.2 部分的操作步骤,可由 SPSS 自动生成由洮河红旗水文站历年 12 月月平均流量与其估计值组成的历史拟合曲线图,见图 4-7,洮河红旗水文站历年 12 月月平均流量与其估计值拟合比较好。

图 4-7　历史拟合曲线图

多元线性回归分析在 SPSS 上的操作过程到此结束,用户应选择路径保存数据编辑窗口、结果输出窗口中的数据与结果,供后继分析使用。

4.2.3　统计检验与预报

对 SPSS 结果输出窗口中的统计表格数据分析如下。

4.2.3.1　回归方程的拟合优度检验

表 4-1 是模型汇总情况,可见,多元线性回归(模型)的复相关系数 $R = 0.969$,决定性系数 $R^2 = 0.939$,剩余标准差 $S_y = 5.6660$。说明样本回归方程代表性很好。

表 4-1　模型汇总[b](Model Summary[b])

模型 (Model)	R	R^2 (R Square)	调整 R^2 (Adjusted R Square)	估计的标准误差 (Std. Error of the Estimate)
1	0.969[a]	0.939	0.934	5.6660

注:a. 预测变量为常量、红旗水文站 11 月月平均流量、红旗水文站 9 月月平均流量、红旗水文站 10 月月平均流量。

　　 b. 因变量为红旗水文站 12 月月平均流量。

4.2.3.2　回归方程的显著性检验(F 检验)

表 4-2 是方差分析表,可见,多元线性回归分析的回归平方和 $U = 20\,689.512$,残差平方和 $Q = 1\,348.333$,离差平方和 $S_{yy} = 22\,037.844$。统计量 $F = 214.823$ 时,相伴概率值为 $\rho = 0.000 < 0.001$,说明回归方程预报因子 X_k 与预报对象 Y 之间有线性回归关系。

表 4-2　方差分析[b](Anova[b])

模型(Model)		平方和(Sum of Squares)	df	均方(Mean Square)	F	Sig.
1	回归(Regression)	20 689.512	3	6 896.504	214.823	0.000[a]
	残差(Residual)	1 348.333	42	32.103		
	总计(Total)	22 037.844	45			

注:预测变量、因变量同表 4-1。

4.2.3.3　回归系数的显著性检验(t 检验)

表 4-3 是回归系数表,可见,常数项系数 $b_0 = 15.640$,回归系数 $b_1 = 0.028$,$b_2 = -0.115$,$b_3 = 0.630$。经 t 检验,各回归系数的相伴概率值 ρ 都小于 0.005,说明回归系数都有统计学意义。多元线性回归方程为:

$$\hat{y}_i = 15.640 + 0.028x_{i1} - 0.115x_{i2} + 0.630x_{i3}$$

表 4-3　回归系数[a](Coefficients[a])

模型(Model)		非标准化系数 (Unstandardized Coefficients)		标准系数 (Standardized Coefficients)	t	Sig.	相关性(Correlations)		
		B	标准误差 (Std. Error)	Beta			零阶 (Zero-order)	偏 (Partial)	部分 (Part)
1	(常量)	15.640	2.802		5.581	0.000			
	9 月	0.028	0.007	0.242	3.905	0.000	0.835	0.516	0.149
	10 月	-0.115	0.037	-0.556	-3.079	0.004	0.863	-0.429	-0.118
	11 月	0.630	0.098	1.300	6.405	0.000	0.936	0.703	0.244

注:预测变量、因变量同表 4-1。

特别要提到的是,将表 4-3 中的回归系数及其标准误差,或者偏相关系数代入 4.1.2 部分中的相应公式,便可计算得统计量 t 的值。

4.2.3.4　预报

单值预报:洮河红旗水文站 2001 年 9 月、10 月、11 月月平均流量分别为 338 m^3/s、223 m^3/s、111 m^3/s,代入多元线性回归方程,计算得该站 2001 年 12 月月平均流量的预报值为 69.4 m^3/s,实际情况是 67.7 m^3/s,相差 2.51%。

概率区间预报:表 4-1 显示剩余标准差 $S_y = 5.666\,0$,所以 2001 年 12 月月平均流量预报值在区间 [63.7, 75.1] 内的可能性约为 68%,在区间 [58.1, 80.7] 内的可能性约为 95%(计算式请参阅 4.1.4 部分)。

第 5 章　逐步回归分析

5.1　基本思路、计算公式、统计检验与分析计算过程

5.1.1　基本思路

假设有 m 个预报因子,在建立多元线性回归方程时,这些因子的挑选是逐步进行的,即每一步只挑选一个因子。首先,计算 m 个因子的方差贡献,挑选其中未引进因子中方差贡献最大者进行给定信度 α 下的 F 检验(即引进检验),若通过检验则引进该因子,否则不引进。引进 2 个因子后,再计算 m 个因子的方差贡献,挑选其中所引进因子中方差贡献最小者进行给定信度 α 下的 F 检验(即剔除检验),若通过检验则剔除该因子,否则不剔除。最后,直到回归方程中既不能引进也不能剔除因子,或者可供挑选的因子均通过引进检验而全被引进时,逐步回归结束。这就是逐步回归分析的基本思路。

5.1.2　计算公式

5.1.2.1　增广矩阵及变换公式

逐步回归一般采用标准化正规方程组,其系数和常数项组成的矩阵即为原始增广矩阵,用 $R(0,j,k)$ 来表示,其中 $j,k=1,2,\cdots,m+1$。用 $R(i,j,k)$ 来表示由矩阵变换公式得到的第 i 步增广矩阵,其中 $i=1,2,\cdots,m$。假如第 i 步所选中的因子中方差贡献最小的第 kk 个因子通过剔除检验,或者在未选中的因子中方差贡献最大的第 kk 个因子通过引进检验,则其第 $(i+1)$ 步矩阵元素与第 i 步矩阵元素之间的变换关系为:

$j=kk$、$k\neq kk$ 时　　　$R(i+1,j,k)=R(i,j,k)/R(i,kk,kk)$

$j\neq kk$、$k\neq kk$ 时　　　$R(i+1,j,k)=R(i,j,k)-R(i,j,kk)\times R(i,kk,k)/R(i,kk,kk)$

$j\neq kk$、$k=kk$ 时　　　$R(i+1,j,k)=-R(i,j,kk)/R(i,kk,kk)$

$j=kk$、$k=kk$ 时　　　$R(i+1,j,k)=1/R(i,kk,kk)$

5.1.2.2　方差贡献

无论剔除还是引进因子,都用同一公式来计算方差贡献 $V(j)$,$j=1,2,\cdots,m$。如第 i 步:

$$V(j)=R(i-1,j,m+1)\times R(i-1,j,m+1)/R(i-1,j,j)$$

5.1.2.3　F 检验

在样本容量为 n 时,以 $F_{11}(i)$、$F_{22}(i)$ 分别表示第 i 步引进或剔除第 kk 个因子时的方差比 F,假如此前已选中 p 个因子,则方差比计算公式为:

$$F_{11}(i)=V(kk)\times(n-p-2)/(R(i-1,m+1,m+1)-V(kk))$$

$$F_{22}(i)=V(kk)\times(n-p-1)/R(i-1,m+1,m+1)$$

可见,统计量 $F_{11}(i)$、$F_{22}(i)$ 均服从自由度分别为 1、$(n-p-2)$ 和 1、$(n-p-1)$ 的 F 分布。在 SPSS 操作中,会自动计算 $F_{11}(i)$、$F_{22}(i)$ 的观测值及相伴概率 ρ_1、ρ_2 值,用户可与给定的显著性水平 α_1、α_2(即信度)值相比较,如果 $\rho_1 < \alpha_1$,则引进第 kk 个因子,否则不引进。如果 $\rho_2 \geq \alpha_2$,则剔除第 kk 个因子,否则不剔除。

5.1.2.4　将逐步回归方程转换为标准化前的原值

假如在第 i 步时逐步回归结束,共引进 p 个因子,用数组变量 $k(t)$ 来表示这 p 个因子在可供挑选的 m 个因子中的序号($t = 1,2,\cdots,p$),则转换为原值后的回归方程为:

$$Y_j = \bar{Y} + \sum (SQR(S(m+1,m+1)/S(k(t),k(t)) \times$$
$$R(i-1,k(t),m+1)) \times (X_{jk(t)} - \bar{X}_{k(t)}))$$

式中:$\bar{Y}$、$\bar{X}_{k(t)}$ 分别为预报对象 Y、第 $k(t)$ 个预报因子的样本均值;$S(m+1,m+1)$、$S(k(t),k(t))$ 分别为预报对象 Y、第 $k(t)$ 个预报因子的 n 次观测值的总离差平方和;$j = 1,2,\cdots,n$(n 是样本容量)。

5.1.3　重要的样本统计量

除 $S(m+1,m+1)$、$S(k(t),k(t))$、$\bar{Y}$、$\bar{X}_{k(t)}$ 外,再补充几个重要的样本统计量:

(1)预报对象 Y 的 n 次观测值的总离差平方和 S_{yy}、残差平方和 Q、回归平方和 U 的计算公式(假如在第 i 步时逐步回归结束):

$$S_{yy} = S(m+1,m+1)$$
$$U = \sqrt{1 - R(i-1,m+1,m+1)} \times \sqrt{1 - R(i-1,m+1,m+1)} \times S(m+1,m+1)$$
$$Q = S_{yy} - U$$

(2)决定性系数(又称判定系数)R^2,$R^2 = U/S_{yy}$。它测度了由回归模型作出的离差在预报对象 Y 的总离差中所占的比例。

(3)统计量 F,$F = (U/n_1)/(Q/n_2)$,其中 $n_1 = p$,$n_2 = n-p-1$。统计量 F 服从第一自由度为 p、第二自由度为 $n-p-1$ 的 F 分布。

(4)统计量 t 有两种计算公式。其一是:$t = R_{k(t)} \times \sqrt{n-p-1}/\sqrt{1-R_{k(t)}^2}$,式中 $R_{k(t)}$ 是偏相关系数,即将每一个预报因子 $X_{k(t)}$,在剔除其他因子的影响后,所计算得的该因子与预报对象 Y 之间的相关系数;其二是:$t = b_{k(t)}/S_{bk(t)}$,其中 $S_{bk(t)}$ 是回归系数 $b_{k(t)}$ 的标准误差。统计量 t 服从自由度为 $n-p-1$ 的 t 分布。

(5)剩余标准差 S_y,$S_y = \sqrt{Q/(n-p-1)}$。它可以看做是在排除了 p 个预报因子对 Y 的线性影响以后,衡量 Y 随机波动大小的一个估计量。

5.1.4　回归效果的统计检验

5.1.4.1　回归方程的拟合优度检验

拟合优度检验是指通过检验样本数据聚集在样本回归直线周围的密集程度,来判断回归方程对样本数据的代表程度。通常用决定性系数 R^2 来实现回归方程的拟合优度检验:R^2 越接近 1,表明回归直线的拟合程度越好;R^2 越接近 0,回归直线的拟合程度越差。

5.1.4.2 回归方程的显著性检验(F 检验)

在 SPSS 操作中,会自动计算样本统计量 F 的观测值及相伴概率 ρ 值,用户可与给定的显著性水平 α(即信度)值相比较。$\rho < \alpha$,则表明在这一信度水平上,回归方程预报因子 $X_{k(t)}$ 与预报对象 Y 之间有线性回归关系;$\rho \geq \alpha$,则表明在这一信度水平上,回归方程预报因子 $X_{k(t)}$ 与预报对象 Y 之间无线性回归关系。

5.1.4.3 回归系数的显著性检验(t 检验)

在 SPSS 操作中,会自动计算样本统计量 t 的观测值及相伴概率 ρ 值,用户可与给定的显著性水平 α(即信度)值相比较。$\rho < \alpha$,则表明在这一信度水平上,回归方程的回归系数 $b_{k(t)}$ 有统计学意义;$\rho \geq \alpha$,则表明在这一信度水平上,回归方程的回归系数 $b_{k(t)}$ 无统计学意义。

5.1.5 分析计算过程

(1)建立由预报对象和 m 个预报因子样本观测变量序列组成的 SPSS 数据文件并保存。

(2)打开 SPSS 数据文件,在数据编辑窗口进行逐步回归分析,计算预报对象的估计值及相对拟合误差,生成由预报对象与其估计值组成的历史拟合曲线。保存数据编辑窗口中的数据和结果输出窗口中的统计结果、相关信息等。

(3)对回归效果进行统计检验。

(4)若通过统计检验,可用逐步回归方程进行预报,也可进行概率区间预报。当预报对象 Y 服从正态分布时,对应 p 个预报因子观测值的预报对象估计值 $\hat{y}_j$,落在区间 $[\hat{y}_j - S_y, \hat{y}_j + S_y]$ 内的可能性约为 68%,落在区间 $[\hat{y}_j - 2S_y, \hat{y}_j + 2S_y]$ 内的可能性约为 95%。可见,S_y 越小,用回归方程所估计的 $\hat{y}_j$ 值就越精确。

5.2 SPSS 应用实例

本次选用笔者编著的《常用中长期水文预报 Visual Basic 6.0 应用程序及实例》中列举的黄河流域洮河红旗水文站 1955~2000 年 12 月月平均流量为预报对象,选用同站 1 月,2 月,…,11 月月平均流量为预报因子,用 SPSS 进行了逐步回归分析计算,并对 2001 年 12 月月平均流量进行了预报,两者结果完全一致。

5.2.1 逐步回归分析

逐步回归分析的操作步骤如下:

步骤 1:打开 SPSS 数据文件,洮河红旗水文站 12 月月平均流量及相关预报因子变量序列见图 5-1、图 5-2。

步骤 2:在图 5-1 中依次单击菜单"分析→回归→线性",从弹出的线性回归对话框左侧的列表框中选择"十二月平均流量",移动到因变量列表框,选择"一月平均流量","二月平均流量",…,"十一月平均流量"等 11 个变量,移动到自变量列表框,在方法下拉列表框中选择"逐步",即按逐步回归的基本思路建立回归模型,见图 5-3。

步骤 3:单击图 5-3 中的"统计量"按钮,在打开的统计量对话框中,依次选择"估计"、

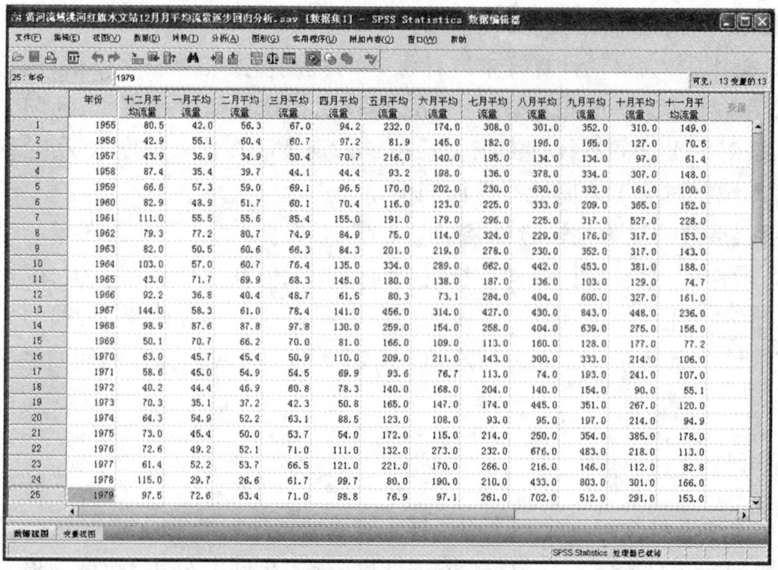

黄河流域洮河红旗水文站12月月平均流量逐步回归分析.sav [数据集1] - SPSS Statistics 数据编辑器

	年份	十二月平均流量	一月平均流量	二月平均流量	三月平均流量	四月平均流量	五月平均流量	六月平均流量	七月平均流量	八月平均流量	九月平均流量	十月平均流量	十一月平均流量
1	1955	80.5	42.0	56.3	67.0	94.2	232.0	174.0	308.0	301.0	352.0	310.0	149.0
2	1956	42.9	55.1	60.4	60.7	97.2	81.9	145.0	182.0	196.0	165.0	127.0	70.5
3	1957	43.9	36.9	34.9	50.4	70.7	216.0	140.0	195.0	134.0	134.0	97.0	61.4
4	1958	87.4	35.4	39.7	44.1	44.4	93.2	198.0	136.0	378.0	334.0	307.0	148.0
5	1959	66.6	57.3	59.0	69.1	96.5	170.0	202.0	230.0	630.0	332.0	161.0	100.0
6	1960	82.9	48.9	51.7	60.1	70.4	116.0	123.0	225.0	333.0	209.0	365.0	152.0
7	1961	111.0	55.5	55.6	85.4	155.0	191.0	179.0	296.0	225.0	317.0	527.0	228.0
8	1962	79.3	77.2	80.7	74.9	84.9	75.0	114.0	324.0	229.0	176.0	317.0	153.0
9	1963	82.0	50.5	60.6	66.3	84.3	201.0	219.0	278.0	230.0	352.0	317.0	143.0
10	1964	103.0	57.0	60.7	76.4	135.0	334.0	289.0	662.0	442.0	453.0	381.0	188.0
11	1965	43.0	71.7	69.9	68.3	145.0	180.0	138.0	187.0	136.0	103.0	129.0	74.7
12	1966	92.2	36.8	40.4	48.7	61.5	80.3	73.1	284.0	404.0	600.0	327.0	161.0
13	1967	144.0	58.3	61.0	78.4	141.0	456.0	314.0	427.0	430.0	843.0	448.0	236.0
14	1968	98.9	87.6	87.8	97.8	130.0	259.0	154.0	258.0	404.0	639.0	275.0	156.0
15	1969	50.1	70.7	66.2	70.0	81.0	166.0	109.0	113.0	160.0	128.0	177.0	77.2
16	1970	63.0	45.7	45.4	50.9	110.0	209.0	211.0	143.0	300.0	333.0	214.0	106.0
17	1971	58.6	45.0	54.9	54.5	69.9	93.6	76.7	113.0	74.0	193.0	241.0	107.0
18	1972	40.2	44.4	46.9	60.8	78.3	140.0	168.0	204.0	140.0	154.0	90.0	55.1
19	1973	70.3	35.1	37.2	42.3	50.8	165.0	147.0	174.0	445.0	351.0	267.0	120.0
20	1974	64.3	54.9	52.2	63.1	88.5	123.0	108.0	93.0	95.0	197.0	214.0	94.9
21	1975	73.0	45.4	50.0	53.7	54.0	172.0	115.0	214.0	250.0	354.0	385.0	178.0
22	1976	72.6	49.2	52.1	71.0	111.0	132.0	273.0	232.0	676.0	483.0	218.0	113.0
23	1977	61.4	52.2	53.7	66.5	121.0	221.0	170.0	266.0	216.0	146.0	112.0	82.8
24	1978	115.0	29.7	26.6	61.7	99.7	80.0	190.0	210.0	433.0	803.0	301.0	166.0
25	1979	97.5	72.6	63.4	71.0	98.8	76.9	97.1	261.0	702.0	512.0	291.0	153.0

图5-1　洮河红旗水文站12月月平均流量及相关预报因子变量序列(一)

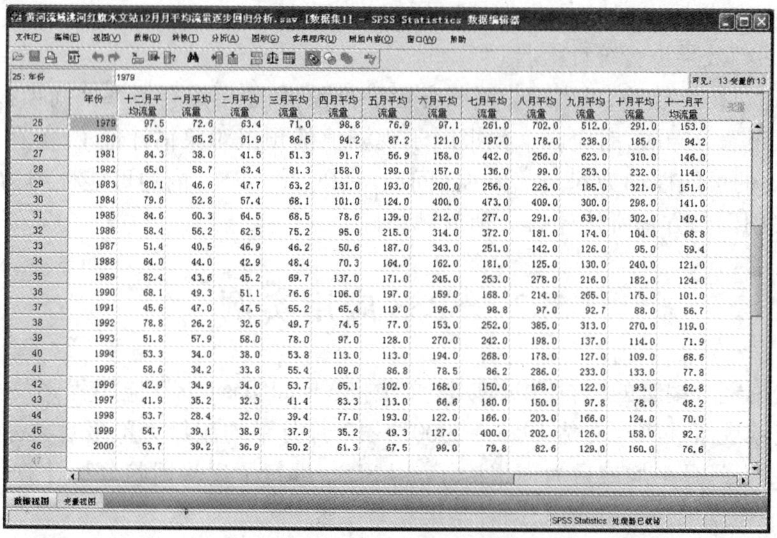

黄河流域洮河红旗水文站12月月平均流量逐步回归分析.sav [数据集1] - SPSS Statistics 数据编辑器

	年份	十二月平均流量	一月平均流量	二月平均流量	三月平均流量	四月平均流量	五月平均流量	六月平均流量	七月平均流量	八月平均流量	九月平均流量	十月平均流量	十一月平均流量
25	1979	97.5	72.6	63.4	71.0	98.8	76.9	97.1	261.0	702.0	512.0	291.0	153.0
26	1980	58.9	65.2	61.9	86.5	94.2	87.2	121.0	197.0	178.0	238.0	185.0	94.2
27	1981	84.3	38.0	41.5	51.3	91.7	56.9	158.0	442.0	256.0	623.0	310.0	146.0
28	1982	65.0	58.7	63.4	81.3	158.0	199.0	157.0	136.0	99.0	253.0	232.0	114.0
29	1983	80.1	46.6	47.7	63.2	131.0	193.0	200.0	256.0	226.0	185.0	321.0	151.0
30	1984	79.6	52.8	57.4	68.1	101.0	124.0	400.0	473.0	409.0	300.0	298.0	141.0
31	1985	84.6	60.3	64.5	68.5	78.6	139.0	212.0	277.0	291.0	639.0	302.0	149.0
32	1986	58.4	56.2	62.5	75.2	95.0	215.0	314.0	372.0	181.0	174.0	104.0	68.8
33	1987	51.4	40.5	46.9	46.2	50.6	187.0	343.0	251.0	142.0	126.0	95.0	59.4
34	1988	64.0	44.0	42.9	48.4	70.3	164.0	162.0	181.0	125.0	130.0	240.0	121.0
35	1989	82.4	43.6	45.2	69.7	137.0	171.0	245.0	253.0	278.0	216.0	182.0	124.0
36	1990	68.1	49.3	51.1	76.6	106.0	197.0	159.0	168.0	214.0	265.0	175.0	101.0
37	1991	45.6	47.0	47.5	55.2	65.4	119.0	196.0	98.8	97.0	92.7	88.0	56.7
38	1992	78.8	26.2	32.5	49.7	74.5	77.0	153.0	252.0	385.0	313.0	270.0	119.0
39	1993	51.8	57.9	58.0	78.0	97.0	128.0	270.0	242.0	198.0	137.0	114.0	71.9
40	1994	53.3	34.0	38.0	53.8	113.0	113.0	194.0	268.0	178.0	127.0	109.0	68.6
41	1995	58.6	34.2	33.8	55.4	109.0	86.8	78.5	86.2	286.0	233.0	133.0	77.8
42	1996	42.9	34.9	34.0	53.7	65.1	102.0	168.0	150.0	168.0	122.0	93.0	62.8
43	1997	41.9	35.2	32.3	41.4	83.3	113.0	66.6	180.0	150.0	97.8	78.0	48.2
44	1998	53.7	28.4	32.0	39.4	77.0	193.0	122.0	166.0	203.0	166.0	124.0	70.0
45	1999	54.7	39.1	38.9	37.9	35.2	49.3	127.0	400.0	202.0	126.0	158.0	92.7
46	2000	53.7	39.2	36.9	50.2	61.3	67.5	99.0	79.8	82.6	129.0	160.0	76.6

图5-2　洮河红旗水文站12月月平均流量及相关预报因子变量序列(二)

“模型拟合度”和“部分相关和偏相关性”，单击“继续”按钮，返回图5-3。

步骤4：单击图5-3中的“保存”按钮，在打开的保存对话框预测值选项组中选择“未标准化”，单击“继续”按钮，返回图5-3。

步骤5：单击图5-3中的“选项”按钮，打开选项对话框，见图5-4，选择“使用F的概率”选项，在“进入”文本框中输入0.004（若想引入更多的预报因子，可增大该输入值），在“删除”文本框中输入0.005（若想剔除更多的预报因子，可降低该输入值）；补充说明一点，“进入”文本框中的输入值必须小于“删除”文本框中的数值；其他选项取默认值；单击“继续”按钮，返回图5-3。

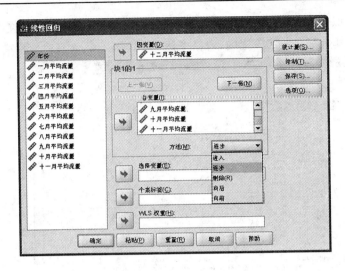

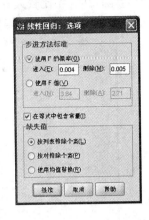

图 5-3 线性回归对话框　　　　　　图 5-4 选项对话框

步骤 6:单击图 5-3 中的"确定"按钮,执行逐步回归的操作,SPSS 会自动以变量名"PRE_1"将洮河红旗水文站历年 12 月月平均流量非标准化估计值显示在数据编辑窗口,见图 5-5。

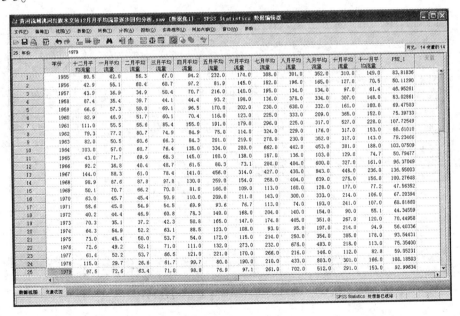

图 5-5　洮河红旗水文站历年 12 月月平均流量非标准化估计值

5.2.2　相对拟合误差与历史拟合曲线

5.2.2.1　相对拟合误差

按照 3.2.2 部分的操作步骤,可由 SPSS 自动生成洮河红旗水文站历年 12 月月平均流量与其估计值之间的相对拟合误差，见图 5-6、图 5-7，可见，1955 ~ 2000 年逐年相对拟合误差除 1975 年比较大外，其余都在 ±20% 之内，合格率达 97.8%。

	年份	十二月平均流量	一月平均流量	二月平均流量	三月平均流量	四月平均流量	五月平均流量	六月平均流量	七月平均流量	八月平均流量	九月平均流量	十月平均流量	十一月平均流量	PRE_1	相对拟合误差
1	1955	80.5	42.0	56.3	67.0	94.2	232.0	174.0	308.0	301.0	352.0	310.0	149.0	83.81836	4.12
2	1956	42.9	55.1	60.4	60.7	97.2	81.9	145.0	182.0	196.0	165.0	127.0	70.5	50.11290	16.81
3	1957	43.9	36.9	34.9	50.4	70.7	216.0	140.0	195.0	134.0	134.0	97.0	61.4	46.95261	6.95
4	1958	87.4	35.4	39.7	44.1	44.4	93.2	198.0	136.0	378.0	334.0	307.0	148.0	83.02861	-5.00
5	1959	66.6	57.3	59.0	69.1	96.5	170.0	202.0	230.0	630.0	332.0	161.0	100.0	69.47503	4.32
6	1960	82.9	48.9	51.7	60.1	70.4	116.0	123.0	225.0	333.0	209.0	365.0	152.0	75.39733	-9.05
7	1961	111.0	55.5	55.6	85.4	155.0	191.0	179.0	296.0	225.0	317.0	527.0	228.0	107.72549	-2.95
8	1962	79.3	77.2	80.7	74.9	84.9	75.0	114.0	324.0	229.0	176.0	317.0	153.0	80.61010	1.65
9	1963	82.0	50.5	60.6	66.3	84.3	201.0	219.0	278.0	230.0	352.0	317.0	143.0	79.23466	-3.37
10	1964	103.0	57.0	60.7	76.4	135.0	334.0	289.0	662.0	442.0	453.0	381.0	188.0	103.07509	0.07
11	1965	43.0	71.7	69.9	68.3	145.0	180.0	138.0	187.0	136.0	103.0	129.0	74.7	50.79477	18.13
12	1966	92.2	36.8	40.4	48.7	61.5	80.3	73.1	284.0	404.0	600.0	327.0	161.0	96.37049	4.52
13	1967	144.0	58.3	61.0	78.4	141.0	456.0	314.0	427.0	430.0	843.0	448.0	236.0	136.55003	-5.17
14	1968	98.9	87.6	87.8	97.8	130.0	259.0	154.0	258.0	404.0	639.0	275.0	156.0	100.27648	1.39
15	1969	50.1	70.7	66.2	70.0	81.0	166.0	109.0	113.0	160.0	128.0	177.0	77.2	47.56352	-5.06
16	1970	63.0	45.7	45.4	50.9	110.0	209.0	211.0	143.0	300.0	333.0	214.0	106.0	67.20394	6.67
17	1971	58.6	45.0	54.9	54.5	69.9	93.6	76.7	113.0	74.0	193.0	241.0	107.0	60.81860	3.79
18	1972	40.2	44.4	46.9	60.8	78.3	140.0	168.0	204.0	140.0	154.0	90.0	55.1	44.34559	10.31
19	1973	70.3	35.1	37.2	42.3	50.8	165.0	147.0	174.0	445.0	351.0	267.0	120.0	70.44958	0.21
20	1974	64.3	54.9	52.2	63.1	88.5	123.0	108.0	93.0	95.0	197.0	214.0	94.9	56.40336	-12.28
21	1975	73.0	45.4	50.0	53.7	54.0	172.0	115.0	214.0	250.0	354.0	385.0	178.0	93.54431	28.14
22	1976	72.6	49.2	52.1	71.0	111.0	132.0	273.0	232.0	676.0	483.0	218.0	113.0	75.35400	3.79
23	1977	61.4	52.2	53.7	66.5	121.0	221.0	170.0	266.0	216.0	146.0	112.0	82.8	59.05231	-3.82
24	1978	115.0	29.7	26.6	61.7	99.7	80.0	190.0	210.0	433.0	803.0	301.0	166.0	108.18503	-5.93
25	1979	97.5	72.6	63.4	71.0	98.8	76.9	97.1	261.0	702.0	512.0	291.0	153.0	92.99634	-4.62

图 5-6　生成的相对拟合误差(%)序列(一)

	年份	十二月平均流量	一月平均流量	二月平均流量	三月平均流量	四月平均流量	五月平均流量	六月平均流量	七月平均流量	八月平均流量	九月平均流量	十月平均流量	十一月平均流量	PRE_1	相对拟合误差
25	1979	97.5	72.6	63.4	71.0	98.8	76.9	97.1	261.0	702.0	512.0	291.0	153.0	92.99634	-4.62
26	1980	58.9	65.2	61.9	86.5	94.2	87.2	121.0	197.0	178.0	238.0	185.0	94.2	60.43643	2.61
27	1981	84.3	38.0	41.5	51.3	91.7	56.9	158.0	442.0	256.0	623.0	310.0	146.0	89.51253	6.18
28	1982	65.0	58.7	63.4	81.3	158.0	199.0	157.0	136.0	99.0	253.0	232.0	114.0	67.94108	4.52
29	1983	80.1	46.6	47.7	63.2	131.0	193.0	200.0	256.0	226.0	185.0	321.0	151.0	79.14290	-1.19
30	1984	79.6	52.8	57.4	68.1	101.0	124.0	400.0	473.0	409.0	300.0	298.0	141.0	78.69863	-1.13
31	1985	84.6	60.3	64.5	68.5	78.6	139.0	212.0	277.0	291.0	639.0	302.0	149.0	92.76839	9.66
32	1986	58.4	56.2	62.5	75.2	95.0	215.0	314.0	372.0	181.0	174.0	104.0	68.8	51.93198	-11.08
33	1987	51.4	40.5	46.9	46.2	50.6	187.0	343.0	251.0	142.0	126.0	95.0	59.4	45.69790	-11.09
34	1988	64.0	44.0	42.9	48.4	70.3	164.0	162.0	181.0	125.0	130.0	240.0	121.0	67.99179	6.24
35	1989	82.4	43.6	45.2	69.7	137.0	171.0	245.0	253.0	278.0	216.0	182.0	124.0	78.94240	-4.20
36	1990	68.1	49.3	51.1	76.6	106.0	197.0	159.0	168.0	214.0	265.0	175.0	101.0	66.62403	-2.17
37	1991	45.6	47.0	47.5	55.2	65.4	119.0	196.0	98.8	97.0	92.7	88.0	56.7	43.86759	-3.80
38	1992	78.8	26.2	32.5	49.7	74.5	77.0	153.0	252.0	385.0	313.0	270.0	119.0	68.41181	-13.18
39	1993	51.8	57.9	58.0	78.0	97.0	128.0	270.0	242.0	198.0	137.0	114.0	71.9	51.70270	-0.19
40	1994	53.3	34.0	38.0	53.8	113.0	113.0	194.0	268.0	178.0	127.0	109.0	68.6	49.91700	-6.35
41	1995	58.6	34.2	33.8	55.4	109.0	86.8	78.5	86.2	286.0	233.0	133.0	77.8	55.92762	-4.56
42	1996	42.9	34.9	34.0	53.7	65.1	102.0	168.0	150.0	168.0	122.0	93.0	62.8	47.95778	11.79
43	1997	41.9	35.2	32.3	41.4	83.3	113.0	66.6	180.0	150.0	97.8	78.0	48.2	39.80144	-5.01
44	1998	53.7	28.4	32.0	39.4	77.0	193.0	122.0	166.0	203.0	166.0	124.0	70.0	50.16997	-6.57
45	1999	54.7	39.1	38.9	37.9	35.2	49.3	127.0	400.0	202.0	126.0	158.0	92.7	59.45394	8.69
46	2000	53.7	39.2	36.9	50.2	61.3	67.5	99.0	79.8	82.6	129.0	160.0	76.6	49.16356	-8.45

图 5-7　生成的相对拟合误差(%)序列(二)

5.2.2.2　历史拟合曲线

同理，按照 3.2.2 部分的操作步骤，可由 SPSS 自动生成由洮河红旗水文站历年 12 月月平均流量与其估计值组成的历史拟合曲线图，见图 5-8，洮河红旗水文站历年 12 月月平均流量与其估计值拟合比较好。

逐步回归分析在 SPSS 上的操作过程到此结束，用户应选择路径保存数据编辑窗口、结果输出窗口中的数据与结果，供后继分析使用。

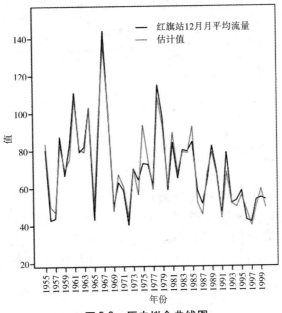

图 5-8　历史拟合曲线图

5.2.3　统计检验与预报

对 SPSS 结果输出窗口中的统计表格数据分析如下。

表 5-1 显示了逐步回归分析中引入或删除预报因子的过程和方法,第一步先引入了红旗水文站 11 月月平均流量,第二步引入了 9 月月平均流量,没有因子被剔除,第三步引入了 10 月月平均流量,没有因子被剔除,之后既不能引入也不能剔除因子,回归结束,所以第三步模型为最终的逐步回归模型。

表 5-1　输入/移去的变量[a]（Variables Entered/Removed[a]）

模型 （Model）	输入的变量 （Variables Entered）	移去的变量 （Variables Removed）	方法 （Method）
1	11 月	·	步进（准则:F-to-enter 的概率 < = 0.004, F-to-remove 的概率 > = 0.005）
2	9 月	·	步进（准则:F-to-enter 的概率 < = 0.004, F-to-remove 的概率 > = 0.005）
3	10 月	·	步进（准则:F-to-enter 的概率 < = 0.004, F-to-remove 的概率 > = 0.005）

注: a. 因变量为红旗水文站 12 月月平均流量。

5.2.3.1　回归方程的拟合优度检验

表 5-2 是各步模型汇总情况,可见,第三步逐步回归模型的复相关系数 $R = 0.969$,决定性系数 $R^2 = 0.939$,剩余标准差 $S_y = 5.6660$。说明样本回归方程代表性很好。

表 5-2　各步模型汇总[d]（Model Summary[d]）

模型（Model）	R	R^2（R Square）	调整 R^2（Adjusted R Square）	估计的标准误差（Std. Error of the Estimate）
1	0.936[a]	0.876	0.873	7.883 0
2	0.962[b]	0.925	0.922	6.199 4
3	0.969[c]	0.939	0.934	5.666 0

注：各步引入或剔除因子过程同表 5-1。

5.2.3.2　回归方程的显著性检验（F 检验）

表 5-3 是各步模型方差分析表，可见，第三步逐步回归模型的回归平方和 $U = 20\,689.512$，残差平方和 $Q = 1\,348.333$，离差平方和 $S_{yy} = 22\,037.844$。统计量 $F = 214.823$ 时，相伴概率值为 $\rho = 0.000 < 0.001$，说明回归方程预报因子 $X_{k(t)}$ 与预报对象 Y 之间有线性回归关系。

表 5-3　各步模型方差分析[d]（Anova[d]）

模型（Model）		平方和（Sum of Squares）	df	均方（Mean Square）	F	Sig.
1	回归（Regression）	19 303.578	1	19 303.578	310.635	0.000[a]
	残差（Residual）	2 734.266	44	62.142		
	总计（Total）	22 037.844	45			
2	回归（Regression）	20 385.245	2	10 192.622	265.208	0.000[b]
	残差（Residual）	1 652.600	43	38.433		
	总计（Total）	22 037.844	45			
3	回归（Regression）	20 689.512	3	6 896.504	214.823	0.000[c]
	残差（Residual）	1 348.333	42	32.103		
	总计（Total）	22 037.844	45			

注：各步引入或剔除因子过程同表 5-1。

5.2.3.3　回归系数的显著性检验（t 检验）

表 5-4 是各步模型回归系数，可见，第三步逐步回归模型的常数项系数 $b_0 = 15.640$，回归系数 $b_1 = 0.630$，$b_2 = 0.028$，$b_3 = -0.115$。经 t 检验，各回归系数的相伴概率值 ρ 都小于剔除因子标准值 0.005，故不能从回归方程中剔除，说明回归系数都有统计学意义。逐步回归方程为：

$$\hat{y}_i = 15.640 + 0.630x_{i1} + 0.028x_{i2} - 0.115x_{i3}$$

表 5-5 是第三步逐步回归模型外各因子的有关统计量，可见，相伴概率值 ρ 都大于引入因子标准值 0.004，故不能引入回归方程。

表 5-4　各步模型回归系数[a]（Coefficients[a]）

模型（Model）		非标准化系数（Unstandardized Coefficients）		标准系数（Standardized Coefficients）	t	Sig.	相关性（Correlations）		
		B	标准误差（Std. Error）	Beta			零阶（Zero-order）	偏（Partial）	部分（Part）
1	常量	18.187	3.179		5.721	0.000			
	11 月	0.454	0.026	0.936	17.625	0.000	0.936	0.936	0.936
2	常量	20.483	2.537		8.073	0.000			
	11 月	0.339	0.030	0.699	11.441	0.000	0.936	0.868	0.478
	9 月	0.038	0.007	0.324	5.305	0.000	0.835	0.629	0.222
3	常量	15.640	2.802		5.581	0.000			
	11 月	0.630	0.098	1.300	6.405	0.000	0.936	0.703	0.244
	9 月	0.028	0.007	0.242	3.905	0.000	0.835	0.516	0.149
	10 月	−0.115	0.037	−0.556	−3.079	0.004	0.863	−0.429	−0.118

注：a. 因变量为红旗水文站 12 月月平均流量。

表 5-5　第三步模型外的自变量[d]（Excluded Variables[d]）

模型（Model）		Beta In	t	Sig.	偏相关（Partial Correlation）	共线性统计量（Collinearity Statistics）
						容差（Tolerance）
3	1 月	−0.035[c]	−0.879	0.385	−0.136	0.922
	2 月	−0.046[c]	−1.150	0.257	−0.177	0.903
	3 月	0.015[c]	0.359	0.721	0.056	0.801
	4 月	0.035[c]	0.803	0.426	0.124	0.779
	5 月	0.022[c]	0.506	0.616	0.079	0.754
	6 月	0.053[c]	1.320	0.194	0.202	0.875
	7 月	−0.001[c]	−0.032	0.975	−0.005	0.682
	8 月	0.040[c]	0.781	0.439	0.121	0.562

注：各步引入或剔除因子过程同表 5-1。

5.2.3.4　预报

单值预报：洮河红旗水文站 2001 年 11 月、9 月、10 月月平均流量分别为 111 m^3/s、338 m^3/s、223 m^3/s，代入逐步回归方程，计算得该站 2001 年 12 月月平均流量的预报值为 69.4 m^3/s，实际情况是 67.7 m^3/s，相差 2.51%。

概率区间预报：表 5-2 显示剩余标准差 $S_y = 5.6660$，所以 2001 年 12 月月平均流量预报值在区间 [63.7, 75.1] 内的可能性约为 68%，在区间 [58.1, 80.7] 内的可能性约为 95%（计算式请参阅 5.1.5 部分）。

第 6 章　后向逐步剔除回归分析

6.1　基本思路、计算公式、统计检验与分析计算过程

6.1.1　基本思路

假设有 m 个预报因子,将它们一次性引入线性回归方程,再逐步进行剔除,即每一步先要计算 m 个因子的方差贡献,挑选其中未剔除因子中方差贡献最小者进行给定信度 α 下的 F 检验(即剔除检验),若通过检验则剔除该因子(每一步只能剔除一个因子),否则不剔除。最后,直到回归方程中的因子均不能通过剔除检验、或者均通过剔除检验而全被剔除时,回归结束。这就是后向逐步剔除回归分析的基本思路。

该方法得到的回归结果比强迫引入回归法简洁,但有一个缺点,即因子只出不进,结果使先剔除的因子永远不会在方程中重新出现,但该因子有可能在其他因子剔除后对预报对象又有显著影响,因而有必要引入,但后向逐步剔除法做不到这一点。

6.1.2　计算公式

(1)增广矩阵及变换公式(请参阅 5.1.2 部分的内容)。

(2)方差贡献(请参阅 5.1.2 部分的内容)。

(3)F 检验。

在样本容量为 n 时,以 $F(i)$ 表示第 i 步剔除第 kk 个因子时的方差比 F,假如此前回归方程留有 p 个因子,则方差比计算公式为:

$$F(i) = V(kk) \times (n - p - 1)/R(i - 1, m + 1, m + 1)$$

可见,统计量 $F(i)$ 服从第一自由度为 1、第二自由度为 $(n-p-1)$ 的 F 分布。在 SPSS 操作中,会自动计算 $F(i)$ 的观测值及相伴概率 ρ 值,用户可与给定的显著性水平 α(即信度)值相比较,如果 $\rho \geq \alpha$,则剔除第 kk 个因子,否则不剔除。

(4)将回归方程转换为标准化前的原值。

假如在第 i 步时回归结束,方程中最后留有 p 个因子,用数组变量 $k(t)$ 来表示这 p 个因子在可供挑选的 m 个因子中的序号($t=1,2,\cdots,p$),则转换为原值后的回归方程为:

$$Y_j = \overline{Y} + \sum (SQR(S(m + 1, m + 1)/S(k(t), k(t)) \times$$
$$R(i - 1, k(t), m + 1)) \times (X_{jk(t)} - \overline{X}_{k(t)}))$$

式中: $\overline{Y}$、$\overline{X}_{k(t)}$ 分别为预报对象 Y、第 $k(t)$ 个预报因子的样本均值; $S(m + 1, m + 1)$、$S(k(t), k(t))$ 分别为预报对象 Y、第 $k(t)$ 个预报因子的 n 次观测值的总离差平方和; $j = 1, 2, \cdots, n$(n 是样本容量)。

6.1.3　重要的样本统计量

请参阅 5.1.3 部分的内容。

6.1.4　回归效果的统计检验

请参阅 5.1.4 部分的内容。

6.1.5　分析计算过程

(1)建立由预报对象和 m 个预报因子样本观测变量序列组成的 SPSS 数据文件并保存。

(2)打开 SPSS 数据文件,在数据编辑窗口进行后向逐步剔除回归分析,计算预报对象的估计值及相对拟合误差,生成由预报对象与其估计值组成的历史拟合曲线。保存数据编辑窗口中的数据和结果,输出窗口中的统计结果、相关信息等。

(3)对回归效果进行统计检验。

(4)若通过统计检验,可用后向逐步剔除回归方程进行预报,也可进行概率区间预报。当预报对象 Y 服从正态分布时,对应 p 个预报因子观测值的预报对象估计值 $\hat{y}_j$ 落在区间 $[\hat{y}_j - S_y, \hat{y}_j + S_y]$ 内的可能性约为 68% ,落在区间 $[\hat{y}_j - 2S_y, \hat{y}_j + 2S_y]$ 内的可能性约为 95% 。可见, S_y 越小,用回归方程所估计的 $\hat{y}_j$ 值就越精确。

6.2　SPSS 应用实例

本次选用黄河流域洮河红旗水文站 1955～2000 年 12 月月平均流量为预报对象,选用同站 1 月,2 月,…,11 月月平均流量为预报因子,用 SPSS 进行了后向逐步剔除回归分析计算,并对 2001 年 12 月月平均流量进行了预报,结果令人满意。

6.2.1　后向逐步剔除回归分析

后向逐步剔除回归分析的操作步骤如下:

步骤 1:打开 SPSS 数据文件,洮河红旗水文站 12 月月平均流量及相关预报因子变量序列见第 5 章图 5-1、图 5-2。

步骤 2:在第 5 章图 5-1 中依次单击菜单“分析→回归→线性”,从弹出的线性回归对话框左侧的列表框中选择“十二月平均流量”,移动到因变量列表框,选择“一月平均流量”,“二月平均流量”,…,“十一月平均流量”等 11 个变量,移动到自变量列表框,在方法下拉列表框中选择“向后”,即按后向逐步剔除回归的基本思路建立回归模型,见图 6-1。

步骤 3:单击图 6-1 中的“统计量”按钮,在打开的统计量对话框中,依次选择“估计”、“模型拟合度”和“部分相关和偏相关性”,单击“继续”按钮,返回图 6-1。

步骤 4:单击图 6-1 中的“保存”按钮,在打开的保存对话框预测值选项组中选择“未标准化”,单击“继续”按钮,返回图 6-1。

步骤 5:单击图 6-1 中的“选项”按钮,打开选项对话框,见图 6-2,选择“使用 F 的概率”选项,在“进入”文本框中输入 0.01(该值只要小于“删除”文本框内的输入值即可),

在"删除"文本框中输入 0.05(若想剔除更多的预报因子,可降低该输入值),其他选项取默认值,单击"继续"按钮,返回图 6-1。

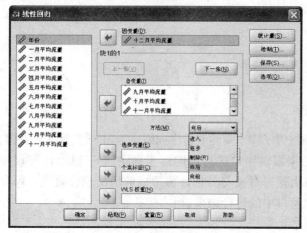

图 6-1　线性回归对话框

图 6-2　选项对话框

步骤 6:单击图 6-1 中的"确定"按钮,执行后向逐步剔除回归的操作,SPSS 会自动以变量名"PRE_1"将洮河红旗水文站历年 12 月月平均流量非标准化估计值显示在数据编辑窗口,见图 6-3。

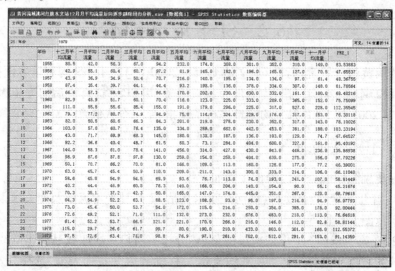

图 6-3　洮河红旗水文站历年 12 月月平均流量非标准化估计值

6.2.2　相对拟合误差与历史拟合曲线

6.2.2.1　相对拟合误差

按照 3.2.2 部分的操作步骤,可由 SPSS 自动生成洮河红旗水文站历年 12 月月平均流量与其估计值之间的相对拟合误差,见图 6-4、图 6-5,1955～2000 年逐年相对拟合误差除 1975 年比较大外,其余都在 ±20% 之内,合格率达 97.8%。

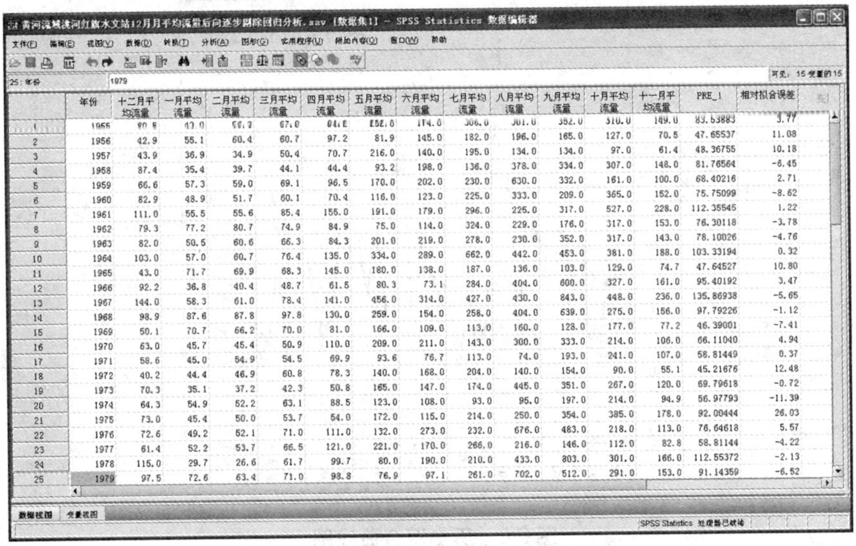

年份	十二月平均流量	一月平均流量	二月平均流量	三月平均流量	四月平均流量	五月平均流量	六月平均流量	七月平均流量	八月平均流量	九月平均流量	十月平均流量	十一月平均流量	PRE_1	相对拟合误差
1955	90.8	43.0	50.3	67.0	84.6	156.0	174.0	306.0	301.0	382.0	310.0	149.0	83.53883	3.77
1956	42.9	55.1	60.4	60.7	97.2	81.9	145.0	182.0	196.0	165.0	127.0	70.5	47.65537	11.08
1957	43.9	36.9	34.9	50.4	70.7	216.0	140.0	195.0	134.0	134.0	97.0	61.4	48.36755	10.18
1958	87.4	35.4	39.7	44.1	44.4	93.2	198.0	136.0	378.0	334.0	307.0	148.0	81.76564	-4.05
1959	66.6	57.3	59.0	69.1	96.5	170.0	202.0	230.0	630.0	332.0	161.0	100.0	68.40216	2.71
1960	82.9	48.9	51.7	60.1	70.4	116.0	123.0	225.0	209.0	333.0	152.0	75.75099	-8.62	
1961	111.0	55.5	55.6	85.4	155.0	191.0	179.0	296.0	225.0	317.0	527.0	228.0	112.35545	1.22
1962	79.3	77.2	80.7	74.9	84.9	75.0	114.0	324.0	229.0	176.0	317.0	153.0	76.30118	-3.78
1963	82.0	50.5	60.6	66.3	84.3	201.0	219.0	278.0	230.0	352.0	317.0	143.0	78.10026	-4.76
1964	103.0	57.0	60.7	76.4	135.0	334.0	289.0	662.0	442.0	453.0	381.0	129.0	47.64527	0.32
1965	43.0	71.7	69.9	68.3	145.0	180.0	138.0	187.0	136.0	103.0	129.0	74.7	95.40192	10.80
1966	92.2	36.8	40.4	48.7	61.5	80.3	73.1	284.0	404.0	600.0	327.0	161.0	135.86938	-5.05
1967	144.0	58.3	61.0	78.4	141.0	456.0	314.0	427.0	430.0	843.0	448.0	236.0	97.79226	-1.12
1968	98.9	87.6	87.8	97.8	130.0	259.0	154.0	258.0	404.0	639.0	275.0	156.0	46.39001	-7.41
1969	50.1	70.7	66.2	72.0	81.0	166.0	109.0	113.0	142.0	241.0	177.0	77.2	66.11040	4.94
1970	63.0	45.7	45.4	50.9	110.0	209.0	211.0	143.0	300.0	333.0	214.0	106.0	58.81449	0.37
1971	58.6	45.0	54.9	69.9	93.6	76.7	113.0	74.0	193.0	241.0	107.0	58.8	58.81449	0.37
1972	40.2	44.4	46.9	60.8	78.3	140.0	168.0	204.0	140.0	154.0	90.0	55.1	45.21676	12.48
1973	70.3	35.1	37.2	42.3	50.8	165.0	147.0	174.0	445.0	351.0	267.0	120.0	69.79618	-0.72
1974	64.3	54.9	52.2	63.1	88.5	123.0	108.0	93.0	95.0	197.0	214.0	94.9	56.97793	-11.39
1975	73.0	45.4	50.0	53.7	54.0	172.0	115.0	214.0	250.0	354.0	385.0	178.0	92.00044	26.03
1976	72.6	49.2	52.1	71.0	111.0	132.0	273.0	232.0	676.0	483.0	218.0	113.0	76.64618	5.57
1977	61.2	53.7	53.7	66.5	121.0	221.0	178.0	266.0	216.0	146.0	112.0	82.8	58.81144	-4.17
1978	115.0	29.7	26.6	61.7	99.7	80.0	190.0	210.0	433.0	803.0	301.0	166.0	112.55372	-2.13
1979	97.5	72.6	63.4	71.0	98.8	76.9	97.1	261.0	702.0	512.0	291.0	153.0	91.14359	-6.52

图6-4　生成的相对拟合误差(%)序列(一)

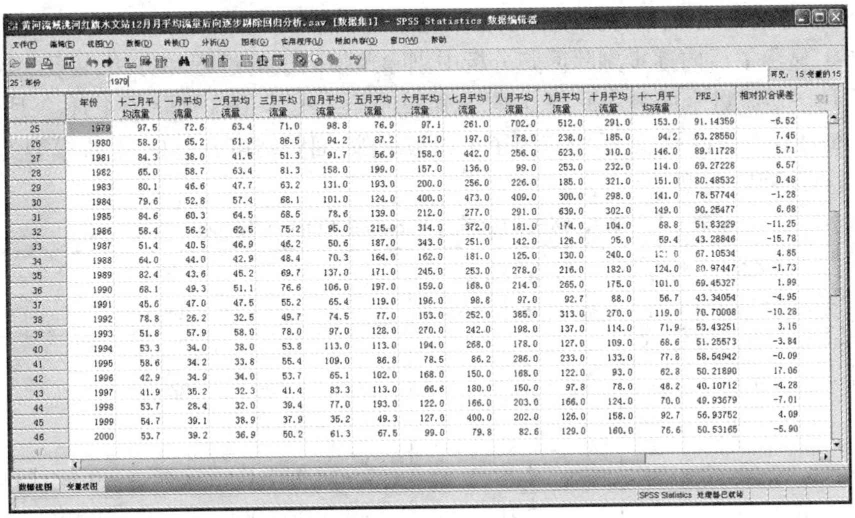

年份	十二月平均流量	一月平均流量	二月平均流量	三月平均流量	四月平均流量	五月平均流量	六月平均流量	七月平均流量	八月平均流量	九月平均流量	十月平均流量	十一月平均流量	PRE_1	相对拟合误差
1979	97.5	72.6	63.4	71.0	98.8	76.9	97.1	261.0	702.0	512.0	291.0	153.0	91.14359	-6.52
1980	58.9	65.2	61.9	86.5	94.2	87.2	121.0	197.0	178.0	238.0	185.0	94.2	63.28560	7.45
1981	84.3	38.0	41.5	91.7	56.9	158.0	442.0	256.0	623.0	310.0	146.0	89.11728	5.71	
1982	65.0	58.7	63.4	81.3	158.0	199.0	157.0	136.0	99.0	253.0	232.0	114.0	69.27226	6.57
1983	80.1	46.6	47.7	63.2	131.0	200.0	256.0	226.0	185.0	321.0	151.0	80.48532	0.48	
1984	79.6	52.8	57.4	68.1	101.0	124.0	400.0	473.0	409.0	300.0	298.0	141.0	78.57744	-1.28
1985	84.6	60.3	64.5	68.5	78.6	139.0	212.0	277.0	291.0	639.0	302.0	149.0	90.25477	6.68
1986	58.4	56.2	62.5	75.2	96.0	215.0	314.0	372.0	181.0	174.0	104.0	68.8	51.83229	-11.25
1987	51.4	40.5	46.9	46.2	50.6	187.0	343.0	251.0	142.0	126.0	90.0	25.0	43.28846	-15.78
1988	64.0	44.0	42.9	48.4	70.3	164.0	162.0	181.0	125.0	130.0	240.0	120.0	67.10534	4.85
1989	82.4	43.6	45.2	69.7	137.0	171.0	245.0	253.0	278.0	216.0	182.0	124.0	80.97447	-1.73
1990	68.1	49.3	51.1	76.6	106.0	197.0	159.0	168.0	214.0	265.0	175.0	101.0	69.45327	1.99
1991	45.6	47.0	47.5	55.2	65.4	119.0	196.0	98.8	252.0	385.0	313.0	270.0	70.70008	-10.28
1992	78.8	26.2	32.5	49.7	74.5	77.0	153.0	252.0	198.0	137.0	114.0	71.9	53.43251	3.13
1993	51.8	57.9	58.0	78.0	97.0	128.0	270.0	242.0	198.0	268.0	178.0	129.0	51.25573	-3.84
1994	53.3	34.0	38.0	53.8	113.0	113.0	194.0	286.0	233.0	133.0	93.0	62.8	58.64942	-0.09
1995	58.6	34.2	33.8	55.4	109.0	86.8	78.5	86.2	286.0	233.0	133.0	93.0	50.21890	17.06
1996	42.9	34.9	34.0	53.7	65.1	102.0	150.0	150.0	122.0	97.8	78.0	48.2	40.10712	-4.28
1997	41.9	35.2	32.3	41.4	83.3	113.0	66.6	180.0	150.0	203.0	146.0	124.0	40.93679	-7.01
1998	53.7	28.4	32.0	37.9	77.0	103.0	122.0	166.0	202.0	126.0	158.0	92.7	49.93752	4.09
1999	54.7	39.1	38.9	37.9	35.2	49.3	127.0	400.0	202.0	126.0	158.0	92.7	56.93752	4.09
2000	53.7	39.2	36.9	50.2	61.3	67.5	99.0	99.8	82.6	129.0	160.0	76.6	50.53165	-5.90

图6-5　生成的相对拟合误差(%)序列(二)

6.2.2.2　历史拟合曲线

同理,按照 3.2.2 部分的操作步骤,可由 SPSS 自动生成由洮河红旗水文站历年 12 月月平均流量与其估计值组成的历史拟合曲线图,见图6-6,洮河红旗水文站历年 12 月月平均流量与其估计值拟合的非常好。

后向逐步剔除回归分析在 SPSS 上的操作过程到此结束,用户应选择路径保存数据编辑窗口、结果输出窗口中的数据与结果,供后继分析使用。

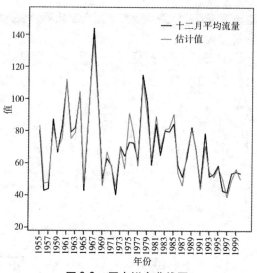

图6-6　历史拟合曲线图

6.2.3　统计检验与预报

对 SPSS 结果输出窗口中的统计表格数据分析如下。

表 6-1 显示了后向逐步剔除回归分析中剔除预报因子的过程和方法,可见,第一步将 1～11 月月平均流量全部引入回归方程,从第二步至第七步依次剔除了 4 月、7 月、5 月、8 月、1 月、6 月月平均流量,之后没有因子可以被剔除,回归结束,所以第七步模型为最终的后向逐步剔除回归模型。

表 6-1　输入/移去的变量[b](Variables Entered/Removed[b])

模型 (Model)	输入的变量 (Variables Entered)	移去的变量 (Variables Removed)	方法 (Method)
1	11 月,6 月,1 月,8 月, 4 月,5 月,7 月,9 月, 3 月,2 月,10 月[a]	·	输入
2	·	4 月	向后(准则:F-to-remove > = 0.050 的概率)
3	·	7 月	向后(准则:F-to-remove > = 0.050 的概率)
4	·	5 月	向后(准则:F-to-remove > = 0.050 的概率)
5	·	8 月	向后(准则:F-to-remove > = 0.050 的概率)
6	·	1 月	向后(准则:F-to-remove > = 0.050 的概率)
7	·	6 月	向后(准则:F-to-remove > = 0.050 的概率)

注:a. 已输入所有请求的变量。

　　b. 因变量为红旗水文站 12 月月平均流量。

6.2.3.1　回归方程的拟合优度检验

表 6-2 是各步模型汇总情况,可见,第七步回归模型的复相关系数 $R = 0.973$,决定性

系数 $R^2 = 0.947$，剩余标准差 $S_y = 5.4227$。说明样本回归方程代表性很好。

表 6-2　各步模型汇总[h]（Model Summary[h]）

模型 （Model）	R	R^2 （R Square）	调整 R^2 （Adjusted R Square）	估计的标准误差 （Std. Error of the Estimate）
1	0.975[a]	0.951	0.935	5.6537
2	0.975[b]	0.951	0.937	5.5727
3	0.975[c]	0.951	0.938	5.5001
4	0.975[d]	0.950	0.939	5.4444
5	0.975[e]	0.950	0.940	5.3993
6	0.974[f]	0.949	0.941	5.3813
7	0.973[g]	0.947	0.940	5.4227

注：第一步引入全部因子及第二步至第七步剔除因子的过程同表 6-1。

　　因变量为红旗水文站 12 月月平均流量。

6.2.3.2　回归方程的显著性检验（F 检验）

　　表 6-3 是第七步回归模型方差分析表，其回归平方和 $U = 20861.626$，残差平方和 $Q = 1176.219$，离差平方和 $S_{yy} = 22037.844$。统计量 $F = 141.889$ 时，相伴概率值为 $\rho = 0.000 < 0.001$，说明回归方程预报因子 $X_{k(t)}$ 与预报对象 Y 之间有线性回归关系。

表 6-3　第七步模型方差分析[h]（Anova[h]）

模型（Model）		平方和（Sum of Squares）	df	均方（Mean Square）	F	Sig.
7	回归（Regression）	20861.626	5	4172.325	141.889	0.000[g]
	残差（Residual）	1176.219	40	29.405		
	总计（Total）	22037.844	45			

注：第一步引入全部因子及第二步至第七步剔除因子的过程同表 6-1。

　　因变量为红旗站水文站 12 月月平均流量。

6.2.3.3　回归系数的显著性检验（t 检验）

　　表 6-4 是第七步回归模型的回归系数表，其常数项系数 $b_0 = 15.410$，回归系数 $b_1 = -0.246$，$b_2 = 0.222$，$b_3 = 0.027$，$b_4 = -0.098$，$b_5 = 0.591$。经 t 检验，各回归系数的相伴概率值 ρ 都小于剔除因子标准值 0.05，故不能从回归方程中剔除，说明回归系数都有统计学意义。后向逐步剔除回归方程为：

$$\hat{y}_i = 15.410 - 0.246x_{i1} + 0.222x_{i2} + 0.027x_{i3} - 0.098x_{i4} + 0.591x_{i5}$$

　　表 6-5 是第七步回归模型外各因子的有关统计量，可见，除 1 月、4 月月平均流量的相伴概率值 ρ 小于剔除因子标准值 0.05 外，其余 ρ 值都大于 0.05，故不能引入回归方程。而 1 月、4 月月平均流量理应引入回归方程，但后向逐步剔除法做不到这一点。

表 6-4　第七步模型回归系数ᵃ（Coefficients ᵃ）

模型（Model）		非标准化系数（Unstandardized Coefficients）		标准系数（Standardized Coefficients）	t	Sig.	相关性（Correlations）		
		B	标准误差（Std. Error）	Beta			零阶（Zero-order）	偏（Partial）	部分（Part）
7	常量	15.410	3.931		3.920	0.000			
	2 月	− 0.246	0.103	− 0.147	− 2.389	0.022	0.208	− 0.353	− 0.087
	3 月	0.222	0.105	0.137	2.103	0.042	0.387	0.315	0.077
	9 月	0.027	0.007	0.229	3.832	0.000	0.835	0.518	0.140
	10 月	− 0.098	0.038	− 0.473	− 2.596	0.013	0.863	− 0.380	− 0.095
	11 月	0.591	0.100	1.218	5.882	0.000	0.936	0.681	0.215

注：a. 因变量为红旗水文站 12 月月平均流量。

表 6-5　第七步模型外的自变量ᵍ（Excluded Variables ᵍ）

模型（Model）		Beta In	t	Sig.	偏相关（Partial Correlation）	共线性统计量（Collinearity Statistics）
						容差（Tolerance）
7	4 月	0.004ᶠ	0.072	0.943	0.012	0.423
	7 月	0.016ᶠ	0.349	0.729	0.056	0.664
	5 月	0.029ᶠ	0.672	0.505	0.107	0.705
	8 月	0.046ᶠ	0.934	0.356	0.148	0.560
	1 月	0.035ᶠ	0.270	0.789	0.043	0.083
	6 月	0.050ᶠ	1.272	0.211	0.200	0.853

注：第一步引入全部因子及第二至第七步剔除因子的过程同表 6-1。因变量为红旗水文站 12 月月平均流量。

6.2.3.4　预报

单值预报：洮河红旗水文站 2001 年 2 月、3 月、9 月、10 月、11 月月平均流量分别为 41.4 m³/s、39.1 m³/s、338 m³/s、223 m³/s、111 m³/s，代入后向逐步剔除回归方程，计算得该站 2001 年 12 月月平均流量的预报值为 66.8 m³/s，实际情况是 67.7 m³/s，相差 − 1.33%。

概率区间预报：表 6-2 显示剩余标准差 $S_y = 5.4227$，所以 2001 年 12 月月平均流量预报值在区间 [61.4,72.2] 内的可能性约为 68%，在区间 [56.0,77.6] 内的可能性约为 95%（计算式请参阅 6.1.5 部分）。

第 7 章 前向逐步引入回归分析

7.1 基本思路、计算公式、统计检验与分析计算过程

7.1.1 基本思路

假设有 m 个预报因子，在建立线性回归方程时，这些因子是逐步引入的，即每一步先要计算 m 个因子的方差贡献，挑选其中未引进因子中方差贡献最大者进行给定信度 α 下的 F 检验（即引进检验），若通过检验则引进该因子（每一步只能引入一个因子），否则不引进。最后，直到回归方程外的因子均不能通过引进检验、或者均通过引进检验而全被引进时，回归结束。这就是前向逐步引入回归分析的基本思路。

该方法得到的回归结果比强迫引入回归法简洁，但有一个缺点，即因子只进不出，结果使先引入的因子由于与方程中其他因子之间的相互影响，有可能显得不再重要，因而有必要剔除，但前向逐步引入法做不到这一点。

7.1.2 计算公式

（1）增广矩阵及变换公式（请参阅 5.1.2 部分的内容）。

（2）方差贡献（请参阅 5.1.2 部分的内容）。

（3）F 检验。

在样本容量为 n 时，以 $F(i)$ 表示第 i 步引进第 kk 个因子时的方差比 F，假如此前回归方程留有 p 个因子，则方差比计算公式为：

$$F(i) = V(kk) \times (n - p - 2)/(R(i - 1, m + 1, m + 1) - V(kk))$$

可见，统计量 $F(i)$ 服从第一自由度为 1、第二自由度为 $(n - p - 2)$ 的 F 分布。在 SPSS 操作中，会自动计算 $F(i)$ 的观测值及相伴概率 ρ 值，用户可与给定的显著性水平 α（即信度）值相比较，如果 $\rho < \alpha$，则引进第 kk 个因子，否则不引进。

（4）将回归方程转换为标准化前的原值。

假如在第 i 步时回归结束，共引进 p 个因子，用数组变量 $k(t)$ 来表示这 p 个因子在可供挑选的 m 个因子中的序号（$t = 1, 2, \cdots, p$），则转换为原值后的回归方程为：

$$Y_j = \bar{Y} + \sum (SQR(S(m + 1, m + 1)/S(k(t), k(t)) \times$$
$$R(i - 1, k(t), m + 1)) \times (X_{jk(t)} - \bar{X}_{k(t)}))$$

式中：$\bar{Y}$、$\bar{X}_{k(t)}$ 分别为预报对象 Y、第 $k(t)$ 个预报因子的样本均值；$S(m + 1, m + 1)$、$S(k(t), k(t))$ 分别为预报对象 Y、第 $k(t)$ 个预报因子的 n 次观测值的总离差平方和；$j = 1, 2, \cdots, n$（n 是样本容量）。

7.1.3　重要的样本统计量

请参阅 5.1.3 部分的内容。

7.1.4　回归效果的统计检验

请参阅 5.1.4 部分的内容。

7.1.5　分析计算过程

（1）建立由预报对象和 m 个预报因子样本观测变量序列组成的 SPSS 数据文件并保存。

（2）打开 SPSS 数据文件,在数据编辑窗口进行前向逐步引入回归分析,计算预报对象的估计值及相对拟合误差,生成由预报对象与其估计值组成的历史拟合曲线。保存数据编辑窗口中的数据和结果输出窗口中的统计结果、相关信息等。

（3）对回归效果进行统计检验。

（4）若通过统计检验,可用前向逐步引入回归方程进行预报,也可进行概率区间预报。当预报对象 Y 服从正态分布时,对应 p 个预报因子观测值的预报对象估计值 $\hat{y}_j$,落在区间 $[\hat{y}_j - S_y, \hat{y}_j + S_y]$ 内的可能性约为 68%,落在区间 $[\hat{y}_j - 2S_y, \hat{y}_j + 2S_y]$ 内的可能性约为 95%。可见,S_y 越小,用回归方程所估计的 $\hat{y}_j$ 值就越精确。

7.2　SPSS 应用实例

本次选用黄河流域洮河红旗水文站 1955～2000 年 12 月月平均流量为预报对象,选用同站 1 月,2 月,…,11 月月平均流量为预报因子,用 SPSS 进行了前向逐步引入回归分析计算,并对 2001 年 12 月月平均流量进行了预报,结果较好。

7.2.1　前向逐步引入回归分析

前向逐步引入回归分析的操作步骤如下:

步骤 1:打开 SPSS 数据文件,洮河红旗水文站 12 月月平均流量及相关预报因子变量序列见第 5 章图 5-1、图 5-2。

步骤 2:在第 5 章图 5-1 中依次单击菜单“分析→回归→线性”,从弹出的线性回归对话框左侧的列表框中选择“十二月平均流量”,移动到因变量列表框,选择“一月平均流量”,“二月平均流量”,…,“十一月平均流量”等 11 个变量,移动到自变量列表框,在方法下拉列表框中选择“向前”,即按前向逐步引入回归的基本思路建立回归模型,见图 7-1。

步骤 3:单击图 7-1 中的“统计量”按钮,在打开的统计量对话框中,依次选择“估计”、“模型拟合度”和“部分相关和偏相关性”,单击“继续”按钮,返回图 7-1。

步骤 4:单击图 7-1 中的“保存”按钮,在打开的保存对话框预测值选项组中选择“未标准化”,单击“继续”按钮,返回图 7-1。

步骤 5:单击图 7-1 中的“选项”按钮,打开选项对话框,见图 7-2,选择“使用 F 的概率”选项,在“进入”文本框中输入 0.20（若想引入更多的预报因子,可增大该输入值）,在

"删除"文本框中输入 0.50（该值只要大于进入文本框内的输入值即可），其他选项取默认值，单击"继续"按钮，返回图 7-1。

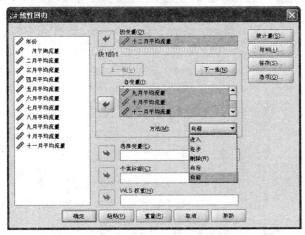

图 7-1　线性回归对话框　　　　　　　　　图 7-2　选项对话框

步骤 6：单击图 7-1 中的"确定"按钮，执行前向逐步引入回归的操作，SPSS 会自动以变量名"PRE_1"将洮河红旗水文站历年 12 月月平均流量非标准化估计值显示在数据编辑窗口，见图 7-3。

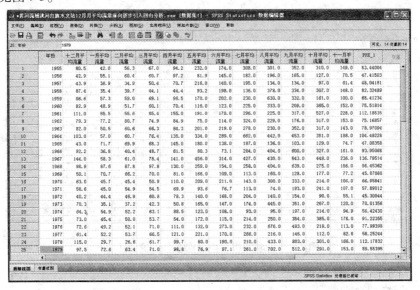

图 7-3　洮河红旗水文站历年 12 月月平均流量非标准化估计值

7.2.2　相对拟合误差与历史拟合曲线

7.2.2.1　相对拟合误差

按照 3.2.2 部分的操作步骤，可由 SPSS 自动生成洮河红旗水文站历年 12 月月平均流量与其估计值之间的相对拟合误差，见图 7-4、图 7-5，1955～2000 年逐年相对拟合误差除 1975 年比较大外，其余都在 ±20% 之内，合格率达 97.8%。

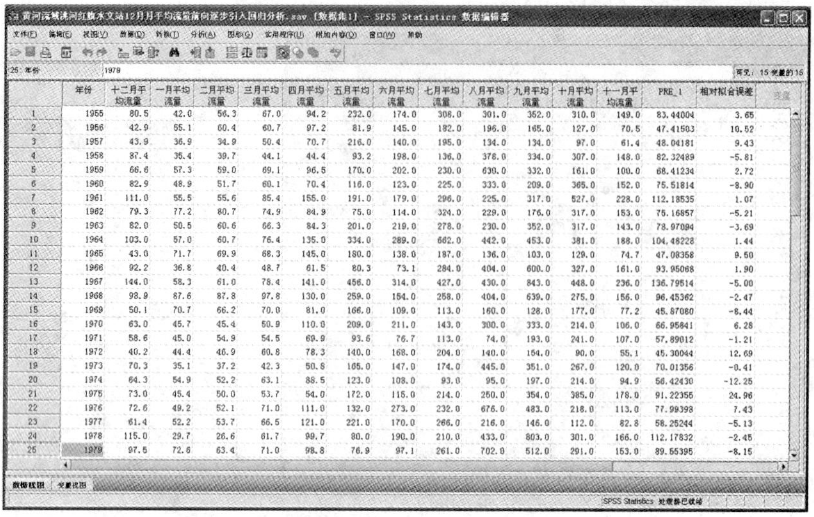

	年份	十二月平均流量	一月平均流量	二月平均流量	三月平均流量	四月平均流量	五月平均流量	六月平均流量	七月平均流量	八月平均流量	九月平均流量	十月平均流量	十一月平均流量	PRE_1	相对拟合误差
1	1955	80.5	42.0	56.3	67.0	94.2	232.0	174.0	308.0	301.0	352.0	310.0	149.0	83.44004	3.65
2	1956	42.9	55.1	60.4	60.7	97.2	81.9	145.0	182.0	196.0	165.0	127.0	70.5	47.41503	10.52
3	1957	43.9	36.9	34.9	50.4	70.7	216.0	140.0	195.0	134.0	134.0	97.0	61.4	48.04181	9.43
4	1958	87.4	35.4	39.7	44.1	44.4	93.2	198.0	136.0	378.0	334.0	307.0	148.0	82.32489	-5.81
5	1959	66.6	57.3	59.0	69.1	96.5	170.0	202.0	230.0	630.0	332.0	161.0	100.0	68.41234	2.72
6	1960	82.9	48.9	51.7	60.1	70.4	116.0	123.0	225.0	333.0	209.0	365.0	152.0	75.51814	-8.90
7	1961	111.0	55.5	55.6	85.4	155.0	191.0	179.0	296.0	225.0	317.0	527.0	228.0	112.18535	1.07
8	1962	79.3	77.2	80.7	74.9	84.9	75.0	114.0	324.0	229.0	176.0	317.0	153.0	75.16857	-5.21
9	1963	82.0	50.5	60.6	66.3	84.3	201.0	219.0	278.0	230.0	352.0	317.0	143.0	78.97094	-3.69
10	1964	103.0	57.0	60.7	76.4	135.0	334.0	289.0	662.0	442.0	453.0	381.0	188.0	104.48228	1.44
11	1965	43.0	71.7	69.9	68.3	145.0	180.0	138.0	187.0	136.0	103.0	129.0	74.7	47.08358	9.50
12	1966	92.2	36.8	40.4	48.7	61.5	80.3	73.1	284.0	404.0	600.0	327.0	161.0	93.95068	1.90
13	1967	144.0	58.3	61.0	78.4	141.0	456.0	314.0	427.0	430.0	843.0	448.0	236.0	136.79514	-5.00
14	1968	98.9	87.6	87.8	97.8	130.0	259.0	154.0	258.0	404.0	639.0	275.0	156.0	96.45362	-2.47
15	1969	50.1	70.7	66.2	70.0	81.0	166.0	109.0	113.0	160.0	128.0	177.0	77.2	45.87080	-8.44
16	1970	63.0	45.7	45.4	50.9	110.0	209.0	211.0	143.0	300.0	333.0	214.0	106.0	66.95841	6.28
17	1971	58.6	45.0	54.9	54.5	69.9	93.6	76.7	113.0	74.0	193.0	241.0	107.0	57.89012	-1.21
18	1972	40.2	44.4	46.9	60.8	78.3	140.0	168.0	204.0	140.0	154.0	90.0	55.1	45.30044	12.69
19	1973	70.3	35.1	37.2	42.3	50.8	165.0	147.0	174.0	445.0	351.0	267.0	120.0	70.01356	-0.41
20	1974	64.3	54.9	52.2	63.1	88.5	123.0	108.0	93.0	95.0	197.0	214.0	94.9	56.42430	-12.25
21	1975	73.0	45.4	50.0	53.7	54.0	172.0	115.0	214.0	250.0	354.0	385.0	178.0	91.22355	24.96
22	1976	72.6	49.2	52.1	71.0	111.0	132.0	273.0	232.0	676.0	483.0	218.0	113.0	77.99398	7.43
23	1977	61.4	52.2	53.7	66.5	121.0	221.0	170.0	266.0	216.0	146.0	112.0	82.8	58.25244	-5.13
24	1978	115.0	29.7	26.6	61.7	99.7	80.0	190.0	210.0	433.0	803.0	301.0	166.0	112.17832	-2.45
25	1979	97.5	72.6	63.4	71.0	98.8	76.9	97.1	261.0	702.0	512.0	291.0	153.0	89.55395	-8.15

图 7-4 生成的相对拟合误差(%)序列(一)

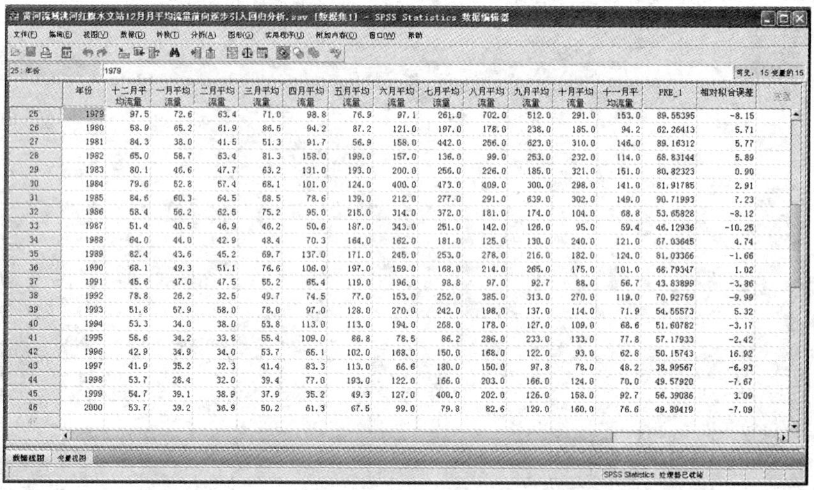

	年份	十二月平均流量	一月平均流量	二月平均流量	三月平均流量	四月平均流量	五月平均流量	六月平均流量	七月平均流量	八月平均流量	九月平均流量	十月平均流量	十一月平均流量	PRE_1	相对拟合误差
25	1979	97.5	72.6	63.4	71.0	98.8	76.9	97.1	261.0	702.0	512.0	291.0	153.0	89.55395	-8.15
26	1980	58.9	65.2	61.9	86.5	94.2	87.2	121.0	197.0	178.0	238.0	185.0	94.2	62.26413	5.71
27	1981	84.3	38.0	41.5	51.3	91.7	56.9	158.0	442.0	256.0	623.0	310.0	146.0	89.16312	5.77
28	1982	65.0	58.7	63.4	81.3	158.0	199.0	157.0	136.0	99.0	253.0	232.0	114.0	68.83144	5.89
29	1983	80.1	46.6	47.7	63.2	131.0	193.0	200.0	256.0	226.0	185.0	321.0	151.0	80.82323	0.90
30	1984	79.6	52.8	57.4	68.1	101.0	124.0	400.0	473.0	409.0	300.0	298.0	141.0	81.91785	2.91
31	1985	84.6	60.3	64.5	68.5	78.6	139.0	212.0	277.0	291.0	639.0	302.0	149.0	90.71993	7.23
32	1986	58.4	56.2	62.5	75.2	95.0	215.0	314.0	372.0	181.0	174.0	104.0	68.8	53.65828	-8.12
33	1987	51.4	40.5	46.9	46.2	50.6	187.0	343.0	251.0	142.0	126.0	95.0	59.4	46.12936	-10.25
34	1988	64.0	44.0	42.9	48.4	70.3	164.0	162.0	181.0	125.0	130.0	240.0	121.0	67.03645	4.74
35	1989	82.4	43.6	45.2	69.7	137.0	171.0	245.0	253.0	278.0	216.0	182.0	124.0	81.03366	-1.66
36	1990	68.1	49.3	51.1	76.6	106.0	197.0	159.0	168.0	214.0	265.0	175.0	101.0	68.79347	1.02
37	1991	45.6	47.0	47.5	55.2	65.4	119.0	196.0	98.8	97.0	92.7	88.0	56.7	43.83899	-3.86
38	1992	78.8	26.2	32.5	49.7	74.5	77.0	153.0	252.0	385.0	313.0	270.0	119.0	70.92759	-9.99
39	1993	51.8	57.9	58.0	78.0	97.0	128.0	270.0	242.0	198.0	137.0	114.0	71.9	54.55573	5.32
40	1994	53.3	34.0	38.0	53.8	113.0	113.0	194.0	268.0	178.0	127.0	109.0	68.6	51.60782	-3.17
41	1995	58.6	34.2	33.8	55.4	109.0	86.8	78.5	86.2	286.0	233.0	133.0	77.8	57.17933	-2.42
42	1996	42.9	34.9	34.0	53.7	65.1	102.0	168.0	150.0	168.0	122.0	93.0	62.8	50.15743	16.92
43	1997	41.9	35.2	32.3	41.4	83.3	113.0	66.6	180.0	150.0	97.8	78.0	48.2	38.99567	-6.93
44	1998	53.7	28.4	32.0	39.4	77.0	193.0	122.0	166.0	203.0	166.0	124.0	70.0	49.57920	-7.67
45	1999	54.7	39.1	38.9	37.9	35.2	49.3	127.0	400.0	202.0	126.0	158.0	92.7	56.39086	3.09
46	2000	53.7	39.2	36.9	50.2	61.3	67.5	99.0	79.8	82.6	129.0	160.0	76.6	49.89419	-7.09

图 7-5 生成的相对拟合误差(%)序列(二)

7.2.2.2 历史拟合曲线

同理，按照 3.2.2 部分的操作步骤，可由 SPSS 自动生成由洮河红旗水文站历年 12 月月平均流量与其估计值组成的历史拟合曲线图，见图 7-6，洮河红旗水文站历年 12 月月平均流量与其估计值拟合比较好。

前向逐步引入回归分析在 SPSS 上的操作过程到此结束，用户应选择路径保存数据编辑窗口、结果输出窗口中的数据与结果，供后继分析使用。

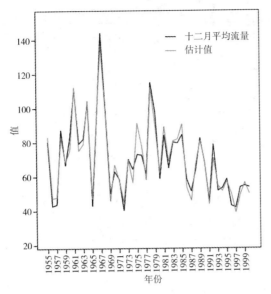

图7-6 历史拟合曲线图

7.2.3 统计检验与预报

对 SPSS 结果输出窗口中的统计表格数据分析如下:

表 7-1 显示了前向逐步引入回归分析中引入预报因子的过程和方法,可见,从第一步至第六步依次引入了 11 月、9 月、10 月、6 月、2 月、3 月月平均流量,之后没有因子可以被引入,回归结束,所以第六步模型为最终的前向逐步引入回归模型。

表 7-1 输入/移去的变量[a] (Variables Entered/Removed[a])

模型 (Model)	输入的变量 (Variables Entered)	移去的变量 (Variables Removed)	方法 (Method)
1	11 月	.	向前(准则:F-to-enter 的概率 < = 0. 200)
2	9 月	.	向前(准则:F-to-enter 的概率 < = 0. 200)
3	10 月	.	向前(准则:F-to-enter 的概率 < = 0. 200)
4	6 月	.	向前(准则:F-to-enter 的概率 < = 0. 200)
5	2 月	.	向前(准则:F-to-enter 的概率 < = 0. 200)
6	3 月	.	向前(准则:F-to-enter 的概率 < = 0. 200)

注:a. 因变量为 12 月月平均流量。

7.2.3.1 回归方程的拟合优度检验

表 7-2 是各步模型汇总情况,可见,第六步回归模型的复相关系数 $R = 0.974$,决定性系数 $R^2 = 0.949$,剩余标准差 $S_y = 5.381\ 3$,说明样本回归方程代表性很好。

表7-2　各步模型汇总^g（Model Summary^g）

模型 （Model）	R	R^2 （R Square）	调整R^2 （Adjusted R Square）	估计的标准误差 （Std. Error of the Estimate）
1	0.936^a	0.876	0.873	7.883 0
2	0.962^b	0.925	0.922	6.199 4
3	0.969^c	0.939	0.934	5.666 0
4	0.970^d	0.941	0.936	5.616 5
5	0.971^e	0.944	0.937	5.566 9
6	0.974^f	0.949	0.941	5.381 3

注：第一步至第六步引入因子的过程同表7-1。

　　因变量为12月月平均流量。

7.2.3.2　回归方程的显著性检验（F 检验）

　　表7-3 是第六步回归模型方差分析表，可见，其回归平方和 $U = 20\ 908.453$，残差平方和 $Q = 1\ 129.391$，离差平方和 $S_{yy} = 22\ 037.844$。统计量 $F = 120.335$ 时，相伴概率值为 $\rho = 0.000 < 0.001$，说明回归方程预报因子 $X_{k(t)}$ 与预报对象 Y 之间有线性回归关系。

表7-3　第六步模型方差分析^g（Anova^g）

模型（Model）		平方和（Sum of Squares）	df	均方（Mean Square）	F	Sig.
6	回归（Regression）	20 908.453	6	3 484.742	120.335	0.000^f
	残差（Residual）	1 129.391	39	28.959		
	总计（Total）	22 037.844	45			

注：第一步至第六步引入因子的过程同表7-1。

　　因变量为12月月平均流量。

7.2.3.3　回归系数的显著性检验（t 检验）

　　表7-4 是第五、六步回归模型的回归系数表，可见，第六步常数项系数 $b_0 = 14.394$，回归系数 $b_1 = 0.559$，$b_2 = 0.027$，$b_3 = -0.085$，$b_4 = 0.015$，$b_5 = -0.242$，$b_6 = 0.206$。经 t 检验，除6月月平均流量回归系数的相伴概率值 $\rho = 0.211$ 略高于引入因子标准值 0.20 外，其余各回归系数的相伴概率值 ρ 都小于 0.20，说明大部分回归系数有统计学意义。前向逐步引入回归方程为：

$$\hat{y}_i = 14.394 + 0.559x_{i1} + 0.027x_{i2} - 0.085x_{i3} +$$
$$0.015x_{i4} - 0.242x_{i5} + 0.206x_{i6}$$

　　由表7-4 可见，第五步各回归系数的相伴概率值 ρ 都小于引入因子标准值 0.20，故在第六步引入了3月月平均流量（$\rho = 0.058 < 0.20$），但6月月平均流量的相伴概率值 ρ 由

第五步的 0.150 增大为第六步的 0.211，略高于 0.20，因而理应剔除，但前向逐步引入法做不到这一点。

表 7-4　各步模型回归系数[a]（Coefficients[a]）

模型（Model）		非标准化系数（Unstandardized Coefficients）		标准系数（Standardized Coefficients）	t	Sig.	相关性（Correlations）		
		B	标准误差（Std. Error）	Beta			零阶（Zero-order）	偏（Partial）	部分（Part）
5	常量	17.097	3.862		4.427	0.000			
	11 月	0.610	0.103	1.258	5.939	0.000	0.936	0.685	0.223
	9 月	0.027	0.007	0.235	3.823	0.000	0.835	0.517	0.143
	10 月	−0.104	0.039	−0.504	−2.695	0.010	0.863	−0.392	−0.101
	6 月	0.018	0.012	0.059	1.466	0.150	0.259	0.226	0.055
	2 月	−0.087	0.066	−0.052	−1.316	0.196	0.208	−0.204	−0.049
6	常量	14.394	3.982		3.614	0.001			
	11 月	0.559	0.103	1.154	5.448	0.000	0.936	0.657	0.197
	9 月	0.027	0.007	0.232	3.906	0.000	0.835	0.530	0.142
	10 月	−0.085	0.038	−0.414	−2.217	0.033	0.863	−0.335	−0.080
	6 月	0.015	0.012	0.050	1.272	0.211	0.259	0.200	0.046
	2 月	−0.242	0.102	−0.145	−2.374	0.023	0.208	−0.355	−0.086
	3 月	0.206	0.105	0.127	1.951	0.058	0.387	0.298	0.071

注：a. 因变量为 12 月月平均流量。

表 7-5 是第六步回归模型外各因子的有关统计量，可见，相伴概率值 p 都大于 0.20，故不能引入回归方程。

表 7-5　已排除的变量[g]（Excluded Variables[g]）

模型（Model）		Beta In	t	Sig.	偏相关（Partial Correlation）	共线性统计量（Collinearity Statistics）容差（Tolerance）
7	1 月	0.119[f]	0.861	0.395	0.138	0.070
	4 月	0.003[f]	0.045	0.965	0.007	0.422
	5 月	0.012[f]	0.261	0.795	0.042	0.623
	7 月	−0.017[f]	−0.328	0.744	−0.053	0.495
	8 月	0.038[f]	0.778	0.441	0.125	0.550

注：第一步至第六步引入因子的过程同表 7-1。

因变量为 12 月月平均流量。

7.2.3.4　预报

单值预报:洮河红旗水文站 2001 年 11 月、9 月、10 月、6 月、2 月、3 月月平均流量分别为 111 m^3/s、338 m^3/s、223 m^3/s、92.6 m^3/s、41.4 m^3/s、39.1 m^3/s,代入前向逐步引入回归方程,计算得该站 2001 年 12 月月平均流量的预报值为 66.04 m^3/s,实际情况是 67.7 m^3/s,相差 −2.45%。

概率区间预报:表 7-2 显示剩余标准差 S_y = 5.381 3,所以 2001 年 12 月月平均流量预报值在区间 [60.7,71.4] 内的可能性约为 68%,在区间 [55.3,76.8] 内的可能性约为 95%(计算式请参阅 7.1.5 部分)。

第 8 章 强迫剔除回归分析

8.1 基本思路、计算公式、统计检验与分析计算过程

8.1.1 基本思路

强迫剔除回归分析是建立多元线性回归方程的方法之一,用这种方法选中的预报因子,将从回归方程中被一次性全部剔除。用户如果单独使用强迫剔除回归法来建立回归方程,则因预报因子全被一次性剔除,回归方程只剩常数项,所以没有任何实际意义。

前几章在介绍建立多元线性回归方程时,都采用了一种建模方法,实际上,一个回归方程可以用多种方法来建立。假设有 m 个预报因子,在建立回归方程时,先将这些因子分组成块,构成不同的因子子集,用户可以根据预报的需要对不同的因子子集采用不同的多元线性回归方法,包括强迫引入回归分析、逐步回归分析、后向逐步剔除回归分析、前向逐步引入回归分析和强迫剔除回归分析。在这类多方法回归方程中如果采用了强迫剔除回归分析,该法会将对应的块变量(因子子集)一次性全部剔除,所以在各方法排序时,强迫剔除回归法必须置于其他方法之后。

可见,强迫剔除回归法与其他多元线性回归方法合并使用才具有实际意义,本章介绍的强迫剔除回归分析,实际上是指包括强迫剔除回归法在内的多方法多元线性回归分析。

如果多方法回归方程中采用了强迫引入回归分析,其回归方程、重要的样本统计量、回归效果的统计检验,请参阅 4.1.1、4.1.2、4.1.3 部分的相应内容。

8.1.2 计算公式

如果多方法回归方程中采用了逐步回归分析、后向逐步剔除回归分析或前向逐步引入回归分析,其计算公式的增广矩阵及变换公式、方差贡献、F 检验、回归方程转换为标准化前的原值等内容,请参阅相应的 5.1.2、6.1.2、7.1.2 部分。

8.1.3 重要的样本统计量

如果多方法回归方程中采用了逐步回归分析、后向逐步剔除回归分析或前向逐步引入回归分析,其重要的样本统计量,请参阅 5.1.3、6.1.3、7.1.3 部分的相应内容。

8.1.4 回归效果的统计检验

如果多方法回归方程中采用了逐步回归分析、后向逐步剔除回归分析或前向逐步引入回归分析,其回归效果的统计检验,请参阅 5.1.4、6.1.4、7.1.4 部分的相应内容。

8.1.5　分析计算过程

（1）建立由预报对象和 m 个预报因子样本观测变量序列组成的 SPSS 数据文件并保存。

（2）打开 SPSS 数据文件，在数据编辑窗口进行包括强迫剔除回归法在内的多方法多元线性回归分析（根据拟采用的不同建模方法，将 m 个预报因子分组成块，构成不同的因子子集，每一种方法要选用对应的因子子集，而且强迫剔除回归法必须置于其他方法之后），计算预报对象的估计值及相对拟合误差，生成由预报对象与其估计值组成的历史拟合曲线。保存数据编辑窗口中的数据和结果输出窗口中的统计结果、相关信息等。

（3）对回归效果进行统计检验。

（4）若通过统计检验，可用多方法多元线性回归方程进行预报，也可进行概率区间预报。当预报对象 Y 服从正态分布时，对应 p 个预报因子观测值的预报对象估计值 $\hat{y}_j$，落在区间 $[\hat{y}_j - S_y, \hat{y}_j + S_y]$ 内的可能性约为 68%，落在区间 $[\hat{y}_j - 2S_y, \hat{y}_j + 2S_y]$ 内的可能性约为 95%。可见，S_y 越小，用回归方程所估计的 $\hat{y}_j$ 值就越精确。

8.2　SPSS 应用实例

第 7 章曾选用黄河流域洮河红旗水文站 1955～2000 年 12 月月平均流量为预报对象，选用同站 1 月，2 月，…，11 月月平均流量为预报因子，进行了前向逐步引入回归分析计算，从 7.2.3 部分表 7-4 可见，在第六步引入了 3 月月平均流量后，原先引入的 6 月月平均流量的相伴概率值 ρ 由第五步的 0.150 增大为第六步的 0.211，略高于引入因子标准值 0.20，理应剔除，但前向逐步引入法做不到这一点。

针对这一点，本次继续选用黄河流域洮河红旗水文站 1955～2000 年 12 月月平均流量为预报对象，选用同站 1 月，2 月，…，11 月月平均流量为预报因子（块变量一，用于前向逐步引入回归分析计算），再选用同站 6 月月平均流量为预报因子（块变量二，用于强迫剔除回归分析计算），用 SPSS 进行了多方法多元线性回归分析计算，并对 2001 年 12 月月平均流量进行了预报，精度明显提高，结果令人满意。

8.2.1　强迫剔除回归分析

强迫剔除回归分析的操作步骤如下：

步骤 1：打开 SPSS 数据文件，洮河红旗水文站 12 月月平均流量及相关预报因子变量序列见第 5 章图 5-1、图 5-2。

步骤 2：在第 5 章图 5-1 中依次单击菜单"分析→回归→线性"，从弹出的线性回归对话框左侧的列表框中选择"十二月平均流量"，移动到因变量列表框，选择"一月平均流量"，"二月平均流量"，…，"十一月平均流量"等 11 个变量（块变量一），移动到自变量列表框，在方法下拉列表框中选择"向前"，即按前向逐步引入回归的基本思路建立回归模型，见图 8-1。

步骤 3：在图 8-1 中单击自变量列表框右上侧的"下一张"按钮，再从左侧的变量列表

框中选择"六月平均流量"（块变量二），移动到自变量列表框，在方法下拉列表框中选择
"删除"，即按强迫剔除回归的基本思路建立回归模型，见图 8-2。

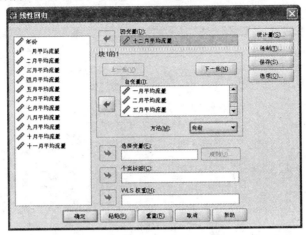

图 8-1　线性回归对话框（块变量一）

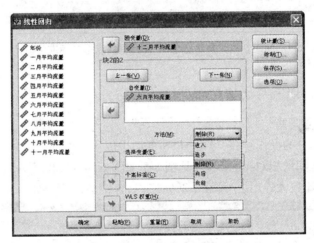

图 8-2　线性回归对话框（块变量二）

步骤 4：单击图 8-2 中的"统计量"按钮，在打开的统计量
对话框中，依次选择"估计"、"模型拟合度"和"部分相关和偏
相关性"，单击"继续"按钮，返回图 8-2。

步骤 5：单击图 8-2 中的"保存"按钮，在打开的保存对话
框预测值选项组中选择"未标准化"，单击"继续"按钮，返回
图 8-2。

步骤 6：单击图 8-2 中的"选项"按钮，打开选项对话框，见
图 8-3，选择"使用 F 的概率"选项，在"进入"文本框中输入
0.20（若想引入更多的预报因子，可增大该输入值），在"删除"
文本框中输入 0.50（该值只要大于"进入"文本框内的输入值
即可），其他选项取默认值，单击"继续"按钮，返回图 8-2。

图 8-3　选项对话框

步骤 7：单击图 8-2 中的“确定”按钮，执行包括强迫剔除回归法在内的多方法多元线性回归的操作，SPSS 会自动以变量名“PRE_1”将洮河红旗水文站 12 月月平均流量非标准化估计值显示在数据编辑窗口，见图 8-4。

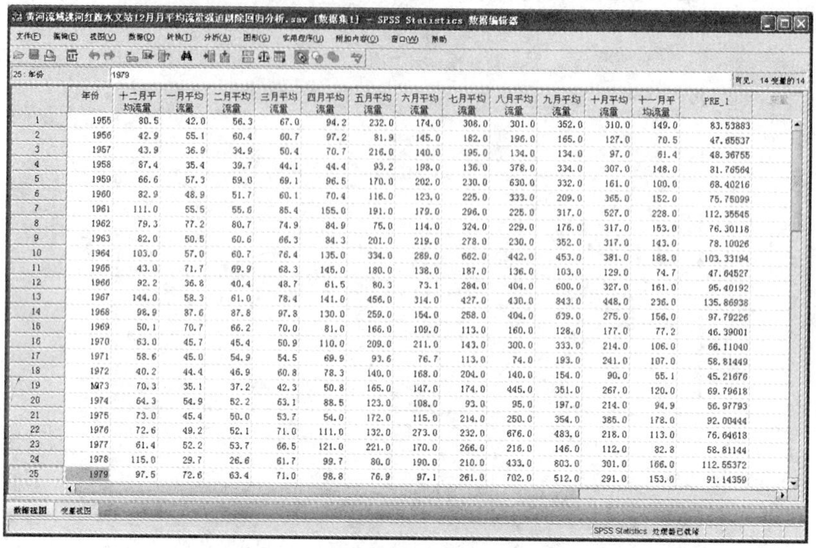
黄河流域洮河红旗水文站12月月平均流量强迫剔除回归分析.sav [数据集1] - SPSS Statistics 数据编辑器

25 : 年份　1979　　可见：14 变量的 14

	年份	十二月平均流量	一月平均流量	二月平均流量	三月平均流量	四月平均流量	五月平均流量	六月平均流量	七月平均流量	八月平均流量	九月平均流量	十月平均流量	十一月平均流量	PRE_1
1	1955	80.5	42.0	56.3	67.0	94.2	232.0	174.0	308.0	301.0	352.0	310.0	149.0	83.53883
2	1956	42.9	55.1	60.4	60.7	97.2	81.9	145.0	182.0	196.0	165.0	127.0	70.5	47.65537
3	1957	43.9	36.9	34.9	50.4	70.7	216.0	140.0	195.0	134.0	134.0	97.0	61.4	48.36755
4	1958	87.4	35.4	39.7	44.1	44.4	93.2	198.0	136.0	378.0	334.0	307.0	148.0	81.76564
5	1959	66.6	57.3	59.0	69.1	96.5	170.0	202.0	230.0	630.0	332.0	161.0	100.0	68.40216
6	1960	82.9	48.9	51.7	60.1	70.4	116.0	123.0	225.0	333.0	209.0	365.0	152.0	75.75099
7	1961	111.0	55.5	55.6	85.4	155.0	191.0	179.0	296.0	225.0	317.0	527.0	228.0	112.35545
8	1962	79.3	77.2	80.7	74.9	84.9	75.0	114.0	324.0	229.0	176.0	317.0	153.0	76.30118
9	1963	82.0	50.5	60.6	66.3	84.3	201.0	219.0	278.0	230.0	352.0	317.0	143.0	78.10026
10	1964	103.0	57.0	60.7	76.4	135.0	334.0	289.0	662.0	442.0	453.0	381.0	188.0	103.33194
11	1965	43.0	71.7	69.9	68.3	145.0	180.0	138.0	187.0	136.0	103.0	129.0	74.7	47.64527
12	1966	92.2	36.8	40.4	48.7	61.5	80.3	73.1	284.0	404.0	600.0	327.0	161.0	95.40192
13	1967	144.0	58.3	61.0	78.4	141.0	456.0	314.0	427.0	430.0	843.0	448.0	236.0	135.86938
14	1968	98.9	87.6	87.8	97.8	130.0	259.0	154.0	258.0	404.0	639.0	275.0	156.0	97.79226
15	1969	50.1	70.7	66.2	70.0	81.0	166.0	109.0	113.0	160.0	128.0	177.0	77.2	46.39001
16	1970	63.0	45.7	45.4	50.9	110.0	209.0	211.0	143.0	300.0	333.0	214.0	106.0	66.11040
17	1971	58.6	45.0	54.9	54.5	69.9	93.6	76.7	113.0	74.0	193.0	241.0	107.0	58.81449
18	1972	40.2	44.4	46.9	60.8	78.3	140.0	168.0	204.0	140.0	154.0	90.0	55.1	45.21676
19	1973	70.3	35.1	37.2	42.3	50.8	165.0	147.0	174.0	445.0	351.0	267.0	120.0	69.79618
20	1974	64.3	54.9	52.2	63.1	88.5	123.0	108.0	93.0	95.0	197.0	214.0	94.9	56.97793
21	1975	73.0	45.4	50.0	53.7	54.0	172.0	115.0	214.0	250.0	354.0	385.0	178.0	92.00444
22	1976	72.6	49.2	52.1	71.0	111.0	132.0	273.0	232.0	676.0	483.0	218.0	113.0	76.64618
23	1977	61.4	52.2	53.7	66.5	121.0	221.0	170.0	266.0	216.0	146.0	112.0	82.8	58.81144
24	1978	115.0	29.7	26.6	61.7	99.7	80.0	190.0	210.0	433.0	803.0	301.0	166.0	112.55372
25	1979	97.5	72.6	63.4	71.0	98.8	76.9	97.1	261.0	702.0	512.0	291.0	153.0	91.14359

数据视图　变量视图　　SPSS Statistics 处理器已就绪

图 8-4　洮河红旗水文站历年 12 月月平均流量非标准化估计值

8.2.2　相对拟合误差与历史拟合曲线

8.2.2.1　相对拟合误差

按照 3.2.2 部分的操作步骤，可由 SPSS 自动生成洮河红旗水文站历年 12 月月平均流量与其估计值之间的相对拟合误差，见图 8-5、图 8-6，可见，1955 ~ 2000 年逐年相对拟合误差除 1975 年比较大外，其余都在 ±20% 之内，合格率达 97.8%。

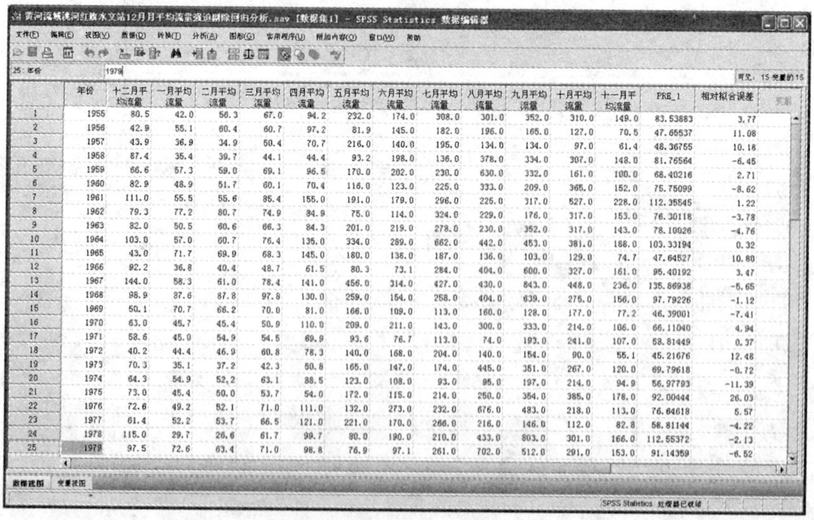
黄河流域洮河红旗水文站12月月平均流量强迫剔除回归分析.sav [数据集1] - SPSS Statistics 数据编辑器

25 : 年份　1979　　可见：15 变量的 15

	年份	十二月平均流量	一月平均流量	二月平均流量	三月平均流量	四月平均流量	五月平均流量	六月平均流量	七月平均流量	八月平均流量	九月平均流量	十月平均流量	十一月平均流量	PRE_1	相对拟合误差
1	1955	80.5	42.0	56.3	67.0	94.2	232.0	174.0	308.0	301.0	352.0	310.0	149.0	83.53883	3.77
2	1956	42.9	55.1	60.4	60.7	97.2	81.9	145.0	182.0	196.0	165.0	127.0	70.5	47.65537	11.08
3	1957	43.9	36.9	34.9	50.4	70.7	216.0	140.0	195.0	134.0	134.0	97.0	61.4	48.36755	10.18
4	1958	87.4	35.4	39.7	44.1	44.4	93.2	198.0	136.0	378.0	334.0	307.0	148.0	81.76564	-6.45
5	1959	66.6	57.3	59.0	69.1	96.5	170.0	202.0	230.0	630.0	332.0	161.0	100.0	68.40216	2.71
6	1960	82.9	48.9	51.7	60.1	70.4	116.0	123.0	225.0	333.0	209.0	365.0	152.0	75.75099	-8.62
7	1961	111.0	55.5	55.6	85.4	155.0	191.0	179.0	296.0	225.0	317.0	527.0	228.0	112.35545	1.22
8	1962	79.3	77.2	80.7	74.9	84.9	75.0	114.0	324.0	229.0	176.0	317.0	153.0	76.30118	-3.78
9	1963	82.0	50.5	60.6	66.3	84.3	201.0	219.0	278.0	230.0	352.0	317.0	143.0	78.10026	-4.76
10	1964	103.0	57.0	60.7	76.4	135.0	334.0	289.0	662.0	442.0	453.0	381.0	188.0	103.33194	0.32
11	1965	43.0	71.7	69.9	68.3	145.0	180.0	138.0	187.0	136.0	103.0	129.0	74.7	47.64527	10.80
12	1966	92.2	36.8	40.4	48.7	61.5	80.3	73.1	284.0	404.0	600.0	327.0	161.0	95.40192	3.47
13	1967	144.0	58.3	61.0	78.4	141.0	456.0	314.0	427.0	430.0	843.0	448.0	236.0	135.86938	-5.65
14	1968	98.9	87.6	87.8	97.8	130.0	259.0	154.0	258.0	404.0	639.0	275.0	156.0	97.79226	-1.12
15	1969	50.1	70.7	66.2	70.0	81.0	166.0	109.0	113.0	160.0	128.0	177.0	77.2	46.39001	-7.41
16	1970	63.0	45.7	45.4	50.9	110.0	209.0	211.0	143.0	300.0	333.0	214.0	106.0	66.11040	4.94
17	1971	58.6	45.0	54.9	54.5	69.9	93.6	76.7	113.0	74.0	193.0	241.0	107.0	58.81449	0.37
18	1972	40.2	44.4	46.9	60.8	78.3	140.0	168.0	204.0	140.0	154.0	90.0	55.1	45.21676	12.48
19	1973	70.3	35.1	37.2	42.3	50.8	165.0	147.0	174.0	445.0	351.0	267.0	120.0	69.79618	-0.72
20	1974	64.3	54.9	52.2	63.1	88.5	123.0	108.0	93.0	95.0	197.0	214.0	94.9	56.97793	-11.39
21	1975	73.0	45.4	50.0	53.7	54.0	172.0	115.0	214.0	250.0	354.0	385.0	178.0	92.00444	26.03
22	1976	72.6	49.2	52.1	71.0	111.0	132.0	273.0	232.0	676.0	483.0	218.0	113.0	76.64618	5.57
23	1977	61.4	52.2	53.7	66.5	121.0	221.0	170.0	266.0	216.0	146.0	112.0	82.8	58.81144	-4.22
24	1978	115.0	29.7	26.6	61.7	99.7	80.0	190.0	210.0	433.0	803.0	301.0	166.0	112.55372	-2.13
25	1979	97.5	72.6	63.4	71.0	98.8	76.9	97.1	261.0	702.0	512.0	291.0	153.0	91.14359	-6.52

数据视图　变量视图　　SPSS Statistics 处理器已就绪

图 8-5　生成的相对拟合误差(%)序列(一)

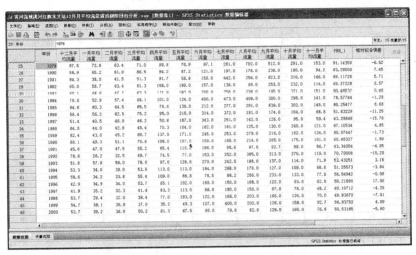

图 8-6　生成的相对拟合误差(％)序列(二)

8.2.2.2　历史拟合曲线

同理,按照 3.2.2 部分的操作步骤,可由 SPSS 自动生成由洮河红旗水文站历年 12 月月平均流量与其估计值组成的历史拟合曲线图,见图 8-7,洮河红旗水文站历年 12 月月平均流量与其估计值拟合得非常好。

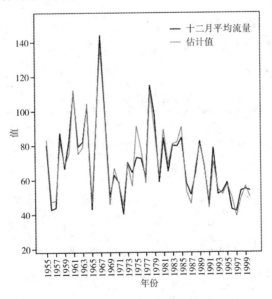

图 8-7　历史拟合曲线图

包括强迫剔除回归法在内的多方法多元线性回归分析在 SPSS 上的操作过程到此结束,用户应选择路径保存数据编辑窗口、结果输出窗口中的数据与结果,供后继分析使用。

8.2.3　统计检验与预报

对 SPSS 结果输出窗口中的统计表格数据分析如下:

表 8-1 显示了包括强迫剔除回归法在内的多方法多元线性回归分析中引入和剔除预报因子的过程与方法,可见,从第一步至第六步依次引入了 11 月、9 月、10 月、6 月、2 月、3 月月平均流量,第七步剔除了 6 月月平均流量,回归结束,所以第七步模型为最终的多方法多元线性回归模型。

表 8-1　输入/移去的变量[c](Variables Entered/Removed[c])

模型 (Model)	输入的变量 (Variables Entered)	移去的变量 (Variables Removed)	方法 (Method)
1	11 月	.	向前(准则:F-to-enter 的概率 < =0.200)
2	9 月	.	向前(准则:F-to-enter 的概率 < =0.200)
3	10 月	.	向前(准则:F-to-enter 的概率 < =0.200)
4	6 月	.	向前(准则:F-to-enter 的概率 < =0.200)
5	2 月	.	向前(准则:F-to-enter 的概率 < =0.200)
6	3 月	.	向前(准则:F-to-enter 的概率 < =0.200)
7	.[a]	6 月[b]	移去

注:a. 已输入所有请求的变量。

b. 已移去所有请求的变量。

c. 因变量为 12 月月平均流量。

8.2.3.1　回归方程的拟合优度检验

表 8-2 是各步模型汇总情况,可见,第七步回归模型的复相关系数 $R = 0.973$,决定性系数 $R^2 = 0.947$,剩余标准差 $S_y = 5.4227$。说明样本回归方程代表性很好。

表 8-2　各步模型汇总(Model Summary)

模型 (Model)	R	R^2 (R Square)	调整 R^2 (Adjusted R Square)	估计的标准误差 (Std. Error of the Estimate)
1	0.936[a]	0.876	0.873	7.8830
2	0.962[b]	0.925	0.922	6.1994
3	0.969[c]	0.939	0.934	5.6660
4	0.970[d]	0.941	0.936	5.6165
5	0.971[e]	0.944	0.937	5.5669
6	0.974[f]	0.949	0.941	5.3813
7	0.973[g]	0.947	0.940	5.4227

注:第一步至第七步引入和剔除因子的过程同表 8-1。

因变量为 12 月月平均流量。

8.2.3.2　回归方程的显著性检验(F 检验)

表 8-3 是第七步回归模型方差分析表,可见,其回归平方和 $U = 20861.626$,残差平方和 $Q = 1176.219$,离差平方和 $S_{yy} = 22037.844$。统计量 $F = 141.889$ 时,相伴概率值为

$\rho = 0.000 < 0.001$，说明回归方程预报因子 $X_{k(t)}$ 与预报对象 Y 之间有线性回归关系。

表 8-3　第七步模型方差分析[h]（Anova[h]）

模型（Model）		平方和（Sum of Squares）	df	均方（Mean Square）	F	Sig.
6	回归（Regression）	20 861.626	5	4 172.325	141.889	0.000[a]
	残差（Residual）	1 176.219	40	29.405		
	总计（Total）	22 037.844	45			

注：第一步至第七步引入和剔除因子的过程同表 8-1。

　　因变量为 12 月月平均流量。

8.2.3.3　回归系数的显著性检验（t 检验）

表 8-4 是第五、六、七步回归模型的回归系数表，可见，第七步常数项系数 $b_0 = 15.410$，回归系数 $b_1 = 0.591$，$b_2 = 0.027$，$b_3 = -0.098$，$b_4 = -0.246$，$b_5 = 0.222$。经 t 检验，各回归系数的相伴概率值 ρ 都小于引入因子标准值 0.20，而且都小于 0.05，说明回归系数都有统计学意义，与第 7 章单一的前向逐步引入法 t 检验结果相比，回归效果有显著改善。多方法多元线性回归方程为：

$$\hat{y}_i = 15.410 + 0.591x_{i1} + 0.027x_{i2} - 0.098x_{i3} - 0.246x_{i4} + 0.222x_{i5}$$

表 8-4　各步模型回归系数[a]（Coefficients[a]）

模型（Model）		非标准化系数（Unstandardized Coefficients）		标准系数（Standardized Coefficients）	t	Sig.	相关性（Correlations）		
		B	标准误差（Std. Error）	Beta			零阶（Zero-order）	偏（Partial）	部分（Part）
5	常量	17.097	3.862		4.427	0.000			
	11 月	0.610	0.103	1.258	5.939	0.000	0.936	0.685	0.223
	9 月	0.027	0.007	0.235	3.823	0.000	0.835	0.517	0.143
	10 月	-0.104	0.039	-0.504	-2.695	0.010	0.863	-0.392	-0.101
	6 月	0.018	0.012	0.059	1.466	0.150	0.259	0.226	0.055
	2 月	-0.087	0.066	-0.052	-1.316	0.196	0.208	-0.204	-0.049
6	常量	14.394	3.982		3.614	0.001			
	11 月	0.559	0.103	1.154	5.448	0.000	0.936	0.657	0.197
	9 月	0.027	0.007	0.232	3.906	0.000	0.835	0.530	0.142
	10 月	-0.085	0.038	-0.414	-2.217	0.033	0.863	-0.335	-0.080
	6 月	0.015	0.012	0.050	1.272	0.211	0.259	0.200	0.046
	2 月	-0.242	0.102	-0.145	-2.374	0.023	0.208	-0.355	-0.086
	3 月	0.206	0.105	0.127	1.951	0.058	0.387	0.298	0.071

续表 8-4

模型（Model）		非标准化系数 （Unstandardized Coefficients）		标准系数 （Standardized Coefficients）	t	Sig.	相关性（Correlations）		
		B	标准误差 （Std. Error）	Beta			零阶 （Zero-order）	偏 （Partial）	部分 （Part）
7	常量	15.410	3.931		3.920	0.000			
	11 月	0.591	0.100	1.218	5.882	0.000	0.936	0.681	0.215
	9 月	0.027	0.007	0.229	3.832	0.000	0.835	0.518	0.140
	10 月	−0.098	0.038	−0.473	−2.596	0.013	0.863	−0.380	−0.095
	2 月	−0.246	0.103	−0.147	−2.389	0.022	0.208	−0.353	−0.087
	3 月	0.222	0.105	0.137	2.103	0.042	0.387	0.315	0.077

注：a. 因变量为 12 月月平均流量。

由表 8-4 可见，第五步各回归系数的相伴概率值 ρ 都小于引入因子标准值 0.20，故在第六步引入了 3 月月平均流量（$\rho = 0.058 < 0.20$），但 6 月月平均流量的相伴概率值 ρ 由第五步的 0.150 增大为第六步的 0.211，略高于 0.20，理应剔除，但前向逐步引入法做不到这一点，而第七步的强迫剔除回归法实现了这一点。

表 8-5 是第七步回归模型外各因子的有关统计量，可见，第七步相伴概率值 ρ 都大于0.20，故不能引入回归方程。

表 8-5　已排除的变量[h]（Excluded Variables[h]）

模型 （Model）		Beta In	t	Sig.	偏相关 （Partial Correlation）	共线性统计量（Collinearity Statistics）
						容差（Tolerance）
7	1 月	0.035[g]	0.270	0.789	0.043	0.083
	4 月	0.004[g]	0.072	0.943	0.012	0.423
	5 月	0.029[g]	0.672	0.505	0.107	0.705
	6 月	0.050[g]	1.272	0.211	0.200	0.853
	7 月	0.016[g]	0.349	0.729	0.056	0.664
	8 月	0.046[g]	0.934	0.356	0.148	0.560

注：第一步至第七步引入和剔除因子的过程同表 8-1。

因变量为 12 月月平均流量。

8.2.3.4　预报

单值预报：洮河红旗水文站 2001 年 11 月、9 月、10 月、2 月、3 月月平均流量分别为 111 m^3/s、338 m^3/s、223 m^3/s、41.4 m^3/s、39.1 m^3/s，代入多方法多元线性回归方程，计算

得该站 2001 年 12 月月平均流量的预报值为 66.8 m^3/s，实际情况是 67.7 m^3/s，相差 -1.33%，与第 7 章单一的前向逐步引入法相对拟合误差 -2.45% 相比，预报精度明显提高了。

概率区间预报：表 8-2 显示剩余标准差 $S_y = 5.4227$，所以 2001 年 12 月月平均流量预报值在区间 [61.4,72.2] 内的可能性约为 68%，在区间 [56.0,77.6] 内的可能性约为 95%（计算式请参阅 8.1.5 部分）。

第 9 章　加权最小二乘回归分析

9.1　回归方程、统计检验与分析计算过程

9.1.1　建立加权最小二乘回归方程

多元线性回归方程（含一元线性回归方程）有一个重要假定：总体回归方程中的随机误差项 u_i 要满足同方差性，即 u_i 在不同观测值中的方差 σ_i^2 是一个常数，此时可以用最小二乘法（使回归方程残差平方和 Q 值达到极小）来估计方程的回归系数 $b_0, b_1, b_2, \cdots, b_m$（$m$ 是自变量总数，即预报因子总数），Q 的计算式为：

$$Q = \sum (y_i - b_0 - b_1 x_{i1} - b_2 x_{i2} - \cdots - b_m x_{im})^2$$

可见，上式中每个平方项的权数都相同，即都为 1。

但有时候，随机误差项方差 σ_i^2 不是常数，这时称线性回归方程存在异方差性，如果还用最小二乘法估计回归方程，则得到的回归系数不会是有效和准确的估计量，也无法对方程的回归效果进行统计检验。我们可以采用加权最小二乘回归分析来解决这个问题，加权最小二乘回归用于建立加权最小二乘意义下的多元线性回归方程（即回归方程还受加权变量的间接影响）。

当线性回归方程存在异方差性时，残差平方和中每一项平方和的地位是不相同的（即权数不同），随机误差项方差 σ_i^2 大的项，在平方和中的取值就大，在平方和中的作用也大，结果使最小二乘估计的回归线被拉向方差大的项，其拟合程度就好，而随机误差项方差 σ_i^2 小的项，其拟合程度就差。所以，在平方和中可以加入一个适当的权数 w_i（即加权变量），以调整各项在平方和中的作用，即 σ_i^2 大的项接受小的权数，以降低其在残差平方和中的作用，而 σ_i^2 小的项接受大的权数，以提高其在残差平方和中的作用。加权最小二乘的残差平方和为：

$$Q_w = \sum w_i (y_i - b_0 - b_1 x_{i1} - b_2 x_{i2} - \cdots - b_m x_{im})^2$$

使 Q_w 达到极小时的回归系数即为其估计值，由此得到的加权最小二乘回归方程为：

$$\hat{y}_{iw} = b_{0w} + b_{1w} x_{i1} + b_{2w} x_{i2} + \cdots + b_{mw} x_{im}$$

理论上，最优的权数 w_i 为随机误差项方差 σ_i^2 的倒数，即：$w_i = 1/\sigma_i^2$。但 σ_i^2 一般是未知的，通常 σ_i^2 与自变量（预报因子）的水平有关，可以利用这种关系确定权数，如 σ_i^2 与第 j 个自变量的平方成比例，即 $\sigma_i^2 = k x_{ij}^2$，此时若取 $k = 1$，则 $w_i = 1/x_{ij}^2$。

一般情况下，σ_i^2 与相关自变量 x_{ij} 取值的幂函数 x_{ij}^r 成比例，即 $\sigma_i^2 = k x_{ij}^r$，其中 r 是待定参数，可以借助 SPSS 确定，此时若取 $k = 1$，则 $w_i = 1/x_{ij}^r$。由于 $\sigma_i^2 = k x_{ij}^r$ 是近似的比例关系，所以得到的权数 w_i 是最优权数的近似值。值得一提的是，加权最小二乘回归分析对

物理意义明确但未能进入回归方程的因子很起作用。

9.1.2 重要的样本统计量

请参阅 4.1.2 部分的内容。

9.1.3 回归效果的统计检验

请参阅 4.1.3 部分的内容。

9.1.4 分析计算过程

(1)建立由预报对象和 m 个预报因子样本观测变量序列组成的 SPSS 数据文件并保存。

(2)判断线性回归方程是否存在异方差性。打开 SPSS 数据文件,在数据编辑窗口进行多元线性回归分析,计算预报对象的未标准化残差序列,选择与 σ_i^2 水平相关的自变量(预报因子),分别生成该自变量与预报对象散点图、该自变量与预报对象未标准化残差图,由此来判断线性回归方程是否存在异方差性。

(3)如果存在异方差性,则确定最优权数的近似值 w_i(即加权变量 w)。

(4)在数据编辑窗口进行加权最小二乘回归分析,计算预报对象的估计值及相对拟合误差,生成由预报对象与其估计值组成的历史拟合曲线。保存数据编辑窗口中的数据和结果输出窗口中的统计结果、相关信息等。

(5)对回归效果进行统计检验。

(6)若通过统计检验,可用加权最小二乘回归方程进行预报,也可进行概率区间预报。当预报对象 Y 服从正态分布时,对应 m 个预报因子观测值的预报对象估计值 $\hat{y}_{iw}$,落在区间 $[\hat{y}_{iw} - S_y, \hat{y}_{iw} + S_y]$ 内的可能性约为 68%,落在区间 $[\hat{y}_{iw} - 2S_y, \hat{y}_{iw} + 2S_y]$ 内的可能性约为 95%。可见,S_y 越小,用回归方程所估计的 $\hat{y}_{iw}$ 值就越精确。

9.2 SPSS 应用实例

本次选用新疆巴音郭楞蒙古自治州开都河大山口水文站 1957~2009 年 12 月上旬旬平均流量为预报对象,选用 11 月下旬旬平均流量为预报因子,用 SPSS 进行了加权最小二乘意义下的一元线性回归分析计算,并对 2010 年 12 月上旬旬平均流量进行了预报,与最小二乘法下的一元线性回归分析相比,拟合优度有明显改善。

9.2.1 加权最小二乘回归分析

9.2.1.1 判断线性回归方程是否存在异方差性

先计算开都河大山口水文站 12 月上旬旬平均流量的未标准化残差序列 RES_1,按 3.2.1 部分操作步骤,在图 3-6 残差选项组中补选"未标准化"后,进行最小二乘法下的一元线性回归分析计算,RES_1 计算结果见图 9-1、图 9-2。

表 9-1 是一元线性回归模型汇总情况,可见,相关系数 $R = 0.942$,决定性系数 $R^2 =$

0.887，调整的 $R^2 = 0.884$，剩余标准差 $S_y = 4.5584$，说明样本回归方程代表性好。

	年份	十一月下旬旬平均流量	十二月上旬旬平均流量	RES_1	w
1	1957		39.9	1.28272	0.15891
2	1958	71.6	64.3	-2.07896	0.11818
3	1959	61.8	57.0	-0.87695	0.12721
4	1960	50.0	48.4	0.76017	0.14142
5	1961	58.2	58.4	3.64624	0.13108
6	1962	50.0	56.2	8.56017	0.14142
7	1963	59.8	55.3	-0.84184	0.12932
8	1964	59.7	53.5	-2.55509	0.12942
9	1965	52.3	45.6	-4.03520	0.13828
10	1966	47.5	46.3	0.82905	0.14510
11	1967	46.9	44.9	-0.05042	0.14602
12	1968	54.0	51.6	0.48996	0.13608
13	1969	51.9	51.4	2.11182	0.13881
14	1970	53.8	58.5	7.56347	0.13634
15	1971	98.6	82.7	-7.10288	0.10071
16	1972	66.1	59.8	-1.80742	0.12300
17	1973	60.1	50.5	-5.90211	0.12899
18	1974	57.5	45.9	-8.24647	0.13188
19	1975	50.6	40.1	-8.06036	0.14058
20	1976	52.6	49.3	-0.59546	0.13788
21	1977	56.1	48.8	-4.13190	0.13351
22	1978	45.8	40.3	-3.69611	0.14776
23	1979	47.4	47.7	2.31581	0.14525
24	1980	61.1	56.7	-0.56966	0.12793
25	1981	48.8	43.8	-2.79876	0.14315
26	1982	56.5	49.8	-3.47892	0.13304
27	1983	49.4	49.5	2.38070	0.14228

图 9-1　开都河大山口水文站 12 月上旬旬平均流量及未标准化残差等序列(一)

	年份	十一月下旬旬平均流量	十二月上旬旬平均流量	RES_1	w
27	1983	49.4	49.5	2.38070	0.14228
28	1984	48.0	43.8	-2.10472	0.14434
29	1985	43.5	40.6	-1.40074	0.15162
30	1986	42.2	37.9	-2.97292	0.15394
31	1987	47.1	45.5	0.37607	0.14571
32	1988	48.7	45.2	-1.31201	0.14330
33	1989	56.7	52.2	-1.25243	0.13280
34	1990	44.2	41.7	-0.90802	0.15041
35	1991	56.7	52.8	-0.65243	0.13280
36	1992	55.0	53.4	1.42241	0.13484
37	1993	63.8	55.5	-4.11205	0.12520
38	1994	82.4	75.4	-0.34853	0.11016
39	1995	59.5	59.3	3.41842	0.12964
40	1996	74.5	70.5	1.60514	0.11586
41	1997	67.4	70.5	7.76476	0.12181
42	1998	83.0	81.0	4.73094	0.10976
43	1999	83.0	75.5	-0.76906	0.10976
44	2000	73.3	67.0	-0.85380	0.11680
45	2001	74.1	72.6	4.05216	0.11617
46	2002	103.0	80.3	-13.32011	0.09853
47	2003	80.2	83.6	9.76009	0.11166
48	2004	79.7	82.9	9.49386	0.11201
49	2005	68.7	62.7	-1.16306	0.12065
50	2006	84.1	80.6	3.35061	0.10902
51	2007	64.9	62.4	1.80364	0.12413
52	2008	66.3	69.2	7.45039	0.12280
53	2009	84.4	80.3	2.82975	0.10888

图 9-2　开都河大山口水文站 12 月上旬旬平均流量及未标准化残差等序列(二)

表 9-1　模型汇总(Model Summary)

模型 (Model)	R	R^2 (R Square)	调整 R^2 (Adjusted R Square)	估计的标准误差 (Std. Error of the Estimate)
1	0.942[a]	0.887	0.884	4.558 4

注:a. 预测变量为(常量)、11 月下旬旬平均流量。

　　b. 因变量为 12 月上旬旬平均流量。

表 9-2 是回归系数表,可见,常数项系数 $b_0 = 4.262$,回归系数 $b_1 = 0.868$。统计量 $t = 19.974$ 时,相伴概率值为 $\rho = 0.000 < 0.001$,说明回归系数有统计学意义。一元线性回归方程为:

$$\hat{y}_i = 4.262 + 0.868x_i$$

表 9-2　回归系数[a](Coefficients[a])

模型(Model)		非标准化系数 (Unstandardized Coefficients)		标准系数 (Standardized Coefficients)	t	Sig.	相关性(Correlations)		
		B	标准误差 (Std. Error)	Beta			零阶 (Zero-order)	偏 (Partial)	部分 (Part)
1	常量	4.262	2.730		1.561	0.125			
	11 月下旬 旬平均流量	0.868	0.043	0.942	19.974	0.000	0.942	0.942	0.942

注:a. 因变量为 12 月上旬旬平均流量。

　　再分别由 SPSS 自动生成开都河大山口水文站 11 月下旬旬平均流量与 12 月上旬旬平均流量及其未标准化残差之间的散点图和残差图。散点图的生成过程如下:

　　步骤 1:在图 9-1 中依次单击菜单“图形→旧对话框→散点/点状”,在弹出的散点图/点图对话框中,选择“简单分布”图表,单击“定义”按钮,弹出如图 9-3 所示的简单散点图对话框。

　　步骤 2:在图 9-3 左侧的列表框中选择“十二月上旬旬平均流量”和“十一月下旬旬平均流量”,分别移入 Y 轴、X 轴下面的列表框内,见图 9-4。

　　步骤 3:单击图 9-4 中的“确定”按钮,即可在结果输出窗口得到散点图,见图 9-5,11 月下旬旬平均流量与 12 月上旬旬平均流量之间基本呈直线趋势关系,但个别高值点稍偏离点群中心。

　　同理,以开都河大山口水文站 11 月下旬旬平均流量为横坐标,以预报对象 12 月上旬旬平均流量的未标准化残差为纵坐标,按照上述操作步骤,由 SPSS 自动生成残差图,见图 9-6,未标准化残差围绕零值线分布不是很均匀,其波动随着自变量的增大而增大,说明线性回归方程存在异方差性,不能用最小二乘法来估计方程的回归系数,应根据 11 月下旬旬平均流量确定最优权数的近似值后,采用加权最小二乘回归法来进行估计。

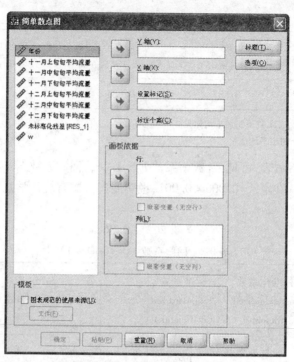

图 9-3　简单散点图对话框(一)

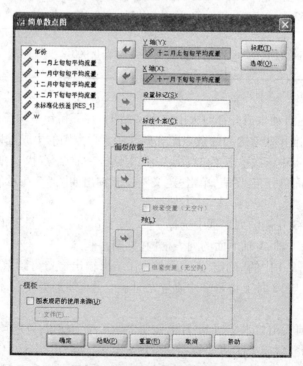

图 9-4　简单散点图对话框(二)

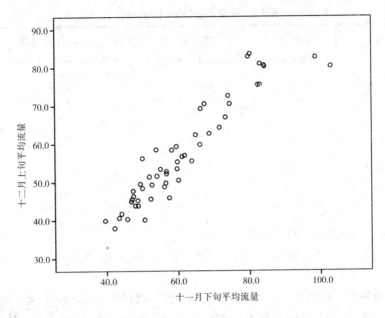

图9-5　预报因子与预报对象散点图

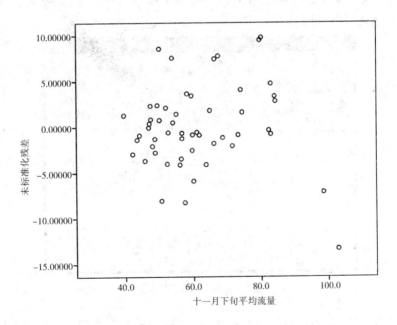

图9-6　预报因子与预报对象未标准化残差图

9.2.1.2　确定最优权数的近似值 w_i（即加权变量 w）

如果用 x 表示预报因子 11 月下旬旬平均流量,则加权变量 $w = 1/x^r$,本次分别取 r 为 2、1、1/2、1/4 和 1/6,进行加权最小二乘回归分析,其模型汇总情况见表 9-3,当 $r = 1/2$ 时,相关系数、决定性系数和调整的 R^2 为最好,所以取加权变量 $w = 1/x^{1/2}$, w 计算结果见图 9-1、图 9-2。

表 9-3　模型汇总（Model Summary）

模型 （Model）	R	R^2 （R Square）	调整 R^2 （Adjusted R Square）	估计的标准误差 （Std. Error of the Estimate）	r
1	0.939[a]	0.882	0.880	0.069 7	2
2	0.942[a]	0.887	0.885	0.555 3	1
3	0.942[a]	0.888	0.886	1.585 1	1/2
4	0.942[a]	0.887	0.885	2.685 5	1/4
5	0.942[a]	0.887	0.885	3.498 0	1/6

9.2.1.3　$r = 1/2$ 时的加权最小二乘回归分析

下面给出了 $r = 1/2$ 时的加权最小二乘回归分析的 SPSS 具体操作过程,其操作步骤为:

步骤 1:在图 9-1 中依次单击菜单"分析→回归→线性",从弹出的线性回归对话框左侧的列表框中选择"十二月上旬旬平均流量",移动到因变量列表框,选择"十一月下旬旬平均流量",移动到自变量列表框,在方法下拉列表框中选择默认值"进入",选择"w"移动到 WLS 权重列表框,见图 9-7。

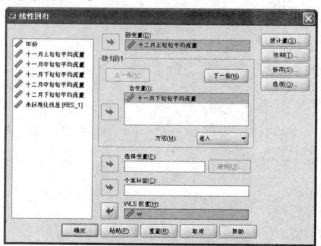

图 9-7　线性回归对话框

步骤 2:单击图 9-7 中的"统计量"按钮,在打开的统计量对话框中,依次选择"估计"、"模型拟合度"和"部分相关和偏相关性",单击"继续"按钮,返回图 9-7。

步骤 3:单击图 9-7 中的"保存"按钮,在打开的保存对话框预测值选项组中选择"未标准化",单击"继续"按钮,返回图 9-7。

步骤 4:单击图 9-7 中的"确定"按钮,执行加权最小二乘回归的操作,SPSS 会自动以变量名"PRE_1"将开都河大山口水文站 12 月上旬旬平均流量非标准化估计值显示在数据编辑窗口,见图 9-8。

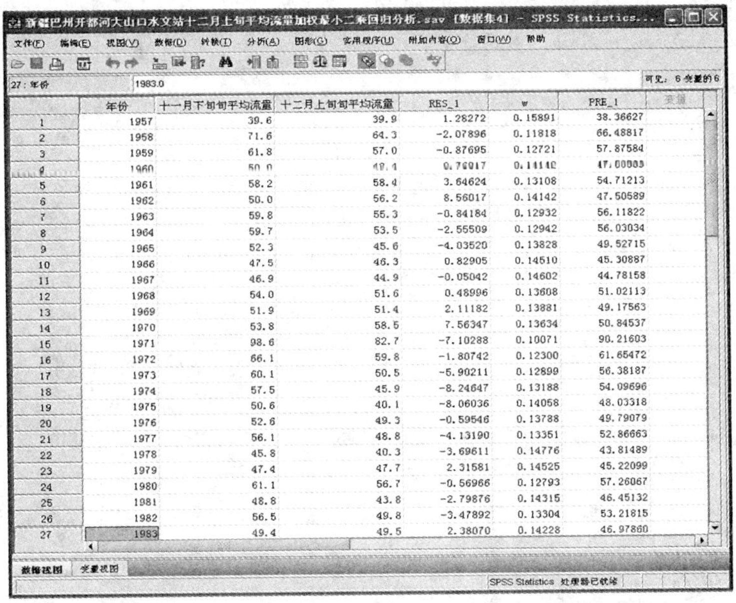

图 9-8 开都河大山口水文站历年 12 月上旬旬平均流量非标准化估计值

9.2.2 相对拟合误差与历史拟合曲线

9.2.2.1 相对拟合误差

按照 3.2.2 部分的操作步骤,可由 SPSS 自动生成开都河大山口水文站 12 月上旬旬平均流量与其估计值之间的相对拟合误差,见图 9-9、图 9-10,可见,1957～2009 年逐年相对拟合误差都在 ±20% 之内,合格率达 100%。

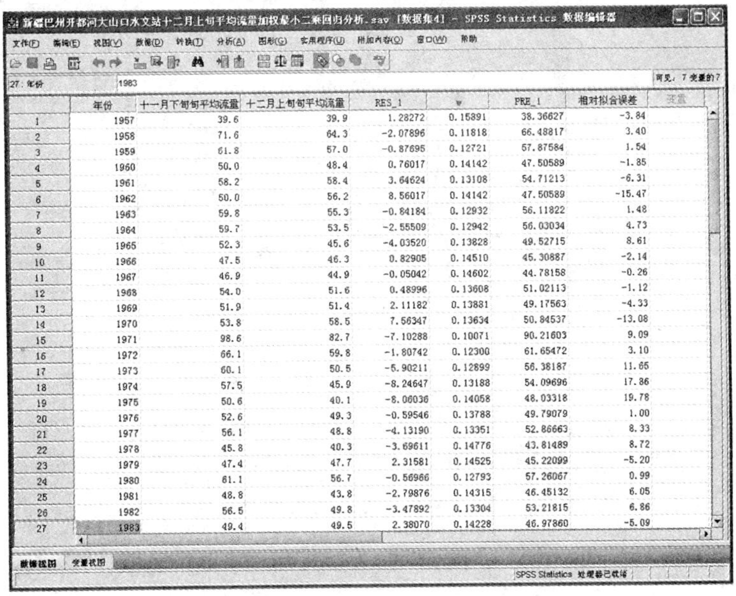

图 9-9 生成的相对拟合误差(%)序列(一)

	年份	十一月下旬旬平均流量	十二月上旬旬平均流温	RES_1	w	PRE_1	相对拟合误差	
27	1983	49.4	49.5	2.38070	0.14228	46.97860	-5.09	
28	1984	48.0	43.8	-2.10472	0.14434	45.74827	4.45	
29	1985	43.5	40.6	-1.40074	0.15162	41.79363	2.94	
30	1986	42.2	37.9	-2.97292	0.15394	40.65118	7.26	
31	1987	47.1	45.5	0.37607	0.14571	44.95734	-1.19	
32	1988	48.7	45.2	-1.31201	0.14330	46.36344	2.57	
33	1989	56.7	52.2	-1.25243	0.13280	53.39391	2.29	
34	1990	44.2	41.7	-0.90802	0.15041	42.40880	1.70	
35	1991	56.7	52.8	-0.65243	0.13280	53.39391	1.12	
36	1992	55.0	53.4	1.42241	0.13484	51.89994	-2.81	
37	1993	63.8	55.5	-4.11205	0.12520	59.63346	7.45	
38	1994	82.4	75.4	-0.34853	0.11016	75.97932	0.77	
39	1995	59.5	59.3	3.41842	0.12964	55.85458	-5.81	
40	1996	74.5	70.5	1.60514	0.11586	69.03672	-2.08	
41	1997	67.4	70.5	7.76476	0.12181	62.79717	-10.93	
42	1998	83.0	81.0	4.73094	0.10976	76.50660	-5.55	
43	1999	83.0	75.5	-0.76906	0.10976	76.50660	1.33	
44	2000	73.3	67.0	-0.85380	0.11680	67.98215	1.47	
45	2001	74.1	72.6	4.05216	0.11617	68.68520	-5.39	
46	2002	103.0	80.3	-13.32011	0.09853	94.08279	17.16	
47	2003	80.2	83.6	9.76009	0.11166	74.04504	-11.43	
48	2004	79.7	82.9	9.49386	0.11201	73.60853	-11.21	
49	2005	68.7	62.7	-1.16306	0.12065	63.93963	1.98	
50	2006	84.1	80.6	3.35061	0.10902	77.49966	-3.85	
51	2007	64.9	62.4	1.80364	0.12413	60.60015	-2.84	
52	2008	66.3	69.2	7.45039	0.12280	61.83927	-10.69	
53	2009	84.4	80.3	2.82975	0.10888	77.69299	-3.21	

图 9-10　生成的相对拟合误差(%)序列(二)

9.2.2.2　历史拟合曲线

同理,按照 3.2.2 部分的操作步骤,可由 SPSS 自动生成由开都河大山口水文站 12 月上旬旬平均流量与其估计值组成的历史拟合曲线图,见图 9-11,开都河大山口水文站 12 月上旬旬平均流量与其估计值拟合趋势尚可。

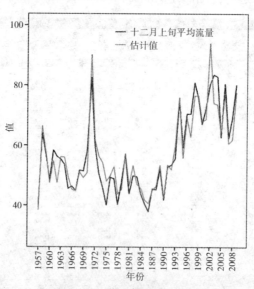

图 9-11　历史拟合曲线图

加权最小二乘回归分析在 SPSS 上的操作过程到此结束,用户应选择路径保存数据编辑窗口、结果输出窗口中的数据与结果,供后继分析使用。

9.2.3　统计检验与预报

对 SPSS 结果输出窗口中的统计表格数据分析如下。

表 9-4 显示了加权最小二乘回归分析中引入和剔除预报因子的过程与方法。

表 9-4　输入/移去的变量[b,c]（Variables Entered/Removed[b,c]）

模型（Model）	输入的变量（Variables Entered）	移去的变量（Variables Removed）	方法（Method）
1	11 月下旬旬平均流量[a]		输入

注:a. 已输入所有请求的变量。

　　b. 因变量为 12 月上旬旬平均流量。

　　c. 加权的最小二乘回归按 11 月下旬旬平均流量平方根的倒数进行加权。

9.2.3.1　回归方程的拟合优度检验

表 9-5 是模型汇总情况,可见,加权最小二乘回归（模型）的相关系数 $R = 0.942$,决定性系数 $R^2 = 0.888$,调整 $R^2 = 0.886$,剩余标准差 $S_y = 1.585\ 1$,说明样本回归方程代表性很好。另外,与表 9-1 相比,相关系数 R 相等,而决定性系数 R^2 和调整 R^2 高于相应值,说明加权最小二乘回归分析的拟合优度有明显改善。

表 9-5　模型汇总[b,c]（Model Summary[b,c]）

模型 （Model）	R	R^2 （R Square）	调整 R^2 （Adjusted R Square）	估计的标准误差 （Std. Error of the Estimate）
1	0.942[a]	0.888	0.886	1.585 1

注:预测变量、因变量和加权最小二乘回归权重同表 9-4。

9.2.3.2　回归方程的显著性检验（F 检验）

表 9-6 是方差分析表,可见,加权最小二乘回归分析的回归平方和 $U = 1\ 013.991$,残差平方和 $Q = 128.132$,离差平方和 $S_{yy} = 1\ 142.123$。统计量 $F = 403.597$ 时,相伴概率值为 $\rho = 0.000 < 0.001$,说明回归方程预报因子 X 与预报对象 Y 之间有线性回归关系。

表 9-6　方差分析[b,c]（Anova[b,c]）

模型（Model）		平方和（Sum of Squares）	df	均方（Mean Square）	F	Sig.
1	回归（Regression）	1 013.991	1	1 013.991	403.597	0.000[a]
	残差（Residual）	128.132	51	2.512		
	总计（Total）	1 142.123	52			

注:预测变量、因变量和加权最小二乘回归权重同表 9-4。

9.2.3.3　回归系数的显著性检验(t 检验)

表 9-7 是回归系数表,可见,常数项系数 $b_0 = 3.565$,回归系数 $b_1 = 0.879$。统计量 $t = 20.090$ 时,相伴概率值为 $\rho = 0.000 < 0.001$,说明回归系数有统计学意义。加权最小二乘回归方程为:

$$\hat{y}_{iw} = 3.565 + 0.879 x_i$$

表 9-7　回归系数[a,b](Coefficients[a,b])

模型(Model)		非标准化系数 (Unstandardized Coefficients)		标准系数 (Standardized Coefficients)	t	Sig.	相关性(Correlations)		
		B	标准误差 (Std. Error)	Beta			零阶 (Zero-order)	偏 (Partial)	部分 (Part)
1	(常量)	3.565	2.677		1.332	0.189			
	11 月下旬 旬平均流量	0.879	0.044	0.942	20.090	0.000	0.942	0.942	0.942

注:预测变量、因变量和加权最小二乘回归权重同表 9-4。

9.2.3.4　预报

单值预报:开都河大山口水文站 2010 年 11 月下旬旬平均流量为 75.7 m^3/s,代入加权最小二乘回归方程,计算得该站 2010 年 12 月上旬旬平均流量的预报值为 70.11 m^3/s,实际情况是 79.0 m^3/s,相差 -11.25% 。

概率区间预报:由于枯季径流变化不大,所以概率区间预报没有实际意义。

第 10 章 曲线参数估计法

10.1 基本思路、统计检验与分析计算过程

10.1.1 基本思路

在中长期水文预报实践中，预报对象与预报因子之间不是常常呈现线性关系，有时会呈现曲线关系，其中一部分曲线关系可以采用变量变换的方法使其线性化，然后通过线性回归分析的方法来拟合预报模型。这就是曲线参数估计法的基本思路。

变量变换是指选用适当的函数将原始数据作某种转换，使数据满足线性回归的应用条件。SPSS 提供了 11 种可以线性化变换的曲线关系模型：

(1)线性模型，即一元线性回归方程：

$$y_i = b_0 + b_1 x_i$$

(2)对数曲线模型：

$$y_i = b_0 + b_1 \ln x_i$$

令 $z_i = \ln x_i$，上式变为一元线性回归方程：

$$y_i = b_0 + b_1 z_i$$

(3)逆曲线模型：

$$y_i = b_0 + b_1 / x_i$$

令 $z_i = 1/x_i$，上式变为一元线性回归方程：

$$y_i = b_0 + b_1 z_i$$

(4)二次曲线模型：

$$y_i = b_0 + b_1 x_i + b_2 x_i^2$$

令 $z_{i1} = x_i, z_{i2} = x_i^2$，上式变为二元线性回归方程：

$$y_i = b_0 + b_1 z_{i1} + b_2 z_{i2}$$

(5)三次曲线模型：

$$y_i = b_0 + b_1 x_i + b_2 x_i^2 + b_3 x_i^3$$

令 $z_{i1} = x_i, z_{i2} = x_i^2, z_{i3} = x_i^3$，上式变为三元线性回归方程：

$$y_i = b_0 + b_1 z_{i1} + b_2 z_{i2} + b_3 z_{i3}$$

(6)幂函数模型：

$$y_i = b_0 x_i^{b_1}$$

方程两端同时取自然对数，得：

$$\ln y_i = \ln b_0 + b_1 \ln x_i$$

令 $w_i = \ln y_i, c_0 = \ln b_0, c_1 = b_1, z_i = \ln x_i$，上式变为一元线性回归方程：

$$w_i = c_0 + c_1 z_i$$

（7）混合曲线模型：

$$y_i = b_0 \times b_1^{x_i}$$

方程两端同时取自然对数，得：

$$\ln y_i = \ln b_0 + x_i \ln b_1$$

令 $w_i = \ln y_i$，$c_0 = \ln b_0$，$c_1 = \ln b_1$，上式变为一元线性回归方程：

$$w_i = c_0 + c_1 x_i$$

（8）S 曲线模型：

$$y_i = e^{b_0 + b_1 / x_i}$$

方程两端同时取自然对数，得：

$$\ln y_i = b_0 + b_1 / x_i$$

令 $w_i = \ln y_i$，$z_i = 1/x_i$，上式变为一元线性回归方程：

$$w_i = b_0 + b_1 z_i$$

（9）Logistic 曲线模型：

$$y_i = 1/(u^{-1} + b_0 b_1^{x_i})$$

其中 u 是上限值，其值必须是大于因变量值的正数。方程变形后两端同时取自然对数，得：

$$\ln(y_i^{-1} - u^{-1}) = \ln b_0 + x_i \ln b_1$$

令 $w_i = \ln(y_i^{-1} - u^{-1})$，$c_0 = \ln b_0$，$c_1 = \ln b_1$，上式变为一元线性回归方程：

$$w_i = c_0 + c_1 x_i$$

（10）生长曲线模型：

$$y_i = e^{b_0 + b_1 x_i}$$

方程两端同时取自然对数，得：

$$\ln y_i = b_0 + b_1 x_i$$

令 $w_i = \ln y_i$，上式变为一元线性回归方程：

$$w_i = b_0 + b_1 x_i$$

（11）指数曲线模型：

$$y_i = b_0 \times e^{b_1 x_i}$$

方程两端同时取自然对数，得：

$$\ln y_i = \ln b_0 + b_1 x_i$$

令 $w_i = \ln y_i$，$c_0 = \ln b_0$，$c_1 = b_1$，上式变为一元线性回归方程：

$$w_i = c_0 + c_1 x_i$$

可见，通过变量变换，上述曲线模型转换成了一元、二元或三元线性回归方程，所以可以通过线性回归分析的方法来拟合预报模型。

10.1.2　重要的样本统计量

请参阅 4.1.2 部分的内容。

10.1.3　回归效果的统计检验

请参阅 4.1.3 部分的内容。

10.1.4　分析计算过程

(1) 建立由预报对象和 m 个预报因子样本观测变量序列组成的 SPSS 数据文件并保存。

(2) 打开 SPSS 数据文件,在数据编辑窗口用 SPSS 提供的 11 种曲线关系模型进行曲线参数估计,从中选择决定性系数 R^2 最大者为最佳模型,保存结果输出窗口中的统计结果、相关信息等。在这 11 种曲线关系模型中,三次曲线模型和 Logistic 曲线模型因参数较多,很少应用;混合曲线模型、生长曲线模型和指数曲线模型在 SPSS 输出结果中,除回归系数及 t 检验数据略有不同外,其余结果完全相同,所以从中选择一个即可。

(3) 在数据编辑窗口,对最佳曲线关系模型进行详细的曲线参数估计分析,计算预报对象的估计值及相对拟合误差,生成由预报对象与其估计值组成的历史拟合曲线。保存数据编辑窗口中的数据和结果输出窗口中的统计结果、相关信息等。

(4) 对回归效果进行统计检验。

(5) 若通过统计检验,用最佳曲线关系模型进行预报。

10.2　SPSS 应用实例

本次选用黄河流域洮河红旗水文站 1955～2000 年 11 月月平均流量为预报对象,选用 10 月月平均流量为预报因子,用 SPSS 进行了曲线参数估计分析计算,并用优选的最佳曲线关系模型对 2001 年 11 月月平均流量进行了预报,结果令人满意。

10.2.1　曲线参数估计分析

10.2.1.1　选择最佳曲线关系模型

操作步骤如下:

步骤 1:打开 SPSS 数据文件,洮河红旗水文站 11 月月平均流量及相关预报因子变量序列见图 10-1、图 10-2。

步骤 2:在图 10-1 中依次单击菜单"分析→回归→曲线估计",见图 10-3,从弹出的曲线估计对话框左侧的列表框中选择"红旗站 11 月月平均流量",移动到因变量列表框,选择"红旗站 10 月月平均流量",移动到自变量列表框(SPSS 可能汉化有误,将自变量译为因变量),在模型选项组中依次选择"线性"、"对数"、"逆模型"、"二次项"、"幂"、"复合"、"S"、"增长"、"指数分布",见图 10-4。

步骤 3:单击图 10-4 中的"确定"按钮,执行曲线参数估计的操作,SPSS 在结果输出窗口将自动显示统计结果及相关信息。此时,用户应选择路径保存结果输出窗口中的统计结果及相关信息,供后继分析使用。

对 SPSS 结果输出窗口中的统计表格数据与图形分析如下:

图 10-1 洮河红旗水文站 11 月月平均流量及相关预报因子变量序列（一）

图 10-2 洮河红旗水文站 11 月月平均流量及相关预报因子变量序列（二）

图 10-3　SPSS 曲线估计模块

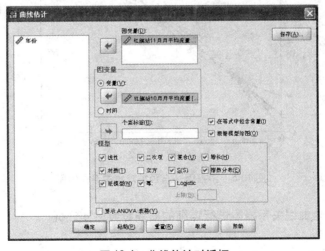

图 10-4　曲线估计对话框

表 10-1 是曲线参数估计的模型汇总和参数估计值,可见,各模型统计量 F 的相伴概率值均为 0.000,小于 0.001,说明各模型预报因子与预报对象之间有线性回归关系;另外,在这 9 种模型中,幂函数模型的决定性系数最大($R^2 = 0.948$),说明样本回归方程代

表性最好,本次选择幂函数模型为最佳曲线关系模型。图 10-5 是 9 个模型预报因子与预报对象关系曲线图。

表 10-1　模型汇总和参数估计值(Model Summary & Parameter Estimates)

方程 (Equation)	模型汇总(Model Summary)					参数估计值(Parameter Estimates)		
	R^2(R Square)	F	$df1$	$df2$	Sig.	常数(Constant)	b1	b2
线性	0.945	757.365	1	44	0.000	21.676	0.414	
对数	0.888	348.286	1	44	0.000	− 334.471	84.812	
倒数	0.764	142.320	1	44	0.000	191.686	− 13 526.355	
二次	0.945	370.535	2	43	0.000	23.071	0.400	2.652E − 5
复合	0.917	484.023	1	44	0.000	47.230	1.004	
幂	0.948	801.693	1	44	0.000	1.758	0.774	
S	0.889	353.576	1	44	0.000	5.398	− 128.940	
增长	0.917	484.023	1	44	0.000	3.855	0.004	
指数	0.917	484.023	1	44	0.000	47.230	0.004	

注:因变量为红旗水文站 11 月月平均流量,自变量为红旗水文站 10 月月平均流量。

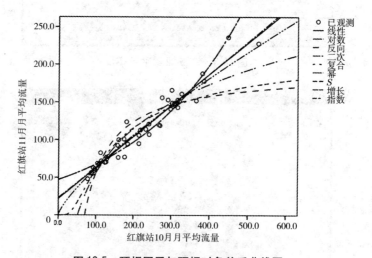

图 10-5　预报因子与预报对象关系曲线图

10.2.1.2　对最佳曲线关系模型进行详细的曲线参数估计分析

操作步骤如下:

步骤 1:在图 10-3 中依次单击菜单"分析→回归→曲线估计",从弹出的曲线估计对话框左侧的列表框中选择"红旗站 11 月月平均流量",移动到因变量列表框,选择"红旗站 10 月月平均流量",移动到自变量列表框(SPSS 可能汉化有误,将自变量译为因变量),在模型选项组中选择"幂",并选择下侧的"显示 ANOVA 表格"选项,见图 10-6。

步骤 2:单击图 10-6 中的"保存"按钮,打开保存对话框,见图 10-7,在保存变量选项组中选择"预测值",单击"继续"按钮,返回图 10-6。

步骤 3:单击图 10-6 中的"确定"按钮,执行曲线参数估计的操作,SPSS 会自动以变量名"FIT_1"将洮河红旗水文站历年 11 月月平均流量估计值显示在数据编辑窗口,见图 10-8。

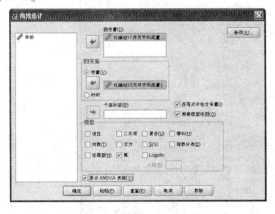

图 10-6　曲线估计对话框

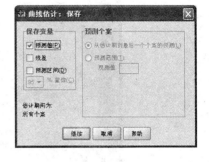

图 10-7　保存对话框

图 10-8　洮河红旗水文站历年 11 月月平均流量估计值

	年份	十月平均流量	十一月平均流量	FIT_1
1	1955	310.0	149.0	149.20817
2	1956	127.0	70.5	74.77124
3	1957	97.0	61.4	60.69113
4	1958	307.0	148.0	148.08900
5	1959	161.0	100.0	89.84567
6	1960	365.0	152.0	169.32048
7	1961	527.0	228.0	225.01554
8	1962	317.0	153.0	151.81013
9	1963	317.0	143.0	151.81013
10	1964	381.0	188.0	175.03906
11	1965	129.0	74.7	75.68128
12	1966	327.0	161.0	155.50484
13	1967	448.0	236.0	198.42858
14	1968	275.0	156.0	135.99105
15	1969	177.0	77.2	96.68400
16	1970	214.0	106.0	111.99079
17	1971	241.0	107.0	122.78208
18	1972	90.0	55.1	57.27171
19	1973	267.0	120.0	132.91795
20	1974	214.0	94.9	111.99079
21	1975	385.0	178.0	176.46016
22	1976	218.0	113.0	113.60808
23	1977	112.0	82.8	67.83797
24	1978	301.0	166.0	145.84321
25	1979	291.0	153.0	142.07759

10.2.2　相对拟合误差与历史拟合曲线

10.2.2.1　相对拟合误差

按照 3.2.2 部分的操作步骤,可由 SPSS 自动生成洮河红旗水文站 11 月月平均流量与其估计值之间的相对拟合误差，见图 10-9、图 10-10，可见，1955 ~ 2000 年逐年相对拟合误差除 1969 年、1989 年比较大外，其余都在 ±20% 之内，合格率达 95.7%。

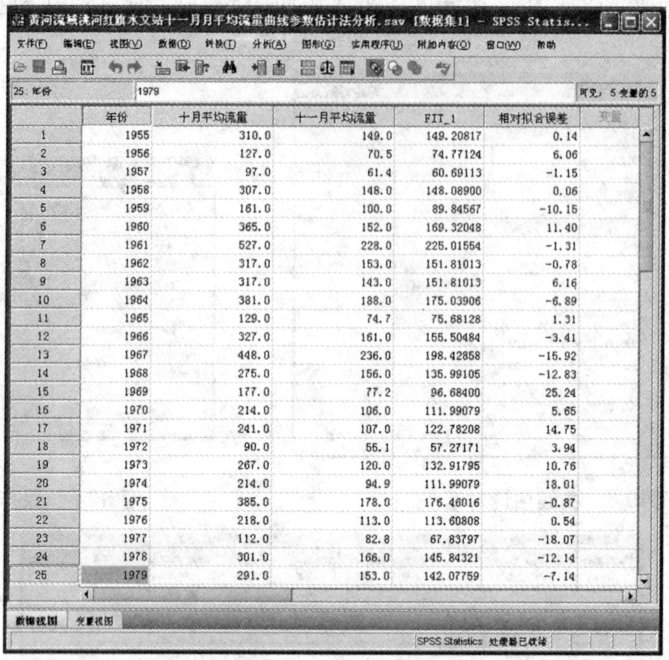

	年份	十月平均流量	十一月平均流量	FIT_1	相对拟合误差
1	1955	310.0	149.0	149.20817	0.14
2	1956	127.0	70.5	74.77124	6.06
3	1957	97.0	61.4	60.69113	-1.15
4	1958	307.0	148.0	148.08900	0.06
5	1959	161.0	100.0	89.84567	-10.15
6	1960	365.0	152.0	169.32048	11.40
7	1961	527.0	228.0	225.01554	-1.31
8	1962	317.0	153.0	151.81013	-0.78
9	1963	317.0	143.0	151.81013	6.16
10	1964	381.0	188.0	175.03906	-6.89
11	1965	129.0	74.7	75.68128	1.31
12	1966	327.0	161.0	155.50484	-3.41
13	1967	448.0	236.0	198.42858	-15.92
14	1968	275.0	156.0	135.99105	-12.83
15	1969	177.0	77.2	96.68400	25.24
16	1970	214.0	106.0	111.99079	5.65
17	1971	241.0	107.0	122.78208	14.75
18	1972	90.0	55.1	57.27171	3.94
19	1973	267.0	120.0	132.91795	10.76
20	1974	214.0	94.9	111.99079	18.01
21	1975	385.0	178.0	176.46016	-0.87
22	1976	218.0	113.0	113.60808	0.54
23	1977	112.0	82.8	67.83797	-18.07
24	1978	301.0	166.0	145.84321	-12.14
25	1979	291.0	153.0	142.07759	-7.14

图 10-9　生成的相对拟合误差(%)序列(一)

	年份	十月平均流量	十一月平均流量	FIT_1	相对拟合误差
25	1979	291.0	153.0	142.07759	-7.14
26	1980	185.0	94.2	100.05034	6.21
27	1981	310.0	146.0	149.20817	2.20
28	1982	232.0	114.0	119.21687	4.58
29	1983	321.0	151.0	153.29112	1.52
30	1984	298.0	141.0	144.71653	2.64
31	1985	302.0	149.0	146.21821	-1.87
32	1986	104.0	68.8	64.05522	-6.90
33	1987	95.0	59.4	59.72001	0.54
34	1988	240.0	121.0	122.38745	1.15
35	1989	182.0	124.0	98.79189	-20.33
36	1990	175.0	101.0	95.83709	-5.11
37	1991	88.0	56.7	56.28385	-0.73
38	1992	270.0	119.0	134.07277	12.67
39	1993	114.0	71.9	68.77398	-4.35
40	1994	109.0	68.6	66.42683	-3.17
41	1995	133.0	77.8	77.49188	-0.40
42	1996	93.0	62.8	58.74427	-6.46
43	1997	78.0	48.2	51.26531	6.36
44	1998	124.0	70.0	73.40008	4.86
45	1999	158.0	92.7	88.54676	-4.48
46	2000	160.0	76.6	89.41331	16.73

图 10-10　生成的相对拟合误差(%)序列(二)

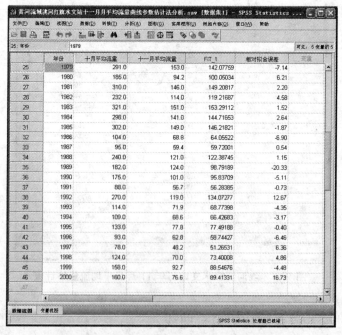

10.2.2.2　历史拟合曲线

同理,按照 3.2.2 部分的操作步骤,可由 SPSS 自动生成由洮河红旗水文站 11 月月平均流量与其估计值组成的历史拟合曲线图,见图 10-11,洮河红旗水文站 11 月月平均流量与其估计值拟合的非常好。

最佳曲线关系模型(即幂函数模型)参数估计分析在 SPSS 上的操作过程到此结束,用户应选择路径保存数据编辑窗口、结果输出窗口中的数据与结果,供后继分析使用。

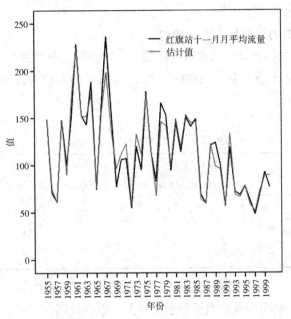

图 10-11　历史拟合曲线图

10.2.3　统计检验与预报

对 SPSS 结果输出窗口中的统计表格数据与图形分析如下。

10.2.3.1　回归方程的拟合优度检验

表 10-2 是模型汇总情况,可见,幂函数模型线性化后的相关系数 $R = 0.974$,决定性系数 $R^2 = 0.948$,调整 $R^2 = 0.947$,剩余标准差 $S_y = 0.093$,说明样本回归方程代表性很好。

表 10-2　模型汇总(Model Summary)

R	R^2(R Square)	调整 R^2(Adjusted R Square)	估计值的标准误(Std. Error of the Estimate)
0.974	0.948	0.947	0.093

注:自变量为红旗水文站 10 月月平均流量。

10.2.3.2　回归方程的显著性检验(F 检验)

表 10-3 是方差分析表,可见,幂函数模型线性化后的回归平方和 $U = 6.939$,残差平方和 $Q = 0.381$,离差平方和 $S_{yy} = 7.319$。统计量 $F = 801.693$ 时,相伴概率值为 $\rho = 0.000 < 0.001$,说明幂函数模型线性化后其预报因子与预报对象之间有线性回归关系。

表 10-3　方差分析(Anova)

	平方和(Sum of Squares)	df	均方(Mean Square)	F	Sig.
回归(Regression)	6.939	1	6.939	801.693	0.000
残差(Residual)	0.381	44	0.009		
总计(Total)	7.319	45			

注:自变量为红旗水文站 10 月月平均流量。

10.2.3.3　回归系数的显著性检验(t 检验)

表 10-4 是回归系数表,可见,常数项系数 $b_0 = 1.758$,回归系数 $b_1 = 0.774$。经 t 检验,各回归系数的相伴概率值为 $\rho = 0.000 < 0.001$,说明回归系数有统计学意义。幂函数模型为:

$$y_i = 1.758 x_i^{0.774}$$

表 10-4　回归系数(Coefficients)

	非标准化系数 (Unstandardized Coefficients)		标准系数 (Standardized Coefficients)	t	Sig.
	B	标准误差(Std. Error)	Beta		
ln(红旗站 10 月月平均流量)	0.774	0.027	0.974	28.314	0.000
常数	1.758	0.256		6.871	0.000

注:因变量为 ln(红旗站 11 月月平均流量)。

图 10-12 是幂函数模型预报因子与预报对象关系曲线图。

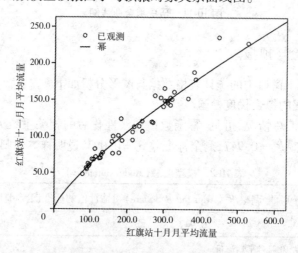

图 10-12　预报因子与预报对象关系曲线图

10.2.3.4　预报

洮河红旗水文站 2001 年 10 月月平均流量为 223 m³/s,代入幂函数模型,计算得该站 2001 年 11 月月平均流量的预报值为 116 m³/s,实际情况是 111 m³/s,相差 4.50%。

10.2.4　讨论

（1）曲线参数估计法的基本思路：一些曲线关系可以采用变量变换的方法使其线性化，然后通过线性回归分析的方法来拟合预报模型。如果读者有兴趣，可以将 11 种曲线关系模型线性化后进行线性回归分析，再与曲线参数估计法计算结果相比较，将会发现，在 SPSS 输出结果中，除回归系数及 t 检验数据略有不同外，其余结果完全相同。

（2）混合曲线模型、生长曲线模型和指数曲线模型在 SPSS 输出结果中，除回归系数及 t 检验数据略有不同外，其余结果完全相同（包括关系曲线图），见表 10-1 和图 10-5。如果读者有兴趣，还会发现，其历史拟合估计值也完全相同，除四舍五入进位稍有差别外，其预报结果也是一样的。由于仅仅是模型名称和表达式不同，所以从中选择一个即可。

（3）变量变换是指选用适当的函数将原始数据作某种转换，使数据满足线性回归的应用条件。假如对预报对象 y_i、预报因子 x_i 进行变量变换，即 $y_{1i} = f_1(y_i)$，$y_{2i} = f_2(x_i)$，则以一元线性回归分析为例，预报对象 y_i 的残差平方和 Q 最多有以下 4 种情形：

变量变换前：

$$Q = \sum (y_i - b_0 - b_1 x_i)^2$$

变量变换后：

$$Q = \sum (f_1(y_i) - c_0 - c_1 f_2(x_i))^2$$

$$Q = \sum (f_1(y_i) - c_0 - c_1 x_i)^2$$

$$Q = \sum (y_i - c_0 - c_1 f_2(x_i))^2$$

不论是对预报对象、预报因子还是对两者均进行变量变换，都可用最小二乘法来估计线性回归方程的系数，以保证变量变换后的残差平方和最小，但这能否保证变量变换前的残差平方和最小？即后 3 种情形与第 1 种情形在最小二乘意义下能等值或等价吗？所以，在中长期水文预报实践中，应谨慎选用曲线参数估计法，必要时可以采用非线性回归分析来进行估计。

第 11 章　平稳时间序列分析

11.1　建立自回归移动平均方程与分析计算过程

11.1.1　建立自回归移动平均方程

11.1.1.1　自回归方程

一个随机过程,如果它的数学期望、方差不随时间变化,且自相关函数仅仅是它们时间间隔的函数而与绝对时间无关,则称之为平稳过程。所谓平稳时间序列分析,就是研究具有平稳性的一个时间序列在不同时间间隔之间自身线性相关关系的方法。假设有一个平稳时间序列 $X(t)$($t=1,2,\cdots,n,n$ 是序列长度),则可把 $X(t)$ 表示为其前一个时间间隔到前 p 个时间间隔的序列值与相应自回归系数乘积之和:

$$X(t) = a + \sum (b_i \times (X(t-i) - a)) + u(t) \quad (i = 1,2,\cdots,p)$$

上式称为 p 阶平稳时间序列自回归方程(模型中包括常数项),式中 $t>i,u(t)$ 是拟合误差(白噪声序列),服从 $N(0,\sigma^2)$ 分布(假设与以往观测值无关)。a 是自回归常数项,b_i 是自回归系数,非负正数 p 为自回归阶数。

11.1.1.2　自回归移动平均方程

如果自回归方程中的拟合误差 $u(t)$ 不是相互独立的白噪声序列,还应考虑移动平均过程,得到较为广泛的线性动态模型:

$$X(t) = a + \sum (b_i \times (X(t-i) - a)) + u(t) - \sum (c_i \times u(t-i)) \quad (i = 1,2,\cdots,p)$$

上式称为 p、q 阶平稳时间序列自回归移动平均方程(模型中包括常数项),简记为 $ARMA(p,q)$。c_i 是移动平均系数,非负正数 q 为移动平均阶数。

当 $q=0$ 时,$ARMA(p,0)$ 模型称为 p 阶自回归方程,简记为 $AR(p)$。

当 $p=0$ 时,$ARMA(0,q)$ 模型称为 q 阶移动平均方程,简记为 $MA(q)$。

这里的关键问题是如何识别模型阶数 p、q。

11.1.1.3　模型阶数的识别

一般常用 Box-Jenkins 提出的方法,即用平稳时间序列的自相关图(ACF)和偏自相关图(PACF)的截尾性来初步识别 $ARMA(p,q)$ 模型的阶数 p 和 q。如果自相关图 q 步截尾,而偏自相关图呈现拖尾,则可识别平稳时间序列为 $MA(q)$ 序列;如果自相关图拖尾,而偏自相关图呈现 p 步截尾,则可识别平稳时间序列为 $AR(p)$ 序列;如果自相关图和偏自相关图都拖尾,则可识别平稳时间序列为 $ARMA(p,q)$ 序列。初步识别 p 和 q 后,最终要通过检验平稳时间序列观测值与模型预测值的拟合情况来确定之。

11.1.1.4　SPSS 时间序列建模器

SPSS 通过所提供的时间序列建模器程序,将平稳时间序列 $ARMA(p,q)$ 过程作为非

平稳时间序列 $ARIMA$ 过程的特例来实现操作。

截止到目前,由于还没有分析各类非平稳时间序列过程($ARIMA$)数据的完整方法,所以通常把一类经过适当变换可用平稳过程表示的非平稳过程称为准平稳过程,以此作为实际物理过程的近似。处理非平稳时间序列的常用方法有两种,即参数方法与差分方法。SPSS 提供了差分方法,即在 $ARMA(p,q)$ 基础上通过考虑差分阶数 d,来建立非平稳时间序列模型,简记为 $ARIMA(p,d,q)$。

SPSS 提供的时间序列建模器程序,可建立时间序列的指数平滑法模型、单变量求和自回归移动平均($ARIMA$)模型和多变量 $ARIMA$ 模型(或转换函数模型),并生成预测值。该时间序列建模器有专家建模器、指数平滑法和 $ARIMA$ 三种建模方法,其中 $ARIMA$ 要求指定自回归、移动平均和差分的阶数,对于其特例 $ARMA(p,q)$,用户根据初步识别的模型阶数,应指定相应阶数的值。

11.1.2　分析计算过程

(1)建立由平稳时间序列和相应时间变量序列组成的 SPSS 数据文件并保存。

(2)打开 SPSS 数据文件,在数据编辑窗口通过分析平稳时间序列的自相关图和偏自相关图的截尾性,来识别 $ARMA(p,q)$,即自回归移动平均模型的阶数 p、q。

(3)接着在数据编辑窗口进行平稳时间序列分析(即建立自回归移动平均方程)。保存数据编辑窗口中的数据和结果输出窗口中的统计结果、相关信息等。

(4)用自回归移动平均方程对未来平稳时间序列值进行预报。

11.2　SPSS 应用实例

本次选用新疆巴音郭楞蒙古自治州开都河大山口水文站 1955～2009 年 11 月月平均流量序列,用 SPSS 进行了平稳时间序列分析计算,并对 2010 年 11 月月平均流量进行了预报,结果令人满意。

11.2.1　平稳时间序列分析

打开 SPSS 数据文件,开都河大山口水文站 11 月月平均流量序列见图 11-1～图 11-3。

11.2.1.1　**识别 $ARMA(p,q)$ 模型的阶数 p、q**

可通过分析平稳时间序列的自相关图和偏自相关图的截尾性来识别 $ARMA(p,q)$ 模型的阶数 p、q,而自相关图和偏自相关图可由 SPSS 自动生成,生成过程为:

步骤 1:在图 11-1 中依次单击菜单"分析→预测→自相关",见图 11-4,从弹出的自相关对话框左侧的列表框中选择"十一月平均流量",移动到变量列表框,见图 11-5。

步骤 2:单击图 11-5 中的"确定"按钮,执行生成自相关图和偏自相关图的操作,结果见图 11-6、图 11-7。

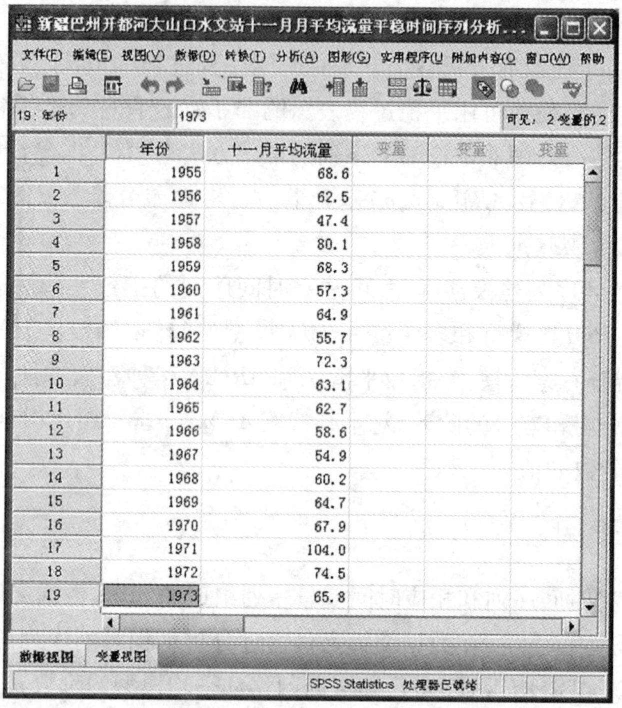

	年份	十一月平均流量	变量	变量	变量
1	1955	68.6			
2	1956	62.5			
3	1957	47.4			
4	1958	80.1			
5	1959	68.3			
6	1960	57.3			
7	1961	64.9			
8	1962	55.7			
9	1963	72.3			
10	1964	63.1			
11	1965	62.7			
12	1966	58.6			
13	1967	54.9			
14	1968	60.2			
15	1969	64.7			
16	1970	67.9			
17	1971	104.0			
18	1972	74.5			
19	1973	65.8			

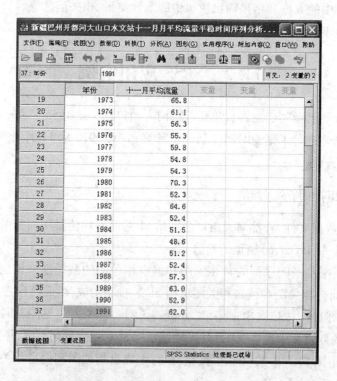

图 11-1　开都河大山口水文站 11 月月平均流量序列(一)

	年份	十一月平均流量	变量	变量	变量
19	1973	65.8			
20	1974	61.1			
21	1975	56.3			
22	1976	55.3			
23	1977	59.8			
24	1978	54.8			
25	1979	54.3			
26	1980	70.3			
27	1981	52.3			
28	1982	64.6			
29	1983	52.4			
30	1984	51.5			
31	1985	48.6			
32	1986	51.2			
33	1987	52.4			
34	1988	57.3			
35	1989	63.0			
36	1990	52.9			
37	1991	62.0			

图 11-2　开都河大山口水文站 11 月月平均流量序列(二)

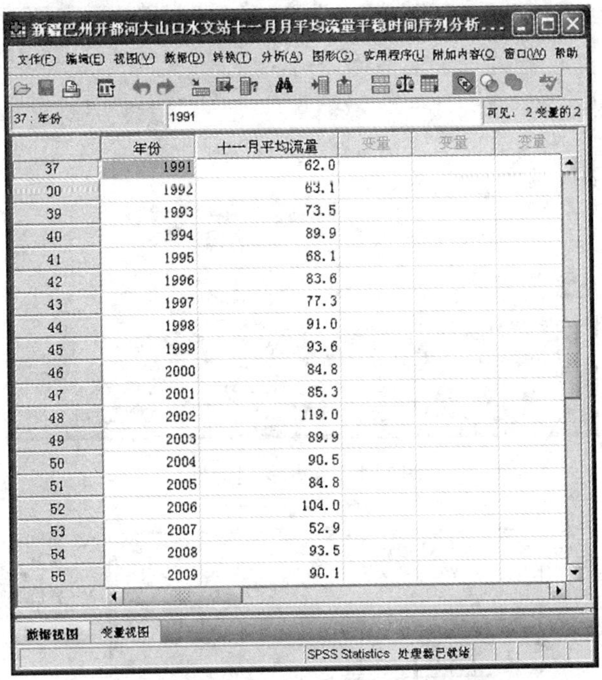

图 11-3　开都河大山口水文站 11 月月平均流量序列（三）

图 11-4　SPSS 自相关模块

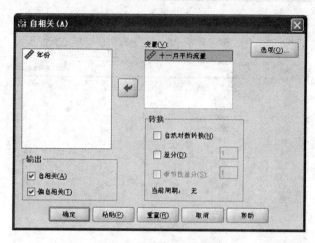

图 11-5　自相关对话框

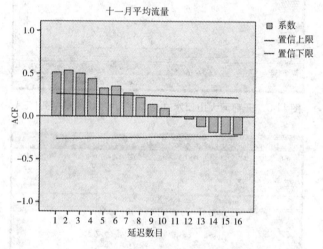

图 11-6　自相关图

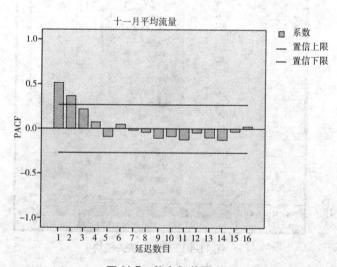

图 11-7　偏自相关图

　　由图 11-6、图 11-7 可见,开都河大山口水文站 11 月月平均流量序列的自相关图 (ACF)呈拖尾衰减,而偏自相关图(PACF)两步截尾,所以可初步识别 11 月月平均流量序列为 $ARMA(2,0)$ 序列,即 $AR(2)$ 序列。

11.2.1.2　平稳时间序列分析

　　识别了模型阶数后,便可进行平稳时间序列分析计算。SPSS 操作步骤如下:

　　步骤 1:在图 11-1 中依次单击菜单"分析→预测→创建模型",见图 11-8,弹出如图 11-9 所示的定义日期对话框。

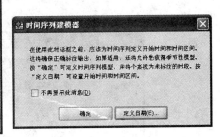

图 11-8　SPSS 创建模型模块　　　　　图 11-9　定义日期对话框

　　步骤 2:由图 11-1 ~ 图 11-3 可见,开都河大山口水文站 11 月月平均流量有对应的年份序列,所以不用定义日期。单击图 11-9 中的"确定"按钮,弹出如图 11-10 所示的时间序列建模器对话框。

　　步骤 3:在图 11-10 中,从左侧的变量列表框中选择"十一月平均流量",移动到因变量列表框,建模方法选择"ARIMA",见图 11-11,再单击"条件"按钮,弹出如图 11-12 所示的 $ARIMA$ 条件对话框。

　　步骤 4:在图 11-12 对应标签框自回归和非季节性的单元格内输入模型阶数"2",并选择"在模型中包括常数",单击"继续"按钮,返回图 11-11,单击"统计量"菜单,结果见图 11-13。

　　步骤 5:在图 11-13 中,依次选择"按模型显示拟合度量、Ljung-Box 统计量和离群值的数量"、"平稳的 R 方"、"拟合优度"和"参数估计",单击"保存"菜单,结果见图 11-14。

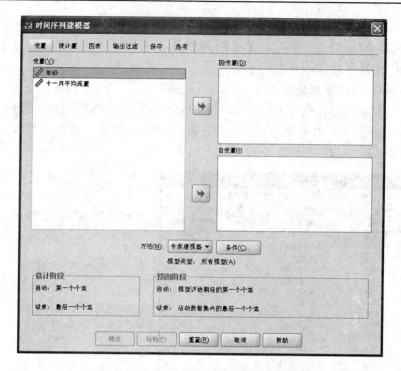

图 11-10　时间序列建模器(变量)对话框(一)

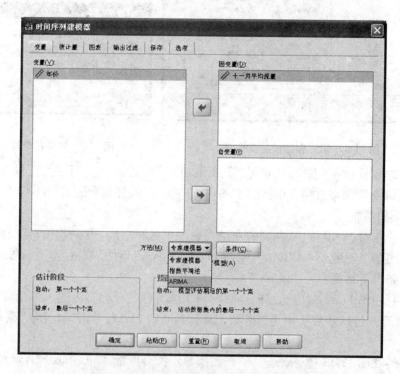

图 11-11　时间序列建模器(变量)对话框(二)

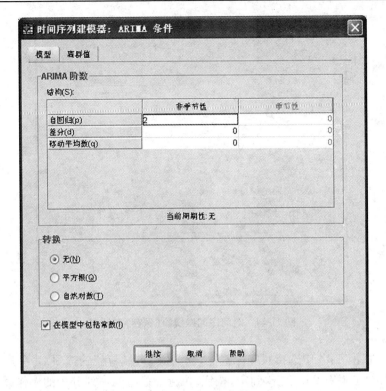

图 11-12　*ARIMA* 条件对话框

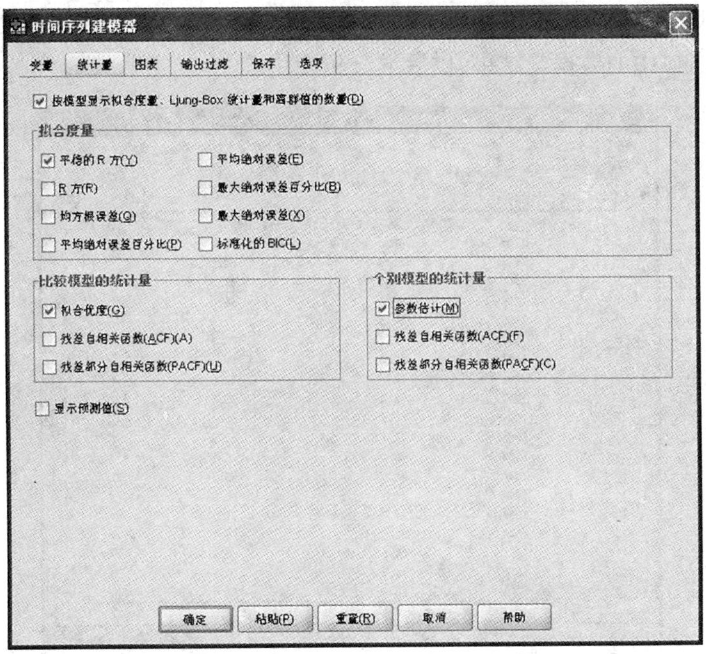

图 11-13　时间序列建模器(统计量)对话框

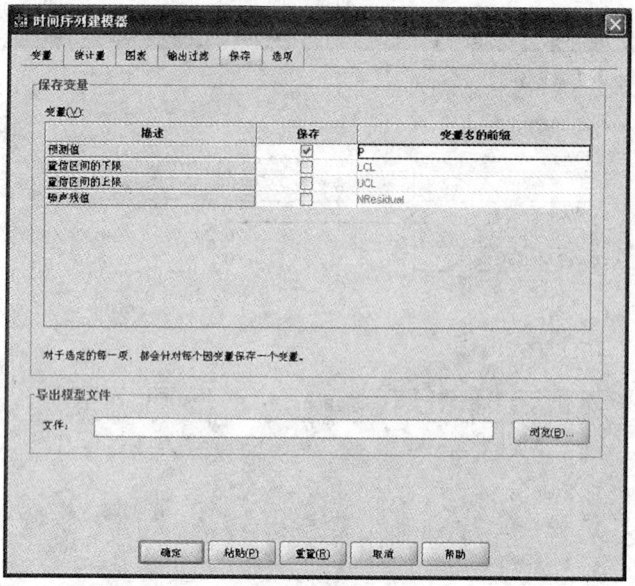

图 11-14　时间序列建模器(保存)对话框

步骤 6:在图 11-14 中选择对应标签框“预测值”与“保存”的选项,并在其右侧单元格内输入变量名的前缀“P”,单击“确定”按钮,执行平稳时间序列分析的操作,SPSS 会自动以变量名“P_十一月平均流量_模型_1”将开都河大山口水文站 11 月月平均流量序列估计值(预测值)显示在数据编辑窗口,见图 11-15 ~ 图 11-17。

平稳时间序列分析在 SPSS 上的操作过程到此结束,用户应选择路径保存数据编辑窗口、结果输出窗口中的数据与结果,供后继分析使用。

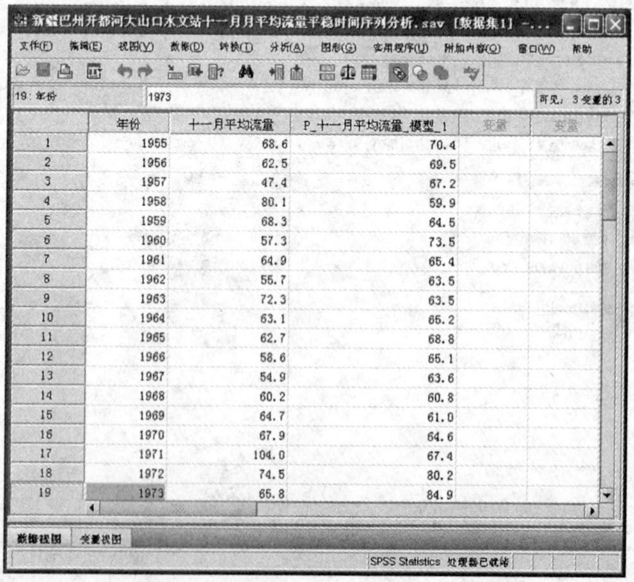

	年份	十一月平均流量	P_十一月平均流量_模型_1	变量	变量
1	1955	68.6	70.4		
2	1956	62.5	69.5		
3	1957	47.4	67.2		
4	1958	80.1	59.9		
5	1959	68.3	64.5		
6	1960	57.3	73.5		
7	1961	64.9	65.4		
8	1962	55.7	63.5		
9	1963	72.3	63.5		
10	1964	63.1	65.2		
11	1965	62.7	68.8		
12	1966	58.6	65.1		
13	1967	54.9	63.6		
14	1968	60.2	60.8		
15	1969	64.7	61.0		
16	1970	67.9	64.6		
17	1971	104.0	67.4		
18	1972	74.5	80.2		
19	1973	65.8	84.9		

图 11-15　开都河大山口水文站 11 月月平均流量序列估计值(一)

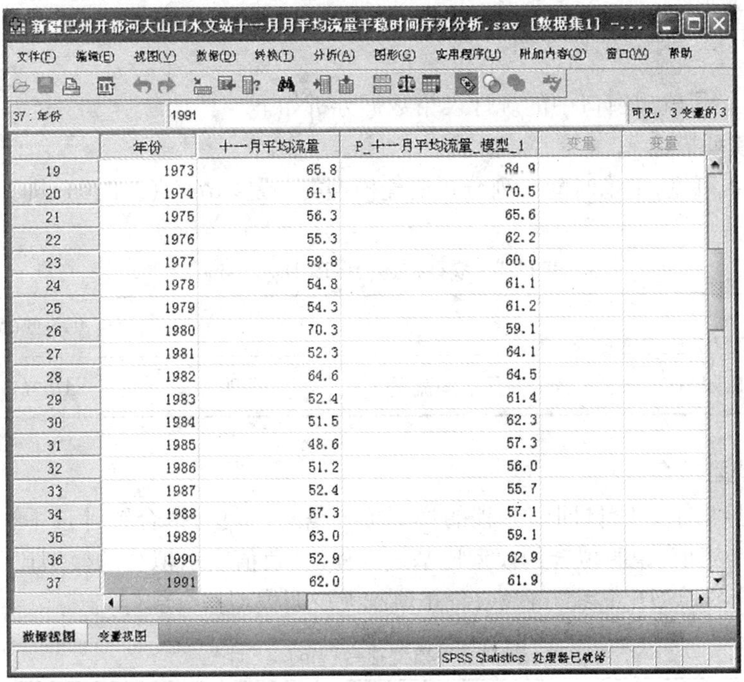

	年份	十一月平均流量	P_十一月平均流量_模型_1	变量	变量
19	1973	65.8	84.9		
20	1974	61.1	70.5		
21	1975	56.3	65.6		
22	1976	55.3	62.2		
23	1977	59.8	60.0		
24	1978	54.8	61.1		
25	1979	54.3	61.2		
26	1980	70.3	59.1		
27	1981	52.3	64.1		
28	1982	64.6	64.5		
29	1983	52.4	61.4		
30	1984	51.5	62.3		
31	1985	48.6	57.3		
32	1986	51.2	56.0		
33	1987	52.4	55.7		
34	1988	57.3	57.1		
35	1989	63.0	59.1		
36	1990	52.9	62.9		
37	1991	62.0	61.9		

图 11-16　开都河大山口水文站 11 月月平均流量序列估计值（二）

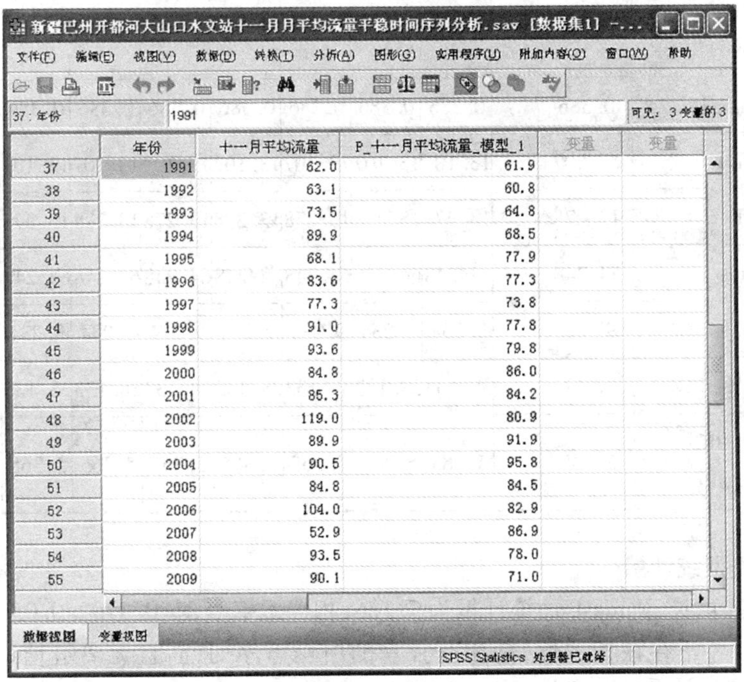

	年份	十一月平均流量	P_十一月平均流量_模型_1	变量	变量
37	1991	62.0	61.9		
38	1992	63.1	60.8		
39	1993	73.5	64.8		
40	1994	89.9	68.5		
41	1995	68.1	77.9		
42	1996	83.6	77.3		
43	1997	77.3	73.8		
44	1998	91.0	77.8		
45	1999	93.6	79.8		
46	2000	84.8	86.0		
47	2001	85.3	84.2		
48	2002	119.0	80.9		
49	2003	89.9	91.9		
50	2004	90.5	95.8		
51	2005	84.8	84.5		
52	2006	104.0	82.9		
53	2007	52.9	86.9		
54	2008	93.5	78.0		
55	2009	90.1	71.0		

图 11-17　开都河大山口水文站 11 月月平均流量序列估计值（三）

11.2.2　SPSS 输出结果分析

对 SPSS 结果输出窗口中的统计表格数据分析如下。

11.2.2.1　模型描述

由表 11-1 可见,平稳时间序列分析所建模型类型是 $ARIMA(2,0,0)$,即为 2 阶自回归方程 $AR(2)$。

表 11-1　模型描述(Model Description)

			模型类型(Model Type)
模型 ID(Model ID)	十一月平均流量	模型_1	$ARIMA(2,0,0)$

11.2.2.2　模型拟合

表 11-2 给出了 2 阶自回归方程的模型拟合信息,可见,拟合统计量平稳的 R^2 和 R^2 均为 0.386,为正值,说明拟合的模型比基线方程优(负值表示拟合的模型比基线方程差,正值表示拟合的模型比基线方程好,且正值越大说明模型拟合越好)。

表 11-2　模型拟合(Model Fit)

拟合统计量 (Fit Statistic)	均值 (Mean)	SE	最小值 (Min)	最大值 (Max)	百分位(Percentile)						
					5	10	25	50	75	90	95
平稳的 R^2 (Stationary R squared)	0.386	.	0.386	0.386	0.386	0.386	0.386	0.386	0.386	0.386	0.386
R^2 (R squared)	0.386	.	0.386	0.386	0.386	0.386	0.386	0.386	0.386	0.386	0.386
RMSE	13.107	.	13.107	13.107	13.107	13.107	13.107	13.107	13.107	13.107	13.107
MAPE	13.278	.	13.278	13.278	13.278	13.278	13.278	13.278	13.278	13.278	13.278
MaxAPE	64.248	.	64.248	64.248	64.248	64.248	64.248	64.248	64.248	64.248	64.248
MAE	9.234	.	9.234	9.234	9.234	9.234	9.234	9.234	9.234	9.234	9.234
MaxAE	38.133	.	38.133	38.133	38.133	38.133	38.133	38.133	38.133	38.133	38.133
正态化的 BIC (Normalized BIC)	5.365	.	5.365	5.365	5.365	5.365	5.365	5.365	5.365	5.365	5.365

11.2.2.3　模型统计量

由表 11-3 可见,Ljung-Box 统计量为 7.186,相伴概率值 $\rho = 0.970 > 0.05$,说明 2 阶自回归方程的残差不存在相关性,是相互独立的白噪声序列,而且无离群值(离群值数为 0),意味着模型拟合很好。同时,也验证了前文用 Box-Jenkins 法初步识别 11 月月平均流量序列为 $AR(2)$ 序列是正确的。

表11-3 模型统计量(Model Statistics)

模型 (Model)	预测变量数 (Number of Predictors)	模型拟合统计量 (Model Fit statistics)		Ljung-Box Q(18)			离群值数(Number of Outliers)
		平稳的 R^2 (Stationary R squared)	统计量 (Statistics)	DF	Sig.		
11 月平均流 量 – 模型_1	0	0.386	7.186	16	0.970		0

11.2.2.4 *ARIMA* 模型参数

由表11-4可见,2阶自回归方程常数项的估计值为70.438,自回归系数 *AR*1、*AR*2 的估计值为0.322和0.393。经 t 检验,各自回归系数的相伴概率值 ρ 都小于0.05,说明自回归系数在0.05显著性水平下都有统计学意义。2阶自回归方程 $AR(2)$ 为:

$$X(t) = 70.438 + 0.322 \times (X(t-1) - 70.438) + 0.393 \times (X(t-2) - 70.438)$$

表11-4 *ARIMA* 模型参数(ARIMA Model Parameters)

			常数(Constant)		估计 (Estimate)	SE	t	Sig.
					70.438	5.853	12.034	0.000
十一月平均流 量 – 模型_1	十一月平 均流量	无转换 (No Transformation)	AR	滞后1(Lag1)	0.322	0.128	2.522	0.015
				滞后2(Lag2)	0.393	0.131	3.011	0.004

11.2.3 预报

开都河大山口水文站2009年11月月平均流量为90.1 m^3/s,2008年11月月平均流量为93.5 m^3/s,代入上述2阶自回归方程,计得该站2010年11月月平均流量为:

$$X(t) = 70.438 + 0.322 \times (90.1 - 70.438) +$$
$$0.393 \times (93.5 - 70.438) = 85.8(m^3/s)$$

实际情况是85.5 m^3/s,相差0.35%。

第 12 章　非平稳序列逐步回归趋势分析

12.1　基本思路、计算公式、统计检验与分析计算过程

第 11 章介绍了平稳时间序列及其分析方法,但在中长期水文预报实践中,很难遇到真正的平稳时间序列,经常面对的是非平稳时间序列,也就是说,其数学期望、方差、自相关函数等部分或全部统计特性是随时间而变化的(统计特性中自相关函数可由协方差函数计算而得,故着重考虑数学期望和方差即可)。例如,大量水文时间序列的观测样本都呈现出显著的趋势性、周期性和随机性,或者只表现出三者中的其二或其一,所以从非平稳时间序列中识别和提取出趋势函数、周期函数和平稳函数就显得尤为重要。

第 11 章曾提到,处理非平稳时间序列的常用方法有两种,即参数方法与差分方法,差分方法可以通过 SPSS 提供的时间序列建模器程序来实现,那么如何在 SPSS 中应用参数方法呢? 其实也很简单:先识别非平稳序列 $X(t)$($t = 1,2,\cdots,n,n$ 即样本容量)所隐含的趋势函数 $Y_1(t)$、周期函数 $Y_2(t)$,然后对剔除趋势函数项和周期函数项之后的余差序列进行平稳序列分析(平稳项用 $Y_3(t)$ 表示),最后根据随时间变化的非平稳序列统计性质类别,用加法模型、乘法模型或混合模型进行外延预报。对数学期望随时间变化的非平稳序列 $X(t)$,应采用加法模型(用 $\varepsilon(t)$ 表示噪声项):
$$X(t) = Y_1(t) + Y_2(t) + Y_3(t) + \varepsilon(t)$$
对方差随时间变化的非平稳序列,采用乘法模型:
$$X(t) = (Y_1(t) + Y_2(t)) \times Y_3(t) + \varepsilon(t)$$
对数学期望和方差都随时间变化的非平稳序列,采用混合模型:
$$X(t) = Y_1(t) + Y_2(t) + (Y_1(t) + Y_2(t)) \times Y_3(t) + \varepsilon(t)$$
在乘法模型和混合模型等式两侧取对数后,均可转化为加法模型,所以应重点掌握加法模型。可见,SPSS 中应用参数方法的关键问题是,先确定趋势函数、周期函数和平稳函数的具体函数形式(平稳函数在第 11 章已介绍),然后选用上述模型进行外延预报。

从本章至第 13 章将介绍如何从非平稳序列中识别和提取趋势函数和周期函数。下面介绍如何用逐步回归分析法从非平稳序列中识别和提取趋势函数。

12.1.1　基本思路

在识别和提取非平稳序列趋势函数时,常采用下列关系式作为趋势函数项的近似值:
$$Y(t) = b_0 + b_1t + b_2t^2 + b_3t^3 + b_4t^4 + b_5t^{-1} + b_6t^{-2} + b_7t^{-1/2} + b_8t^{1/2} + b_9e^t + b_{10}\ln t$$
将上述关系式中 t、t^2、t^3、t^4、t^{-1}、t^{-2}、$t^{-1/2}$、$t^{1/2}$、e^t、$\ln t$ 等 10 项按非平稳序列样本容量 n,顺次取时间变量 $t = 1,2,\cdots,n$,得到 10 个时间序列。将这 10 个时间序列作为 10 个预报因子,与所分析的非平稳序列(类似于预报对象)建立多元线性回归方程,用逐步回归

分析法来估计关系式中的参数 $b_i(i=0,1,2,\cdots,10)$，给出 $Y(t)$ 的具体形式。若经逐步回归计算和统计检验后，所有的回归系数均为零，则可认为该非平稳序列无趋势项函数存在；否则可认为有趋势项函数存在，$Y(t)$ 的具体形式就是非平稳序列所隐含的趋势项函数。这就是非平稳序列逐步回归趋势分析的基本思路。

逐步回归分析法的基本思路请参阅 5.1.1 部分的内容。

12.1.2　计算公式

（1）增广矩阵及变换公式（请参阅 5.1.2 部分的内容）。
（2）方差贡献（请参阅 5.1.2 部分的内容）。
（3）F 检验（请参阅 5.1.2 部分的内容）。
（4）将逐步回归方程转换为标准化前的原值（请参阅 5.1.2 部分的内容）。

12.1.3　重要的样本统计量

请参阅 5.1.3 部分的内容。

12.1.4　回归效果的统计检验

请参阅 5.1.4 部分的内容。

12.1.5　分析计算过程

（1）建立由非平稳时间序列（类似于预报对象）组成的 SPSS 数据文件并保存。
（2）打开 SPSS 数据文件，在数据编辑窗口构建趋势函数关系式中的 10 个时间序列，即 10 个预报因子。
（3）接着在数据编辑窗口进行非平稳序列逐步回归趋势分析，计算预报对象趋势函数的估计值及相对拟合误差，生成由预报对象与其趋势函数估计值组成的历史拟合曲线。保存数据编辑窗口中的数据和结果输出窗口中的统计结果、相关信息等。
（4）对回归效果进行统计检验。
（5）若通过统计检验，可用逐步回归趋势函数方程进行预报，也可进行概率区间预报。当预报对象 Y 服从正态分布时，对应 p 个预报因子观测值的预报对象趋势函数估计值 $\hat{y}_j$，落在区间 $[\hat{y}_j-S_y,\hat{y}_j+S_y]$ 内的可能性约为 68%，落在区间 $[\hat{y}_j-2S_y,\hat{y}_j+2S_y]$ 内的可能性约为 95%。可见，S_y 越小，用回归方程所估计的 $\hat{y}_j$ 值就越精确。

12.2　SPSS 应用实例

本次选用笔者编著的《常用中长期水文预报 Visual Basic 6.0 应用程序及实例》中列举的黄河流域洮河红旗水文站 1955~2000 年逐年年径流量序列，用 SPSS 进行了非平稳序列逐步回归趋势分析计算，并对 2001 年年径流量（趋势值）进行了预报，两者结果完全一致。

12.2.1　构建预报因子序列

将趋势函数关系式中由时间变量 t 组成的 t、t^2、t^3、t^4、t^{-1}、t^{-2}、$t^{-1/2}$、$t^{1/2}$、e^t、$\ln t$ 等 10 项按非平稳序列样本容量 n，顺次取 $t = 1,2,\cdots,n$，可构建 10 个时间序列，即 10 个预报因子，构建过程如下。

12.2.1.1　构建时间变量 t 序列

步骤 1：打开 SPSS 数据文件，洮河红旗水文站逐年年径流量序列见图 12-1、图 12-2。

步骤 2：在图 12-1 中依次单击菜单“转换→计算变量”，弹出计算变量对话框，在对话框左上侧目标变量框中输入存放计算结果的时间变量名“因子 1”，在数字表达式框内输入运算表达式“年份 - 1954”，见图 12-3。

步骤 3：单击图 12-3 中的“确定”按钮，执行时间变量的计算操作，自动生成“因子 1”序列，结果见图 12-4、图 12-5 中的“因子 1”列。

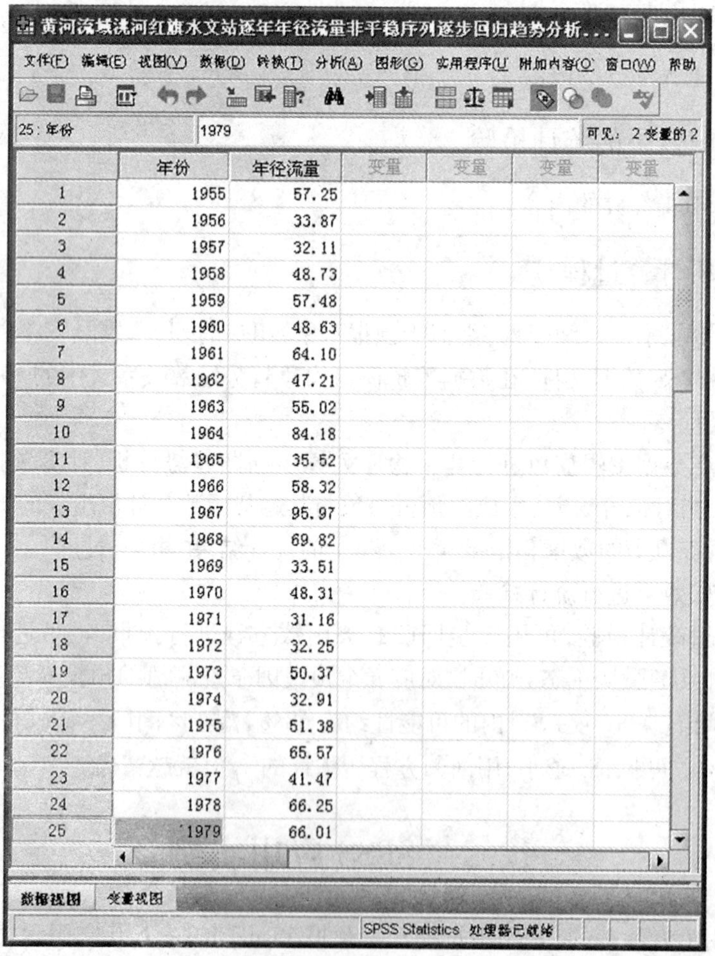

	年份	年径流量	变量	变量	变量	变量
1	1955	57.25				
2	1956	33.87				
3	1957	32.11				
4	1958	48.73				
5	1959	57.48				
6	1960	48.63				
7	1961	64.10				
8	1962	47.21				
9	1963	55.02				
10	1964	84.18				
11	1965	35.52				
12	1966	58.32				
13	1967	95.97				
14	1968	69.82				
15	1969	33.51				
16	1970	48.31				
17	1971	31.16				
18	1972	32.25				
19	1973	50.37				
20	1974	32.91				
21	1975	51.38				
22	1976	65.57				
23	1977	41.47				
24	1978	66.25				
25	1979	66.01				

图 12-1　洮河红旗水文站逐年年径流量序列(一)

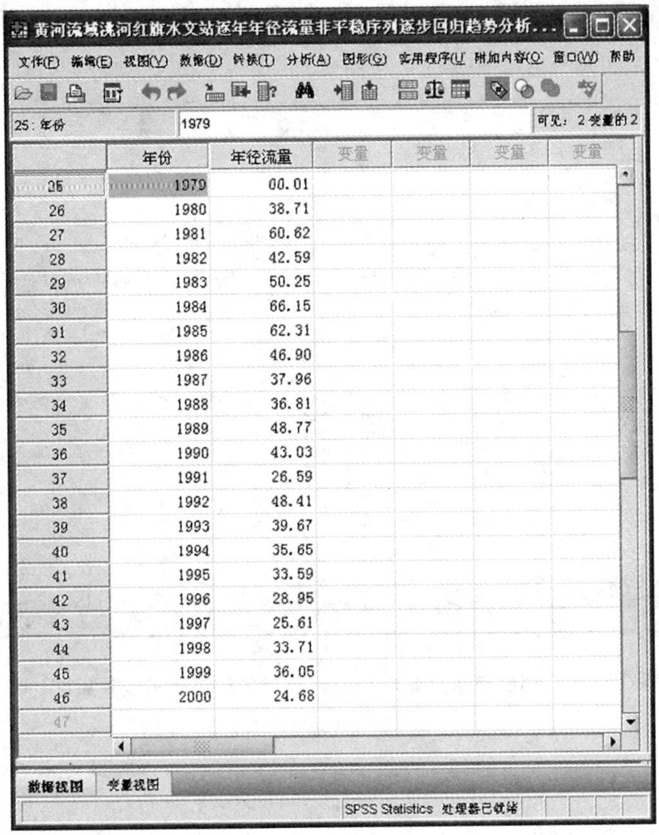

	年份	年径流量	变量	变量	变量	变量
25	1979	00.01				
26	1980	38.71				
27	1981	60.62				
28	1982	42.59				
29	1983	50.25				
30	1984	66.15				
31	1985	62.31				
32	1986	46.90				
33	1987	37.96				
34	1988	36.81				
35	1989	48.77				
36	1990	43.03				
37	1991	26.59				
38	1992	48.41				
39	1993	39.67				
40	1994	35.65				
41	1995	33.59				
42	1996	28.95				
43	1997	25.61				
44	1998	33.71				
45	1999	36.05				
46	2000	24.68				
47						

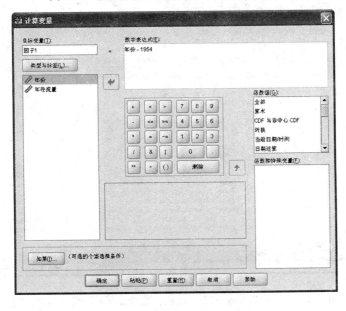

图 12-2　洮河红旗水文站逐年年径流量序列(二)

图 12-3　计算变量对话框

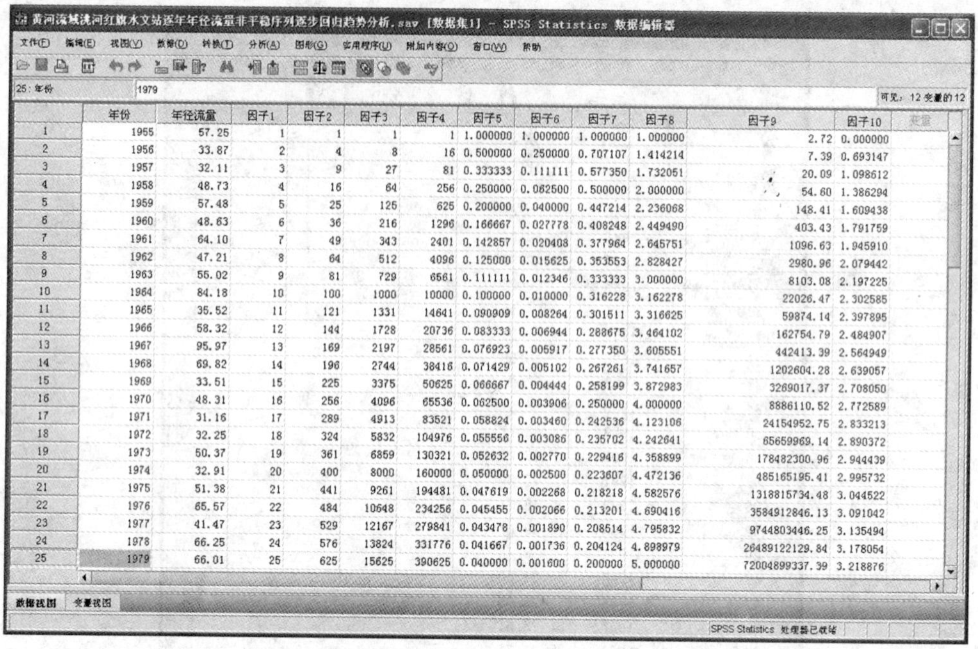

图 12-4 对应数据表（黄河流域洮河红旗水文站逐年年径流量非平稳序列逐步回归趋势分析.sav）

年份	年径流量	因子1	因子2	因子3	因子4	因子5	因子6	因子7	因子8	因子9	因子10
1955	57.25	1	1	1	1	1.000000	1.000000	1.000000	1.000000	2.72	0.000000
1956	33.87	2	4	8	16	0.500000	0.250000	0.707107	1.414214	7.39	0.693147
1957	32.11	3	9	27	81	0.333333	0.111111	0.577350	1.732051	20.09	1.098612
1958	48.73	4	16	64	256	0.250000	0.062500	0.500000	2.000000	54.60	1.386294
1959	57.48	5	25	125	625	0.200000	0.040000	0.447214	2.236068	148.41	1.609438
1960	48.63	6	36	216	1296	0.166667	0.027778	0.408248	2.449490	403.43	1.791759
1961	64.10	7	49	343	2401	0.142857	0.020408	0.377964	2.645751	1096.63	1.945910
1962	47.21	8	64	512	4096	0.125000	0.015625	0.353553	2.828427	2980.96	2.079442
1963	55.02	9	81	729	6561	0.111111	0.012346	0.333333	3.000000	8103.08	2.197225
1964	84.18	10	100	1000	10000	0.100000	0.010000	0.316228	3.162278	22026.47	2.302585
1965	35.52	11	121	1331	14641	0.090909	0.008264	0.301511	3.316625	59874.14	2.397895
1966	58.32	12	144	1728	20736	0.083333	0.006944	0.288675	3.464102	162754.79	2.484907
1967	95.97	13	169	2197	28561	0.076923	0.005917	0.277350	3.605551	442413.39	2.564949
1968	69.82	14	196	2744	38416	0.071429	0.005102	0.267261	3.741657	1202604.28	2.639057
1969	33.51	15	225	3375	50625	0.066667	0.004444	0.258199	3.872983	3269017.37	2.708050
1970	48.31	16	256	4096	65536	0.062500	0.003906	0.250000	4.000000	8886110.52	2.772589
1971	31.16	17	289	4913	83521	0.058824	0.003460	0.242536	4.123106	24154952.75	2.833213
1972	32.25	18	324	5832	104976	0.055556	0.003086	0.235702	4.242641	65659969.14	2.890372
1973	50.37	19	361	6859	130321	0.052632	0.002770	0.229416	4.358899	178482300.96	2.944392
1974	32.91	20	400	8000	160000	0.050000	0.002500	0.223607	4.472136	485165195.41	2.995732
1975	51.38	21	441	9261	194481	0.047619	0.002268	0.218218	4.582576	1318815734.48	3.044522
1976	65.57	22	484	10648	234256	0.045455	0.002066	0.213201	4.690416	3584912846.13	3.091042
1977	41.47	23	529	12167	279841	0.043478	0.001890	0.208514	4.795832	9744803446.25	3.135944
1978	66.25	24	576	13824	331776	0.041667	0.001736	0.204124	4.898979	26489122129.84	3.178054
1979	66.01	25	625	15625	390625	0.040000	0.001600	0.200000	5.000000	72004899337.39	3.218876

图 12-4　洮河红旗水文站年径流量及相关预报因子变量序列（一）

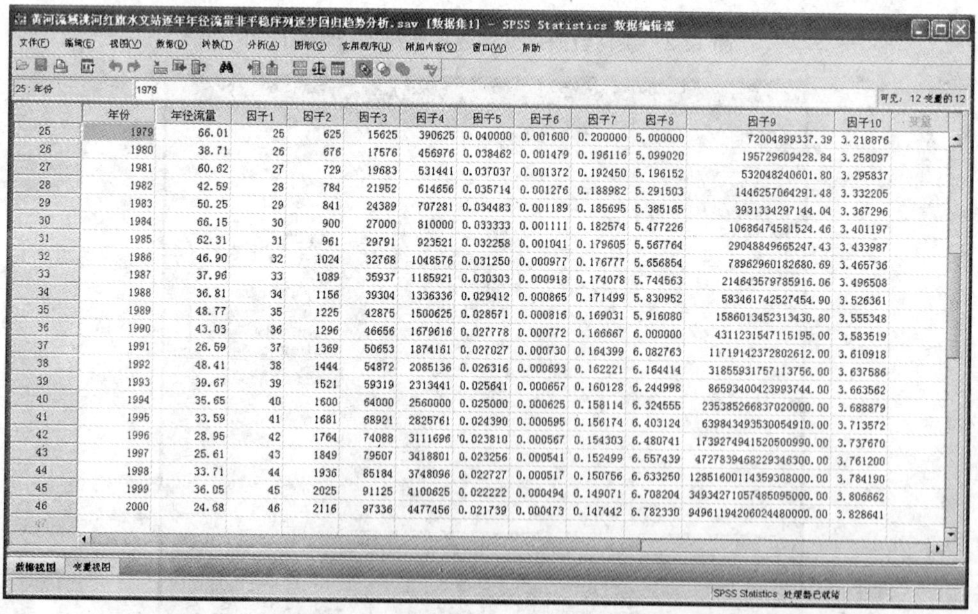

图 12-5 对应数据表

年份	年径流量	因子1	因子2	因子3	因子4	因子5	因子6	因子7	因子8	因子9	因子10
1979	66.01	25	625	15625	390625	0.040000	0.001600	0.200000	5.000000	72004899337.39	3.218876
1980	38.71	26	676	17576	456976	0.038462	0.001479	0.196116	5.099020	195729609428.84	3.258097
1981	60.62	27	729	19683	531441	0.037037	0.001372	0.192450	5.196152	532004824060.80	3.295837
1982	42.59	28	784	21952	614656	0.035714	0.001276	0.188982	5.291503	1446257064291.48	3.332205
1983	50.25	29	841	24389	707281	0.034483	0.001189	0.185695	5.385165	3931334297144.04	3.367296
1984	66.15	30	900	27000	810000	0.033333	0.001111	0.182574	5.477226	10686474581524.46	3.401197
1985	62.31	31	961	29791	923521	0.032258	0.001041	0.179605	5.567764	29048849665247.43	3.433987
1986	46.90	32	1024	32768	1048576	0.031250	0.000977	0.176777	5.656854	78962960182680.69	3.465736
1987	37.96	33	1089	35937	1185921	0.030303	0.000918	0.174078	5.744563	214643579785916.06	3.496508
1988	36.81	34	1156	39304	1336336	0.029412	0.000865	0.171499	5.830952	583461742527454.90	3.526361
1989	48.77	35	1225	42875	1500625	0.028571	0.000816	0.169031	5.916080	1586013452313430.80	3.555348
1990	43.03	36	1296	46656	1679616	0.027778	0.000772	0.166667	6.000000	4311231547115195.00	3.583519
1991	26.59	37	1369	50653	1874161	0.027027	0.000730	0.164399	6.082763	11719142372802612.00	3.610918
1992	48.41	38	1444	54872	2085136	0.026316	0.000693	0.162221	6.164414	31859311757113756.00	3.637586
1993	39.67	39	1521	59319	2313441	0.025641	0.000657	0.160128	6.244998	86593400423993744.00	3.663562
1994	35.65	40	1600	64000	2560000	0.025000	0.000625	0.158114	6.324555	235385266837020000.00	3.688879
1995	33.59	41	1681	68921	2825761	0.024390	0.000595	0.156174	6.403124	639843493530054910.00	3.713572
1996	28.95	42	1764	74088	3111696	0.023810	0.000567	0.154303	6.480741	1739274941520500990.00	3.737670
1997	25.61	43	1849	79507	3418801	0.023256	0.000541	0.152499	6.557439	4727839468229346300.00	3.761200
1998	33.71	44	1936	85184	3748096	0.022727	0.000517	0.150756	6.633250	12851600114359308000.00	3.784190
1999	36.05	45	2025	91125	4100625	0.022222	0.000494	0.149071	6.708204	34934271057485095000.00	3.806662
2000	24.68	46	2116	97336	4477456	0.021739	0.000473	0.147442	6.782330	94961119420602400000.00	3.828641

图 12-5　洮河红旗水文站年径流量及相关预报因子变量序列（二）

12.2.1.2 构建时间变量 t^2、t^3、t^4、t^{-1}、t^{-2}、$t^{-1/2}$、$t^{1/2}$、e^t、$\ln t$ 序列

重复上述操作步骤,将图 12-3 中的时间变量名"因子 1"依次改为"因子 2","因子 3",…,"因子 10",如果用 t 表示"年份 – 1954",则将运算表达式"年份 – 1954"依次对应改为"t^2"、"t^3"、"t^4"、"t^{-1}"、"t^{-2}"、"$t^{-1/2}$"、"$t^{1/2}$"、"e^t"、"$\ln t$",再分别单击"确定"按钮,执行时间变量的计算操作,自动生成"因子 2","因子 3",…,"因子 10"序列,见图 12-4、图 12-5。

12.2.2 非平稳序列逐步回归趋势分析

非平稳序列逐步回归趋势分析操作步骤如下:

步骤 1:在图 12-4 中依次单击菜单"分析→回归→线性",从弹出的线性回归对话框左侧的列表框中选择"年径流量",移动到因变量列表框,选择"因子 1","因子 2",…,"因子 10"等 10 个变量,移动到自变量列表框,在方法下拉列表框中选择"逐步",即按逐步回归的基本思路建立回归模型,见图 12-6。

步骤 2:单击图 12-6 中的"统计量"按钮,在打开的统计量对话框中,依次选择"估计"、"模型拟合度"和"部分相关和偏相关性",单击"继续"按钮,返回图 12-6。

步骤 3:单击图 12-6 中的"保存"按钮,在打开的保存对话框预测值选项组中选择"未标准化",单击"继续"按钮,返回图 12-6。

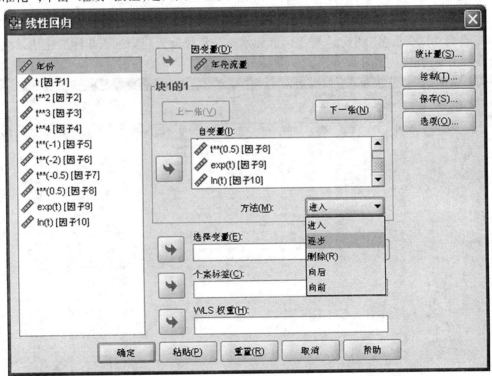

图 12-6 线性回归对话框

步骤 4：单击图 12-6 中的"选项"按钮，打开选项对话框，见图 12-7。选择"使用 F 的概率"选项钮，在"进入"文本框中输入 0.001（若想引入更多的预报因子，可增大该输入值），在"删除"文本框中输入 0.002（若想剔除更多的预报因子，可降低该输入值）；要注意，"进入"文本框中的输入值必须小于"删除"文本框中的数值；其他选项取默认值；单击"继续"按钮，返回图 12-6。

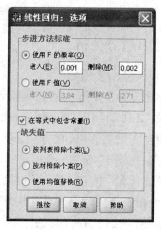

图 12-7　选项对话框

步骤 5：单击图 12-6 中的"确定"按钮，执行非平稳序列逐步回归趋势分析的操作，SPSS 会自动以变量名"PRE_1"将洮河红旗水文站年径流量趋势函数非标准化估计值显示在数据编辑窗口，见图 12-8。

	年份	年径流量	因子1	因子2	因子3	因子4	因子5	因子6	因子7	因子8	因子9	因子10	PRE_1
1	1955	57.25	1	1	1	1	1.000000	1.000000	1.000000	1.000000	2.72	0.000000	53.00987
2	1956	33.87	2	4	8	16	0.500000	0.250000	0.707107	1.414214	7.39	0.693147	53.00978
3	1957	32.11	3	9	27	81	0.333333	0.111111	0.577350	1.732051	20.09	1.098612	53.00939
4	1958	48.73	4	16	64	256	0.250000	0.062500	0.500000	2.000000	54.60	1.386294	53.00832
5	1959	57.48	5	25	125	625	0.200000	0.040000	0.447214	2.236068	148.41	1.609438	53.00608
6	1960	48.63	6	36	216	1296	0.166667	0.027778	0.408248	2.449490	403.43	1.791759	53.00201
7	1961	64.10	7	49	343	2401	0.142857	0.020408	0.377964	2.645751	1096.63	1.945910	52.99529
8	1962	47.21	8	64	512	4096	0.125000	0.015625	0.353553	2.828427	2980.96	2.079442	52.98500
9	1963	55.02	9	81	729	6561	0.111111	0.012346	0.333333	3.000000	8103.08	2.197225	52.97002
10	1964	84.18	10	100	1000	10000	0.100000	0.010000	0.316228	3.162278	22026.47	2.302585	52.94913
11	1965	35.52	11	121	1331	14641	0.090909	0.008264	0.301511	3.316625	59874.14	2.397895	52.92093
12	1966	58.32	12	144	1728	20736	0.083333	0.006944	0.288675	3.464102	162754.79	2.484907	52.88391
13	1967	95.97	13	169	2197	28561	0.076923	0.005917	0.277350	3.605551	442413.39	2.564949	52.83637
14	1968	69.82	14	196	2744	38416	0.071429	0.005102	0.267261	3.741657	1202604.28	2.639057	52.77660
15	1969	33.51	15	225	3375	50625	0.066667	0.004444	0.258199	3.872983	3269017.37	2.708050	52.70233
16	1970	48.31	16	256	4096	65536	0.062500	0.003906	0.250000	4.000000	8886110.52	2.772589	52.61174
17	1971	31.16	17	289	4913	83521	0.058824	0.003460	0.242536	4.123106	24154962.75	2.833213	52.50248
18	1972	32.25	18	324	5832	104976	0.055556	0.003086	0.235702	4.242641	65659969.14	2.890372	52.37214
19	1973	50.37	19	361	6859	130321	0.052632	0.002770	0.229416	4.358899	178482300.96	2.944439	52.21817
20	1974	32.91	20	400	8000	160000	0.050000	0.002500	0.223607	4.472136	485165195.41	2.995732	52.03787
21	1975	51.38	21	441	9261	194481	0.047619	0.002268	0.218218	4.582576	1318815734.48	3.044522	51.82840
22	1976	65.57	22	484	10648	234256	0.045455	0.002066	0.213201	4.690416	3584912846.13	3.091042	51.58676
23	1977	41.47	23	529	12167	279841	0.043478	0.001890	0.208514	4.795832	9744803446.25	3.135494	51.30983
24	1978	66.25	24	576	13824	331776	0.041667	0.001736	0.204124	4.898979	26489122129.84	3.178054	50.99432
25	1979	66.01	25	625	15625	390625	0.040000	0.001600	0.200000	5.000000	72004899337.39	3.218876	50.63681

图 12-8　洮河红旗水文站历年年径流量趋势函数非标准化估计值

12.2.3　相对拟合误差与历史拟合曲线

12.2.3.1　相对拟合误差

　　按照 3.2.2 部分的操作步骤,可由 SPSS 自动生成洮河红旗水文站年径流量与其趋势函数估计值之间的相对拟合误差,见图 12-9、图 12-10,可见,1955～2000 年逐年相对拟合误差波动较大,这是因为回归方程所估计的是识别和提取的年径流量趋势函数的值,而非年径流量的值。

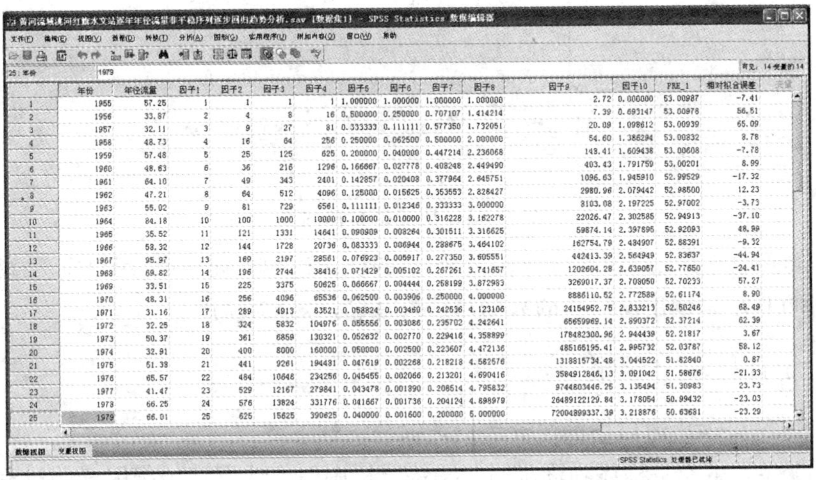

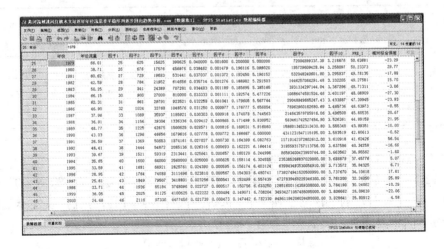

图 12-9　生成的相对拟合误差(%)序列(一)

图 12-10　生成的相对拟合误差(%)序列(二)

12.2.3.2　历史拟合曲线

　　同理,按照 3.2.2 部分的操作步骤,可由 SPSS 自动生成由洮河红旗水文站年径流量与其趋势函数估计值组成的历史拟合曲线图,见图 12-11,所识别和提取的趋势函数估计值较好地反映了洮河红旗水文站年径流量的变化趋势。

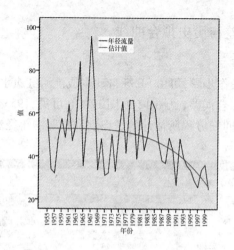

图 12-11　历史拟合曲线图

　　非平稳序列逐步回归趋势分析在 SPSS 上的操作过程到此结束，用户应选择路径保存数据编辑窗口、结果输出窗口中的数据与结果，供后继分析使用。

12.2.4　统计检验与预报

　　对 SPSS 结果输出窗口中的统计表格数据分析如下。

　　表 12-1 显示了非平稳序列逐步回归趋势分析中引入或删除预报因子的过程和方法，可见，仅在第一步引入了因子 4，即 t^4，回归结束。

表 12-1　输入/移去的变量[a]（Variables Entered/Removed[a]）

模型 （Model）	输入的变量 （Variables Entered）	移去的变量 （Variables Removed）	方法 （Method）
1	$t^{**}4$	·	步进（准则：F-to-enter 的概率 < = 0.001，F-to-remove 的概率 > = 0.002）。

注：a. 因变量为年径流量。

12.2.4.1　回归方程的拟合优度检验

　　表 12-2 是模型汇总情况，可见，逐步回归趋势分析模型的复相关系数 $R = 0.491$，决定性系数 $R^2 = 0.241$，剩余标准差 $S_y = 13.750\ 99$，说明样本回归方程代表性不是很好。但由于建模目的是识别和提取非平稳序列趋势函数，所以拟合好坏无实际意义。

表 12-2　模型汇总[b]（Model Summary[b]）

模型 （Model）	R	R^2 （R Square）	调整 R^2 （Adjusted R Square）	估计的标准误差 （Std. Error of the Estimate）
1	0.491[a]	0.241	0.224	13.750 99

注：a. 预测变量为常量、$t^{**}4$。
　　b. 因变量为年径流量。

12.2.4.2 回归方程的显著性检验(F检验)

表12-3是方差分析表,可见,逐步回归趋势分析模型(第一步)的回归平方和$U = 2\,646.634$,残差平方和$Q = 8\,319.944$,离差平方和$S_{yy} = 10\,966.577$。统计量$F = 13.997$时,相伴概率值为$\rho = 0.001 < 0.005$,说明回归方程预报因子$X_{k(t)}$与预报对象Y之间有线性回归关系。

表12-3 方差分析[b]($Anova^b$)

模型(Model)		平方和(Sum of Squares)	df	均方(Mean Square)	F	Sig.
1	回归(Regression)	2 646.634	1	2 646.634	13.997	0.001[a]
	残差(Residual)	8 319.944	44	189.090		
	总计(Total)	10 966.577	45			

注:a. 预测变量为常量、t**4。

b. 因变量为年径流量。

12.2.4.3 回归系数的显著性检验(t检验)

表12-4是模型回归系数,可见,逐步回归趋势分析模型(第一步)的常数项系数$b_0 = 53.010$,回归系数$b_1 = -6.075 \times 10^{-6}$。经$t$检验,各回归系数的相伴概率值$\rho$都小于剔除因子标准值0.002,故不能从回归方程中剔除,说明回归系数都有统计学意义。逐步回归趋势分析方程为:

$$\hat{y}_t = 53.010 - 6.075 \times 10^{-6} t^4 \quad (t = 1 \sim 46)$$

表12-4 回归系数[a]($Coefficients^a$)

模型(Model)		非标准化系数(Unstandardized Coefficients)		标准系数(Standardized Coefficients)	t	Sig.	相关性(Correlations)		
		B	标准误差(Std. Error)	Beta			零阶(Zero-order)	偏(Partial)	部分(Part)
1	常量	53.010	2.543		20.849	0.000			
	t**4	-6.075×10^{-6}	0.000	-0.491	-3.741	0.001	-0.491	-0.491	-0.491

注:因变量为年径流量。

表12-5是第一步逐步回归趋势分析模型外各因子的有关统计量,可见,相伴概率值ρ都大于引入因子标准值0.001,故不能引入回归方程。

表 12-5　已排除的变量[b]（Excluded Variables[b]）

模型（Model）		Beta In	t	Sig.	偏相关 （Partial Correlation）	共线性统计量（Collinearity Statistics） 容差（Tolerance）
1	t	0.138[a]	0.516	0.609	0.078	0.245
	$t^{**}2$	0.153[a]	0.329	0.744	0.050	0.081
	$t^{**}3$	0.259[a]	0.243	0.809	0.037	0.016
	$t^{**}(-1)$	-0.087[a]	-0.621	0.538	-0.094	0.895
	$t^{**}(-2)$	-0.025[a]	-0.187	0.853	-0.028	0.969
	$t^{**}(-0.5)$	-0.117[a]	-0.780	0.440	-0.118	0.771
	$t^{**}(0.5)$	0.140[a]	0.659	0.513	0.100	0.389
	e^{t}	0.025[a]	0.155	0.878	0.024	0.651
	$\ln(t)$	0.135[a]	0.781	0.439	0.118	0.579

注：a 模型中的预测变量为常量、$t^{**}4$。

　　b. 因变量为年径流量。

12.2.4.4　预报

单值预报：可见，在 12.1.1 部分所提到的趋势函数关系式 10 个预报因子中，本例只有因子 4（即 t^4）被识别和提取为方差贡献最为显著的趋势函数项因子，将 $t = 47$（对应 2001 年）代入逐步回归趋势分析方程，计算得洮河红旗水文站 2001 年年径流量的趋势预报值为 23.37 m³/s。

概率区间预报：表 12-2 显示剩余标准差 $S_y = 13.75099$，所以 2001 年年径流量的趋势预报值在区间 [9.61, 37.1] 内的可能性约为 68%，在区间 [-4.13, 50.9] 内的可能性约为 95%（计算式请参阅 12.1.5 部分，径流量不应为负值，出现负值时取零即可）。

第 13 章　非平稳序列逐步回归周期分析

13.1　基本思路、计算公式、统计检验与分析计算过程

13.1.1　基本思路

　　首先按第 2 章中表 2-1 的形式,将非平稳序列按观测次数 n 分成 B 组($B = 2,3,\cdots,$ int($n/2$)),分别计算 $B = 2,3,\cdots,$int($n/2$)时的各组组平均值;然后将各组组平均值按试验周期 B(即分组组数)排列成长度为 n 的序列,若取 $m = $int($n/2$) -1,则可得到 m 个长度为 n 的序列,这 m 个序列就构成了 m 个因子。将这 m 个因子与所分析的非平稳序列(即预报对象)建立多元线性回归方程,用逐步回归分析法来估计其回归系数 b_i($i = 0,1,$ $2,\cdots,m$)。若经逐步回归计算和统计检验后,所有的回归系数均为零,则可以认为该非平稳序列无周期项函数存在;否则可认为有周期项函数存在,回归方程的具体形式就是非平稳序列与其所隐含的周期项函数之间的线性关系式,其中从 m 个因子中被选中的因子,就是被识别和提取的隐含周期,第一个因子就是非平稳序列隐含的第一周期,余类推,这些因子相应的 B 值就是其周期长度。这就是非平稳序列逐步回归周期分析的基本思路。

　　逐步回归分析法的基本思路请参阅 5.1.1 部分的内容。

13.1.2　计算公式

　　(1)增广矩阵及变换公式(请参阅 5.1.2 部分的内容)。
　　(2)方差贡献(请参阅 5.1.2 部分的内容)。
　　(3)F 检验(请参阅 5.1.2 部分的内容)。
　　(4)将逐步回归方程转换为标准化前的原值(请参阅 5.1.2 部分的内容)。

13.1.3　重要的样本统计量

　　请参阅 5.1.3 部分的内容。

13.1.4　回归效果的统计检验

　　请参阅 5.1.4 部分的内容。

13.1.5　分析计算过程

　　(1)建立由非平稳时间序列(即预报对象)组成的 SPSS 数据文件并保存。
　　(2)打开 SPSS 数据文件,在数据编辑窗口构建分组变量。按第 2 章中表 2-1 的形式,确定等时距水文观测变量分组组数 B($B = 2,3,\cdots,$int($n/2$)),每组定义一个相应变量。

分组变量取值很简单,如 $B=5$ 时,依序取值为 1、2、3、4、5、1、2、3、4、5 …,排列至观测变量序列终止时刻(或时段)。

(3)在数据编辑窗口构建预报因子序列。将非平稳序列按观测次数 n 分成 B 组,分别计算 $B=2,3,\cdots,\mathrm{int}(n/2)$ 时的各组组平均值;然后将各组组平均值按试验周期 B 排列成长度为 n 的序列,若取 $m=\mathrm{int}(n/2)-1$,则可得到 m 个长度为 n 的序列,这 m 个序列就构成了 m 个预报因子。

(4)在数据编辑窗口进行非平稳序列逐步回归周期分析,计算预报对象的估计值及相对拟合误差,生成由预报对象与其估计值组成的历史拟合曲线。保存数据编辑窗口中的数据和结果输出窗口中的统计结果、相关信息等。

(5)对回归效果进行统计检验。

(6)若通过统计检验,可用逐步回归周期函数方程进行预报,也可进行概率区间预报。当预报对象 Y 服从正态分布时,对应于 p 个预报因子观测值的预报对象估计值 $\hat{y}_j$,落在区间 $[\hat{y}_j-S_y,\hat{y}_j+S_y]$ 内的可能性约为 68%,落在区间 $[\hat{y}_j-2S_y,\hat{y}_j+2S_y]$ 内的可能性约为 95%。可见,S_y 越小,用回归方程所估计的 $\hat{y}_j$ 值就越精确。

13.2　SPSS 应用实例

本次选用笔者编著的《常用中长期水文预报 Visual Basic 6.0 应用程序及实例》中列举的黄河流域唐乃亥水文站 1956 ~ 1999 年逐年 6 月下旬旬平均流量序列,用 SPSS 进行了非平稳序列逐步回归周期分析计算,并对 2000 年 6 月下旬旬平均流量进行了预报,两者结果完全一致。

13.2.1　构建分组变量

打开 SPSS 数据文件,唐乃亥水文站逐年 6 月下旬旬平均流量序列见图 13-1、图 13-2。

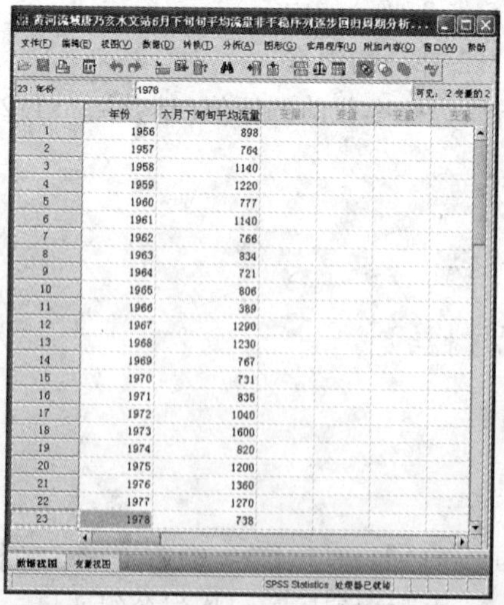

图 13-1　唐乃亥水文站逐年 6 月下旬旬平均流量序列(一)

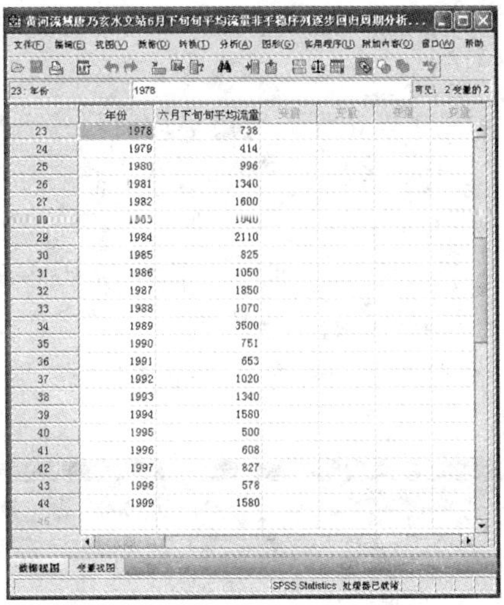

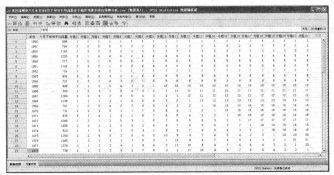

图 13-2　唐乃亥水文站逐年 6 月下旬旬平均流量序列（二）

由图 13-1、图 13-2 可见，其样本容量 $n=44$，由于 $B=2,3,\cdots,\mathrm{int}(n/2)$，所以可以生成分组组数 B 为 $2,3,\cdots,22$ 的 21 个分组变量。

在数据编辑窗口依序定义分组变量名为"分组 2"，"分组 3"，…，"分组 22"，按照 13.1.5 部分的方法给各变量输入值，并保存。构建的分组变量见图 13-3、图 13-4。

图 13-3　唐乃亥水文站 6 月下旬旬平均流量及分组变量序列（一）

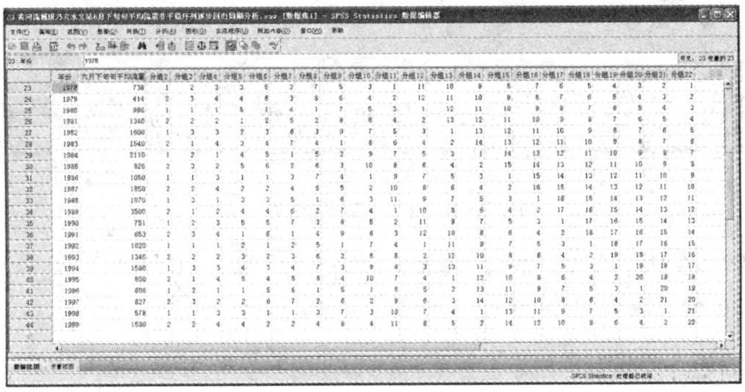

图 13-4　唐乃亥水文站 6 月下旬旬平均流量及分组变量序列（二）

13.2.2　构建预报因子序列

将唐乃亥水文站 1956～1999 年 6 月下旬旬平均流量序列按观测次数 n（取 44）分成 B 组，分别计算 $B=2,3,\cdots,22$ 时的各组组平均值；然后将各组组平均值按试验周期 B 排列成长度为 n 的序列，因 $m=\text{int}(n/2)-1=21$，所以可得到 21 个长度为 n 的序列，这 21 个序列构成了 21 个预报因子。可见，可分两步来构建预报因子序列。

13.2.2.1　计算对应不同分组组数 B 的各组均值

步骤 1：在图 13-3 中依次单击菜单"分析→比较均值→均值"，见图 13-5，弹出如图 13-6所示的均值对话框。

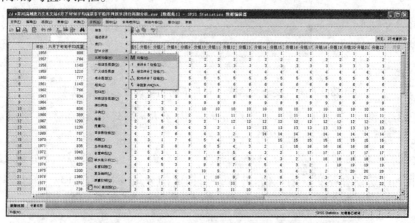

图 13-5　SPSS 均值模块

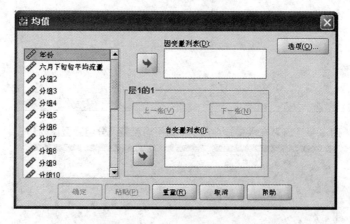

图 13-6　均值对话框（一）

步骤 2：在图 13-6 中，从左侧的列表框中选择"六月下旬旬平均流量"，移动到因变量列表框，选择"分组 2"，移动到自变量列表框，见图 13-7。

步骤 3：单击图 13-7 中的"确定"按钮，执行唐乃亥水文站 1956～1999 年 6 月下旬旬平均流量对应"分组 2"变量（即分为两组）的各组均值计算的操作，SPSS 输出结果见表 13-1，各组平均值依次为 998.77、1 186.14。

图 13-7　均值对话框

表 13-1　"分组 2"组均值计算报告(Report)

分组 2	均值(Mean)	N	标准差(Std. Deviation)
1	998. 77	22	394. 799
2	1 186. 14	22	642. 585
总计(Total)	1 092. 45	44	535. 498

　　重复上述操作步骤,将图 13-7 自变量列表框中的"分组 2"依次改为"分组 3","分组 4",…,"分组 22",再分别单击"确定"按钮,执行唐乃亥水文站 1956～1999 年 6 月下旬旬平均流量对应不同分组的各组均值计算的操作。SPSS 输出结果统计如下:

　　"分组 3"变量(即分为 3 组)的各组平均值依次为 1 135. 27、1 072. 53、1 067. 93。

　　"分组 4"变量(即分为 4 组)的各组平均值依次为 1 075. 45、1 289. 00、922. 09、1 083. 27。

　　"分组 5"变量(即分为 5 组)的各组平均值依次为 919. 22、1 158. 56、1 118. 89、1 412. 44、823. 25。

　　"分组 6"变量(即分为 6 组)的各组平均值依次为 919. 75、1 209. 38、1 171. 71、1 381. 57、916. 14、964. 14。

　　"分组 7"变量(即分为 7 组)的各组平均值依次为 1 010. 57、926. 14、965. 00、1 272. 50、966. 17、1 546. 33、1 001. 83。

　　"分组 8"变量(即分为 8 组)的各组平均值依次为 888. 83、1 472. 83、879. 67、1 247. 17、1 299. 40、1 068. 40、973. 00、886. 60。

　　"分组 9"变量(即分为 9 组)的各组平均值依次为 1 016. 80、1 160. 60、1 239. 00、1 054. 00、948. 00、836. 40、1 335. 00、1 109. 00、1 143. 50。

　　"分组 10"变量(即分为 10 组)的各组平均值依次为 861. 00、1 200. 20、951. 20、1 496. 20、813. 75、992. 00、1 106. 50、1 328. 50、1 307. 75、832. 75。

　　"分组 11"变量(即分为 11 组)的各组平均值依次为 1 606. 50、789. 75、889. 00、1 077. 75、1 138. 00、1 325. 00、1 244. 00、771. 75、949. 50、1 148. 50、1 077. 25。

　　"分组 12"变量（即分为 12 组）的各组平均值依次为 1 036.00、1 052.75、1 262.75、1 023.75、1 133.75、1 098.00、803.50、1 366.00、1 050.33、1 858.67、626.00、785.67。

　　"分组 13"变量（即分为 13 组）的各组平均值依次为 941.25、910.75、1 228.00、915.75、1 251.75、1 270.00、1 012.00、1 898.00、914.00、732.33、607.67、1 208.67、1 383.33。

　　"分组 14"变量（即分为 14 组）的各组平均值依次为 1 079.25、1 001.00、1 076.67、1 556.67、889.00、1 946.67、959.00、919.00、826.33、853.33、988.33、1 043.33、1 146.00、1 044.67。

　　"分组 15"变量（即分为 15 组）的各组平均值依次为 927.67、1 218.00、1 270.00、1 846.67、909.33、1 051.00、1 018.67、970.67、905.00、767.33、779.00、1 239.00、1 116.00、1 485.67、778.00。

　　"分组 16"变量（即分为 16 组）的各组平均值依次为 1 002.67、1 954.67、903.67、1 024.33、1 052.33、1 250.00、1 028.00、582.67、775.00、991.00、855.67、1 470.00、1 670.00、796.00、890.50、1 342.50。

　　"分组 17"变量（即分为 17 组）的各组平均值依次为 1 083.00、745.67、1 120.00、1 306.67、1 209.00、792.67、596.00、885.67、879.67、1 328.67、964.50、1 700.00、1 027.50、908.50、1 290.50、952.50、2 270.00。

　　"分组 18"变量（即分为 18 组）的各组平均值依次为 912.67、1 101.33、1 360.00、996.67、707.67、793.67、780.00、1 251.33、1 160.50、1 173.00、1 249.50、1 057.50、1 140.00、1 308.50、900.50、2 167.50、895.50、1 126.50。

　　"分组 19"变量（即分为 19 组）的各组平均值依次为 1 226.00、874.67、1 006.00、928.33、589.67、1 238.67、1 053.00、1 217.00、1 130.50、1 458.00、607.00、1 170.00、1 540.00、918.50、2 115.50、793.00、846.50、1 310.00、1 080.00。

　　"分组 20"变量（即分为 20 组）的各组平均值依次为 955.33、953.67、818.67、1 071.33、886.50、1 240.00、1 183.00、1 187.00、1 415.50、815.50、719.50、1 570.00、1 150.00、2 133.50、741.00、744.00、1 030.00、1 470.00、1 200.00、850.00。

　　"分组 21"变量（即分为 21 组）的各组平均值依次为 915.33、1 027.33、777.00、1 108.00、1 058.50、1 370.00、1 153.00、1 472.00、773.00、928.00、1 119.50、1 180.00、2 365.00、759.00、692.00、927.50、1 190.00、1 590.00、660.00、904.00、1 093.50。

　　"分组 22"变量（即分为 22 组）的各组平均值依次为 818.00、589.00、1 068.00、1 280.00、1 188.50、1 340.00、1 438.00、829.50、885.50、1 328.00、729.50、2 395.00、990.50、710.00、875.50、1 087.50、1 310.00、1 050.00、714.00、1 013.50、969.00、1 425.00。

13.2.2.2　将各组组平均值按分组组数 B（即试验周期）排列成长度为 n 的序列

　　以上给出了试验周期 $B = 2,3,\cdots,22$ 时的各组组平均值；可将各组组平均值按分组组数 B（即试验周期）排列成长度 n 为 44 的序列，因 $m = \text{int}(n/2) - 1 = 21$，所以可得到 21 个长度为 n 的序列，这 21 个序列构成了 21 个预报因子，结果见图 13-8 中的"因子 2"，因子 3"，…，"因子 22"（注：因子 2 即试验周期为 2，余类推；图 13-8 显示了部分内容，详细结果请参见图 13-11 ~ 图 13-14)。

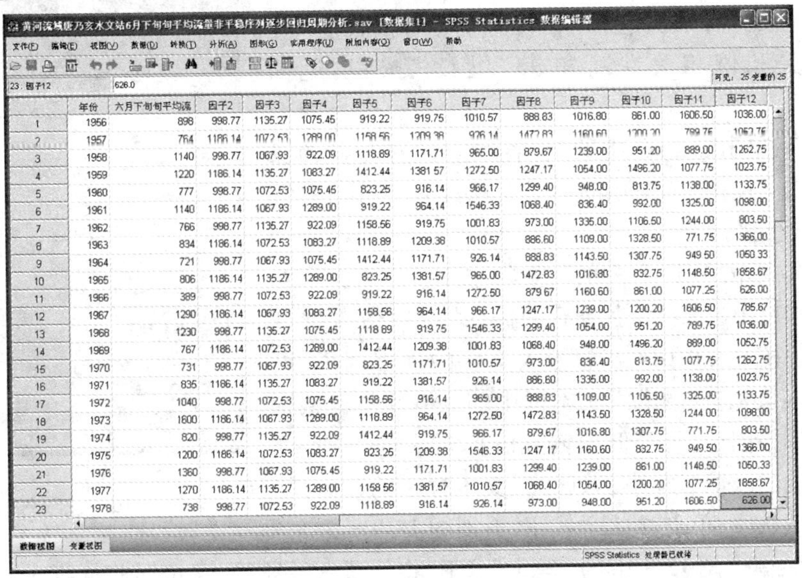

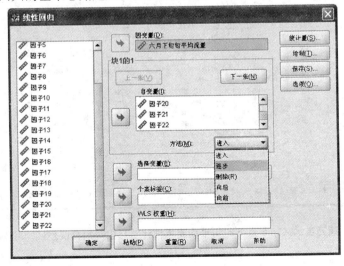

图 13-8 唐乃亥水文站 6 月下旬旬平均流量及相关预报因子变量序列

13.2.3 非平稳序列逐步回归周期分析

非平稳序列逐步回归周期分析操作步骤如下:

步骤 1:在图 13-8 中依次单击菜单"分析→回归→线性",从弹出的线性回归对话框左侧的列表框中选择"六月下旬旬平均流量",移动到因变量列表框,选择"因子 2","因子 3",…,"因子 22"等 21 个变量,移动到自变量列表框,在"方法"下拉列表框中选择"逐步",即按逐步回归的基本思路建立回归模型,见图 13-9。

图 13-9 线性回归对话框

步骤 2：单击图 13-9 中的"统计量"按钮，在打开的统计量对话框中，依次选择"估计"、"模型拟合度"和"部分相关和偏相关性"，单击"继续"按钮，返回图 13-9。

步骤 3：单击图 13-9 中的"保存"按钮，在打开的保存对话框预测值选项组中选择"未标准化"，单击"继续"按钮，返回图 13-9。

步骤 4：单击图 13-9 中的"选项"按钮，打开选项对话框，见图 13-10，选择"使用 F 的概率"选项钮，在"进入"文本框中输入 0.01（若想引入更多的预报因子，可增大该输入值），在"删除"文本框中输入 0.02（若想剔除更多的预报因子，可降低该输入值）；要注意，"进入"文本框中的输入值必须小于"删除"文本框中的数值；其他选项取默认值；单击"继续"按钮，返回图 13-9。

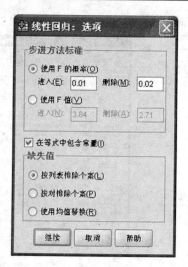

图 13-10　选项对话框

步骤 5：单击图 13-9 中的"确定"按钮，执行非平稳序列逐步回归周期分析的操作，SPSS 会自动以变量名"PRE_1"将唐乃亥水文站 1956～1999 年 6 月下旬旬平均流量非标准化估计值显示在数据编辑窗口，结果见图 13-13、图 13-14。

	年份	六月下旬平均流	因子2	因子3	因子4	因子5	因子6	因子7	因子8	因子9	因子10	因子11	因子12
23	1978	738	998.77	1072.53	922.09	1118.89	916.14	926.14	973.00	948.00	951.20	1606.50	626.00
24	1979	414	1186.14	1067.93	1083.27	1412.44	964.14	965.00	886.60	836.40	1496.20	789.75	785.67
25	1980	996	998.77	1135.27	1075.45	823.25	919.75	1272.50	888.83	1335.00	813.75	889.00	1036.00
26	1981	1340	1186.14	1072.53	1289.00	919.22	1209.38	966.17	1472.83	1109.00	992.00	1077.75	1052.75
27	1982	1600	998.77	1067.93	922.09	1158.56	1171.71	1546.33	879.67	1143.50	1106.50	1138.00	1262.75
28	1983	1540	1186.14	1135.27	1083.27	1118.89	1381.57	1001.83	1247.17	1016.80	1328.50	1325.00	1023.75
29	1984	2110	998.77	1072.53	1075.45	1412.44	916.14	1010.57	1299.40	1160.60	1307.75	1244.00	1133.75
30	1985	825	1186.14	1067.93	1289.00	823.25	964.14	926.14	1068.40	1239.00	832.75	771.75	1098.00
31	1986	1050	998.77	1135.27	922.09	919.22	919.75	965.00	973.00	1054.00	861.00	949.50	803.50
32	1987	1850	1186.14	1072.53	1083.27	1158.56	1209.38	1272.50	886.60	948.00	1200.20	1148.50	1366.00
33	1988	1070	998.77	1067.93	1075.45	1118.89	1171.71	966.17	888.83	836.40	951.20	1077.25	1050.33
34	1989	3500	1186.14	1135.27	1289.00	1412.44	1381.57	1546.33	1472.83	1335.00	1496.20	1606.50	1858.67
35	1990	751	998.77	1072.53	922.09	823.25	916.14	1001.83	879.67	1109.00	813.75	889.00	626.00
36	1991	653	1186.14	1067.93	1083.27	919.22	964.14	1010.57	1247.17	1143.50	992.00	889.00	785.67
37	1992	1020	998.77	1135.27	1075.45	1158.56	919.75	926.14	1299.40	1016.80	1106.50	1077.75	1036.00
38	1993	1340	1186.14	1072.53	1289.00	1118.89	1209.38	965.00	1068.40	1160.60	1328.50	1138.00	1052.75
39	1994	1580	998.77	1067.93	922.09	1412.44	1171.71	1272.50	973.00	1239.00	1307.75	1325.00	1262.75
40	1995	500	1186.14	1135.27	1083.27	823.25	1381.57	966.17	886.60	1054.00	832.75	1244.00	1023.75
41	1996	608	998.77	1072.53	1075.45	919.22	916.14	1546.33	888.83	948.00	861.00	771.75	1133.75
42	1997	827	1186.14	1067.93	1289.00	1158.56	964.14	1001.83	1472.83	836.40	1200.20	949.50	1098.00
43	1998	578	998.77	1135.27	922.09	1118.89	919.75	1010.57	879.67	1335.00	951.20	1148.50	803.50
44	1999	1580	1186.14	1072.53	1083.27	1412.44	1209.38	916.14	1247.17	1109.00	1496.20	1077.25	1366.00

图 13-11　唐乃亥水文站 6 月下旬旬平均流量估计值与相对拟合误差（%）序列（左上）

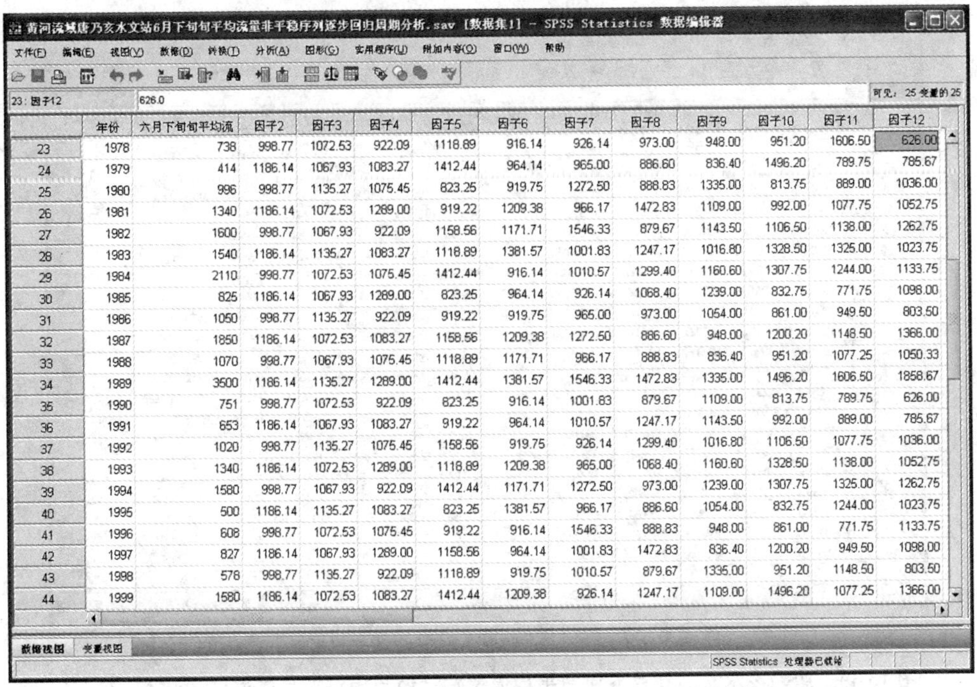

黄河流域唐乃亥水文站6月下旬旬平均流量非平稳序列逐步回归周期分析.sav [数据集1] – SPSS Statistics 数据编辑器

文件(F)　编辑(E)　视图(V)　数据(D)　转换(T)　分析(A)　图形(G)　实用程序(U)　附加内容(O)　窗口(W)　帮助

23：因子12　　626.0　　　　　　　　　　　　　　　　　　　　　可见：25 变量的 25

	年份	六月下旬旬平均流	因子2	因子3	因子4	因子5	因子6	因子7	因子8	因子9	因子10	因子11	因子12
23	1978	738	998.77	1072.53	922.09	1118.89	916.14	926.14	973.00	948.00	951.20	1606.50	626.00
24	1979	414	1186.14	1067.93	1083.27	1412.44	964.14	965.00	886.60	836.40	1496.20	789.75	785.67
25	1980	996	998.77	1135.27	1075.45	823.25	919.75	1272.50	888.83	1335.00	813.75	869.00	1036.00
26	1981	1340	1186.14	1072.53	1289.00	919.22	1209.38	966.17	1472.83	1109.00	992.00	1077.75	1052.75
27	1982	1600	998.77	1067.93	922.09	1158.56	1171.71	1546.33	879.67	1143.50	1106.50	1138.00	1262.75
28	1983	1540	1186.14	1135.27	1083.27	1118.89	1381.57	1001.83	1247.17	1016.80	1328.50	1325.00	1023.75
29	1984	2110	998.77	1072.53	1075.45	1412.44	916.14	1010.57	1299.40	1160.60	1307.75	1244.00	1133.75
30	1985	825	1186.14	1067.93	1289.00	823.25	964.14	926.14	1068.40	1239.00	832.75	771.75	1098.00
31	1986	1050	998.77	1135.27	922.09	919.22	919.75	965.00	973.00	1054.00	861.00	949.50	803.50
32	1987	1850	1186.14	1072.53	1083.27	1158.56	1209.38	1272.50	888.83	948.00	1200.20	1148.50	1366.00
33	1988	1070	998.77	1135.27	1075.45	1118.89	1171.71	966.17	888.83	836.40	951.20	1077.25	1050.33
34	1989	3500	1186.14	1135.27	1289.00	1412.44	1381.57	1546.33	1472.83	1335.00	1496.20	1606.50	1858.67
35	1990	751	998.77	1072.53	922.09	823.25	916.14	1001.83	879.67	1109.00	813.75	789.75	626.00
36	1991	653	1186.14	1067.93	1083.27	919.22	964.14	1010.57	1247.17	1143.50	992.00	869.00	785.67
37	1992	1020	998.77	1075.45	1075.45	1158.56	919.75	1299.40	1016.80	1106.50	1077.75	1036.00	
38	1993	1340	1186.14	1072.53	1289.00	1118.89	1209.38	965.00	1068.40	1160.60	1328.50	1138.00	1052.75
39	1994	1580	998.77	1067.93	922.09	1412.44	1171.71	1272.50	973.00	1239.00	1307.75	1325.00	1262.75
40	1995	500	1186.14	1135.27	1083.27	823.25	1381.57	966.17	886.60	1054.00	832.75	1244.00	1023.75
41	1996	608	998.77	1072.53	1075.45	919.22	916.14	1546.33	888.83	948.00	861.00	771.75	1133.75
42	1997	827	1186.14	1067.93	1289.00	1158.56	964.14	1001.83	1472.83	836.40	1200.20	949.50	1098.00
43	1998	578	998.77	1135.27	922.09	1118.89	919.75	1010.57	879.67	1335.00	951.20	1148.50	803.50
44	1999	1580	1186.14	1072.53	1083.27	1412.44	1209.38	926.14	1247.17	1109.00	1496.20	1077.25	1366.00

数据视图　变量视图　　　　　　　　　　　　　　　　　　　SPSS Statistics 处理器已就绪

图 13-12　唐乃亥水文站 6 月下旬旬平均流量估计值与相对拟合误差（％）序列（左下）

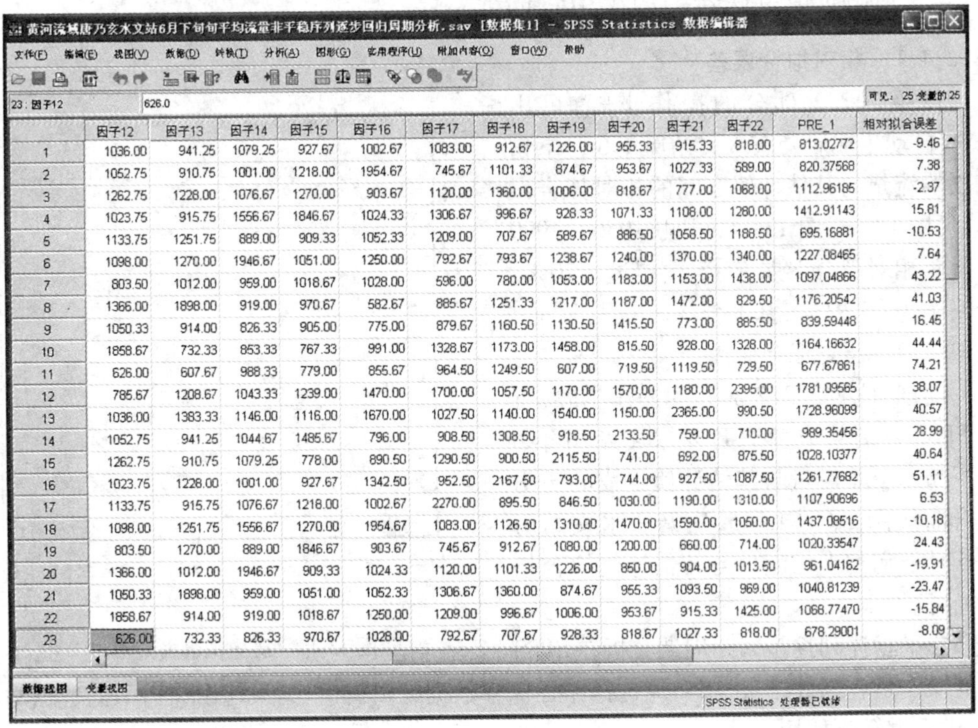

黄河流域唐乃亥水文站6月下旬旬平均流量非平稳序列逐步回归周期分析.sav [数据集1] – SPSS Statistics 数据编辑器

文件(F)　编辑(E)　视图(V)　数据(D)　转换(T)　分析(A)　图形(G)　实用程序(U)　附加内容(O)　窗口(W)　帮助

23：因子12　　626.0　　　　　　　　　　　　　　　　　　　　　可见：25 变量的 25

	因子12	因子13	因子14	因子15	因子16	因子17	因子18	因子19	因子20	因子21	因子22	PRE_1	相对拟合误差
1	1036.00	941.25	1079.25	927.67	1002.67	1083.00	912.67	1226.00	955.33	915.33	818.00	813.02772	-9.46
2	1052.75	910.75	1001.00	1218.00	1954.67	745.67	1101.33	874.67	953.67	1027.33	589.00	820.37568	7.38
3	1262.75	1228.00	1076.67	1270.00	903.67	1120.00	1360.00	1006.00	818.67	777.00	1068.00	1112.96185	-2.37
4	1023.75	915.75	1556.67	1846.67	1024.33	1306.67	996.67	926.33	1071.33	1108.00	1280.00	1412.91143	15.81
5	1133.75	1251.75	889.00	909.33	1052.33	1209.00	707.67	589.67	886.50	1058.50	1188.50	695.16881	-10.53
6	1098.00	1270.00	1946.67	1051.00	1250.00	792.67	793.67	1238.67	1240.00	1370.00	1340.00	1227.08465	7.64
7	803.50	1012.00	959.00	1018.67	1028.00	596.00	780.00	1053.00	1183.00	1153.00	1438.00	1097.04866	43.22
8	1366.00	1898.00	919.00	970.67	582.67	885.67	1251.33	1217.00	1187.00	1472.00	829.50	1176.20542	41.03
9	1050.33	914.00	826.33	905.00	775.00	879.67	1160.50	1130.50	1415.50	773.00	885.50	839.59448	16.45
10	1858.67	732.33	853.33	767.33	991.00	1328.67	1173.00	1458.00	815.50	928.00	1328.00	1164.16632	44.44
11	626.00	607.67	988.33	779.00	855.67	964.50	1249.50	607.00	719.50	1119.50	729.50	677.67861	74.21
12	785.67	1208.67	1043.33	1239.00	1470.00	1700.00	1057.50	1170.00	1570.00	2395.00	1239.00	1781.09565	38.07
13	1036.00	1383.33	1146.00	1116.00	1670.00	1027.50	1140.00	1540.00	1310.00	2365.00	990.50	1728.96099	40.57
14	1052.75	941.25	1044.67	1485.67	796.00	908.50	1308.50	918.50	2133.50	759.00	710.00	989.35456	28.99
15	1262.75	910.75	1079.25	778.00	890.50	1290.50	900.50	2115.50	741.00	692.00	875.50	1028.10377	40.64
16	1023.75	1228.00	1001.00	927.67	1342.50	952.50	2167.50	793.00	744.00	927.50	1087.50	1261.77682	51.11
17	1133.75	915.75	1076.67	1218.00	1002.67	2270.00	895.50	846.50	1030.00	1190.00	1310.00	1107.90696	6.53
18	1098.00	1251.75	1556.67	1270.00	1954.67	1083.00	1126.50	1310.00	1470.00	1590.00	1050.00	1437.08516	-10.18
19	803.50	1270.00	889.00	1846.67	903.67	745.67	912.67	1080.00	1200.00	660.00	714.00	1020.33547	24.43
20	1366.00	1012.00	1946.67	909.33	1024.33	1120.00	1101.33	1226.00	850.00	904.00	1013.50	961.04162	-19.91
21	1050.33	1898.00	959.00	1051.00	1052.33	1306.67	874.67	955.33	953.67	1093.50	969.00	1040.81239	-23.47
22	1858.67	914.00	919.00	1018.67	1250.00	1209.00	996.67	1006.00	953.67	915.33	1425.00	1068.77470	-15.84
23	626.00	732.33	826.33	970.67	1028.00	792.67	707.67	928.33	818.67	1027.33	818.00	678.29001	-8.09

数据视图　变量视图　　　　　　　　　　　　　　　　　　　SPSS Statistics 处理器已就绪

图 13-13　唐乃亥水文站 6 月下旬旬平均流量估计值与相对拟合误差（％）序列（右上）

黄河流域唐乃亥水文站6月下旬旬平均流量非平稳序列逐步回归周期分析.sav [数据集1] – SPSS Statistics 数据编辑器

23 : 因子12　　826.0　　　　　　　　　　　　　　　　　　　可见: 25 变量的 25

	因子12	因子13	因子14	因子15	因子16	因子17	因子18	因子19	因子20	因子21	因子22	PRE_1	相对拟合误差
23	826.00	732.33	826.33	970.67	1028.00	792.67	707.67	928.33	818.67	1027.33	818.00	678.29001	-8.09
24	785.67	607.67	853.33	905.00	582.67	596.00	793.67	589.67	1071.33	777.00	589.00	356.60155	-13.86
25	1036.00	1208.67	988.33	767.33	775.00	885.67	780.00	1238.67	886.50	1108.00	1068.00	877.81306	-11.87
26	1052.75	1383.33	1043.33	779.00	991.00	879.67	1253.00	1240.00	1058.50	1280.00		1071.11715	-20.07
27	1262.75	941.25	1146.00	1239.00	855.67	1328.67	1160.50	1217.00	1183.00	1370.00	1188.50	1379.01223	-13.81
28	1023.75	910.75	1044.67	1116.00	1470.00	964.50	1173.00	1130.50	1187.00	1153.00	1340.00	1281.24360	-16.80
29	1133.75	1228.00	1079.25	1485.67	1670.00	1700.00	1249.50	1458.00	1415.50	1472.00	1438.00	1764.76976	-16.36
30	1098.00	915.75	1001.00	778.00	796.00	1027.50	1007.50	607.00	815.50	773.00	820.67	515.48918	-37.52
31	803.50	1251.75	1076.67	927.67	890.50	908.50	1140.00	1170.00	719.50	928.00	885.50	915.20006	-12.84
32	1366.00	1270.00	1556.67	1218.00	1342.50	1290.50	1308.50	1540.00	1570.00	1119.50	1328.00	1520.29629	-17.82
33	1050.33	1012.60	899.00	1002.67	952.50	900.50	918.50	1180.00	729.50			900.86619	-15.81
34	1858.67	1898.00	1946.67	1846.67	1954.67	2270.00	2167.50	2115.50	2133.50	2365.00	2395.00	3298.00313	-5.77
35	626.00	914.00	959.00	909.33	903.67	1083.00	895.50	793.00	741.00	759.00	990.50	647.66685	-13.76
36	785.67	732.33	919.00	1051.00	1024.33	745.67	1126.50	846.50	744.00	692.00	710.00	672.75776	3.03
37	1036.00	607.67	826.33	1018.67	1052.33	1120.00	912.67	1310.00	1030.00	927.50	875.50	915.71328	-10.22
38	1052.75	1208.67	853.33	970.67	1250.00	1306.67	1101.33	1080.00	1470.00	1190.00	1087.50	1071.86151	-20.01
39	1262.75	1383.33	988.33	905.00	1028.00	1209.00	1360.00	1226.00	1200.00	1590.00	1310.00	1449.79109	-8.24
40	1023.75	941.25	1043.33	767.33	582.67	792.67	996.67	874.67	660.00	1050.00		645.33544	29.07
41	1133.75	910.75	1146.00	779.00	775.00	596.00	707.67	1006.00	955.33	904.00	714.00	531.43009	-12.59
42	1098.00	1228.00	1044.67	1239.00	991.00	885.67	793.67	928.33	953.67	1093.50	1013.50	941.74425	13.87
43	803.50	915.75	1079.25	1116.00	855.67	879.67	780.00	589.67	818.67	915.33	969.00	664.13354	14.90
44	1366.00	1251.75	1001.00	1485.67	1470.00	1328.67	1251.33	1238.67	1071.33	1027.33	1425.00	1507.39226	-4.60

数据视图　变量视图　　　　　　　　　　　　　　　　　　　SPSS Statistics 处理器已就绪

图 13-14　唐乃亥水文站 6 月下旬旬平均流量估计值与相对拟合误差(%)序列(右下)

13.2.4　相对拟合误差与历史拟合曲线

13.2.4.1　相对拟合误差

按照 3.2.2 部分的操作步骤,可由 SPSS 自动生成唐乃亥水文站历年 6 月下旬旬平均流量与其估计值之间的相对拟合误差,见图 13-13、图 13-14,可见,1956 ~ 1999 年逐年相对拟合误差有 15 次超过 ±20%,合格率为 65.91%,基本合格。

13.2.4.2　历史拟合曲线

同理,按照 3.2.2 部分的操作步骤,可由 SPSS 自动生成由唐乃亥水文站历年 6 月下旬旬平均流量与其估计值组成的历史拟合曲线图,见图 13-15,唐乃亥水文站历年 6 月下旬旬平均流量与其估计值拟合趋势尚可。

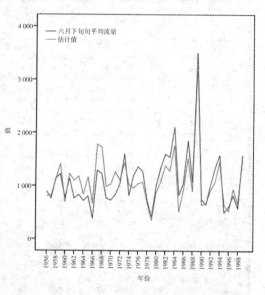

图 13-15　历史拟合曲线图

非平稳序列逐步回归周期分析在 SPSS 上的操作过程到此结束,用户应选择路径保存数据编辑窗口、结果输出窗口中的数据与结果,供后继分析使用。

13.2.5　统计检验与预报

对 SPSS 结果输出窗口中的统计表格数据分析如下：

表 13-2 显示了非平稳序列逐步回归周期分析中引入或删除预报因子的过程和方法，由此可见，第一步先引入了"因子 22"（试验周期长度为 22，下同），第二步引入了"因子 21"，没有因子被剔除，第三步引入了"因子 18"，没有因子被剔除，第四步引入了"因子 15"，没有因子被剔除，第五步引入了"因子 19"，之后既不能引入也不能剔除因子，回归结束，所以第五步模型为最终的非平稳序列逐步回归周期分析模型。

表 13-2　输入/移去的变量[a]（Variables Entered/Removed[a]）

模型 （Model）	输入的变量 （Variables Entered）	移去的变量 （Variables Removed）	方法 （Method）
1	因子 22	·	步进（准则：F-to-enter 的概率 < = 0.010，F-to-remove 的概率 >=0.020）。
2	因子 21	·	步进（准则：F-to-enter 的概率 < = 0.010，F-to-remove 的概率 >=0.020）。
3	因子 18	·	步进（准则：F-to-enter 的概率 < = 0.010，F-to-remove 的概率 >=0.020）。
4	因子 15	·	步进（准则：F-to-enter 的概率 < = 0.010，F-to-remove 的概率 >=0.020）。
5	因子 19	·	步进（准则：F-to-enter 的概率 < = 0.010，F-to-remove 的概率 >=0.020）。

注：a. 因变量为六月下旬旬平均流量。

13.2.5.1　回归方程的拟合优度检验

表 13-3 是各步模型汇总情况，可见，逐步回归周期分析模型（第五步）的复相关系数 $R = 0.898$，决定性系数 $R^2 = 0.807$，剩余标准差 $S_y = 250.241$。说明样本回归方程代表性很好。

表 13-3　各步模型汇总^f(Model Summary^f)

模型 (Model)	R	R^2 (R Square)	调整 R^2 (Adjusted R Square)	估计的标准误差 (Std. Error of the Estimate)
1	0.707^a	0.499	0.487	383.395
2	0.808^b	0.653	0.636	323.008
3	0.847^c	0.718	0.696	295.090
4	0.875^d	0.766	0.741	272.289
5	0.898^e	0.807	0.782	250.241

注:各步引入或剔除因子过程同表 13-2。

13.2.5.2　回归方程的显著性检验(F 检验)

表 13-4 是第五步模型方差分析表,可见,逐步回归周期分析模型(第五步)的回归平方和 $U = 9\,951\,002.784$,残差平方和 $Q = 2\,379\,574.125$,离差平方和 $S_{yy} = 1.233 \times 10^7$。统计量 $F = 31.782$ 时,相伴概率值为 $\rho = 0.000 < 0.001$,说明回归方程预报因子 $X_{k(t)}$ 与预报对象 Y 之间有线性回归关系。

表 13-4　第五步模型方差分析^f(Anova^f)

模型(Model)		平方和(Sum of Squares)	df	均方(Mean Square)	F	Sig.
5	回归(Regression)	9 951 002.784	5	1 990 200.557	31.782	0.000^e
	残差(Residual)	2 379 574.125	38	62 620.372		
	总计(Total)	1.233E7	43			

注:各步引入或剔除因子过程同表 13-2。

13.2.5.3　回归系数的显著性检验(t 检验)

表 13-5 是第五步模型回归系数,可见,逐步回归周期分析模型(第五步)的常数项系数 $b_0 = -1\,135.734$,回归系数 $b_1 = 0.441$,$b_2 = 0.376$,$b_3 = 0.393$,$b_4 = 0.442$,$b_5 = 0.387$。经 t 检验,各回归系数的相伴概率值 ρ 都小于剔除因子标准值 0.02,故不能从回归方程中剔除,说明回归系数都有统计学意义。逐步回归周期分析方程为:

$$\hat{y}_i = -1\,135.734 + 0.441x_{i1} + 0.376x_{i2} + 0.393x_{i3} + 0.442x_{i4} + 0.387x_{i5}$$

表 13-5 　 回归系数^a（ Coefficients^a）

模型（Model）		非标准化系数 （Unstandardized Coefficients）		标准系数 （Standardized Coefficients）	t	Sig.	相关性 （Correlations）		
		B	标准误差 （Std. Error）	Beta			零阶 （Zero-order）	偏 （Partial）	部分 （Part）
5	常量	− 1 135. 734	194. 656		− 5. 835	0. 000			
	因子 22	0. 441	0. 124	0. 312	3. 552	0. 001	0. 707	0. 499	0. 253
	因子 21	0. 376	0. 130	0. 259	2. 889	0. 006	0. 688	0. 424	0. 206
	因子 18	0. 393	0. 139	0. 225	2. 823	0. 008	0. 574	0. 416	0. 201
	因子 15	0. 442	0. 145	0. 237	3. 051	0. 004	0. 536	0. 444	0. 217
	因子 19	0. 387	0. 136	0. 243	2. 859	0. 007	0. 628	0. 421	0. 204

注：a. 因变量为 6 月下旬旬平均流量。

表 13-6 是第五步逐步回归周期分析模型外各因子的有关统计量，可见，相伴概率值 p 都大于引入因子标准值 0. 01，故不能引入回归方程。

表 13-6 　 已排除的变量^f（ Excluded Variables^f）

模型 （Model）		Beta In	t	Sig.	偏相关 （Partial Correlation）	共线性统计量（Collinearity Statistics） 容差（Tolerance）
5	因子 2	− 0. 009^e	− 0. 113	0. 911	− 0. 019	0. 836
	因子 3	− 0. 105^e	− 1. 466	0. 151	− 0. 234	0. 960
	因子 4	0. 069^e	0. 941	0. 353	0. 153	0. 945
	因子 5	− 0. 006^e	− 0. 060	0. 953	− 0. 010	0. 478
	因子 6	0. 022^e	0. 235	0. 816	0. 039	0. 600
	因子 7	0. 054^e	0. 596	0. 555	0. 098	0. 632
	因子 8	0. 053^e	0. 673	0. 505	0. 110	0. 824
	因子 9	0. 007^e	0. 074	0. 941	0. 012	0. 635
	因子 10	0. 018^e	0. 181	0. 857	0. 030	0. 543
	因子 11	0. 053^e	0. 568	0. 574	0. 093	0. 594
	因子 12	0. 122^e	1. 379	0. 176	0. 221	0. 631
	因子 13	0. 075^e	0. 809	0. 424	0. 132	0. 591
	因子 14	0. 098^e	1. 170	0. 250	0. 189	0. 712
	因子 16	0. 094^e	0. 956	0. 346	0. 155	0. 523
	因子 17	0. 144^e	1. 405	0. 168	0. 225	0. 472
	因子 20	0. 068^e	0. 699	0. 489	0. 114	0. 537

注：各步引入或剔除因子过程同表 13-2。

13.2.5.4　预报

单值预报:由表 13-2 可见,逐步回归周期分析模型共引入了 5 个因子,分别是"因子 22"、"因子 21"、"因子 18"、"因子 15"和"因子 19",对应的试验周期长度分别为 22、21、18、15 和 19,将 5 个因子对应的组均值从 1956 年排列外延至 2000 年,得到 2000 年的均值分别是 818.00、777.00、1 160.5、778.00 和 1 053.00,代入逐步回归周期分析方程,计算得唐乃亥水文站 2000 年 6 月下旬旬平均流量预报值为 725 m^3/s ,实际情况是 723 m^3/s ,相差 0.30%。

概率区间预报:表 13-3 显示剩余标准差 $S_y = 250.241$,所以 2001 年 6 月下旬旬平均流量预报值在区间[475,975]内的可能性约为 68%,在区间[225,1 225]内的可能性约为 95%(计算式请参阅 13.1.5 部分)。

第 14 章　枯季退水曲线分析

14.1　基本思路与分析计算过程

14.1.1　基本思路

枯季一般降雨稀少,河川径流主要由流域河网蓄水补给,或由流域地下水补给,或两者混合补给,控制断面的流量过程一般呈较稳定的退水规律,可用退水公式表示为:

$$Q_t = Q_0 e^{-t/K_t}$$

式中:t 为退水时段,退水开始取 0,退水开始后顺次取 1、2、3、…;Q_t 为退水开始后时段 t 的流量,m^3/s;Q_0 为开始消退流量,即退水开始时流量,m^3/s;K_t 为退水开始后时段 t 的退水曲线系数,其倒数称为退水系数。

可见,只要知道 Q_0 和 K_t 值,便可由退水公式计算出退水期任意时段 t 的出流量 Q_t。对于历年实测退水过程,可根据各年的实测 Q_t 和 Q_0,由退水公式反推计算出相应时段的 K_t 值。但是,当用实测 Q_0 值来预报未知的 Q_t 时,K_t 应取何值呢? 可分以下三种情形来讨论:

(1)对于同一或不同水源的枯季退水过程,当实测开始消退流量多年变幅不大(即消退率较稳定)时,将用于预报的开始消退流量与历年同期实测值相比较,取两者之差绝对值最小的年份所对应的 K_t 值,来预报 Q_t 值,称之为历年开始消退值相近法。

(2)对于同一或不同水源的枯季退水过程,当实测开始消退流量多年变幅比较大(即消退率极不稳定)时,将历年同期开始消退流量根据其多年变幅均分为三组:如果用 Q_{max}、Q_{min} 表示历年同期开始消退流量的最大值、最小值,则开始消退流量小于或等于(Q_{min} + (Q_{max} − Q_{min})/3)的退水过程属于第一组,位于(Q_{min} + (Q_{max} − Q_{min})/3)与(Q_{min} + (Q_{max} − Q_{min}) ×2/3)之间的属于第二组,大于或等于(Q_{min} + (Q_{max} − Q_{min}) ×2/3)的属于第三组;接着计算各组不同退水时段 t 的组平均值 K_t;最后判断用于预报的开始消退流量的组别,并取该组相应的组平均 K_t 值来预报 Q_t 值,称之为历年开始消退值多年变幅分组法。该法缺点:各组样本数据容量不一定相同,所以不能保证各组样本代表性的相对一致。

(3)对于同一或不同水源的枯季退水过程,当实测开始消退流量多年变幅比较大(即消退率极不稳定)时,将历年同期开始消退流量排序,再用 2 个点将全部样本数据分为容量相同的三等份,与 2 个点相对应的开始消退流量值称为三分位数,分别记为 W_1(第一三分位数)、W_2(第二三分位数),且 $W_1 < W_2$。如果开始消退流量小于或等于 W_1,则其对应的退水过程属于第一组,位于 W_1 与 W_2 之间的属于第二组,大于或等于 W_2 的属于第三组;接着计算各组不同退水时段 t 的组平均值 K_t;最后判断用于预报的开始消退流量的组别,并取该组相应的组平均 K_t 值来预报 Q_t 值,称之为历年开始消退值三分位数分组法。该法优点:各组样本数据容量始终相同或接近,保证了各组样本代表性的相对一致。

14.1.2　分析计算过程

14.1.2.1　历年开始消退值相近法

（1）建立由历年逐时段枯季退水序列组成的 SPSS 数据文件并保存。

（2）打开 SPSS 数据文件，在数据编辑窗口构建历年逐时段枯季退水曲线系数 K_t。

（3）在数据编辑窗口构建由用于预报的开始消退流量与历年同期开始消退流量之差的绝对值组成的变量，用 ΔQ 表示；再通过对 ΔQ 序列排序来挑选 ΔQ 值最小年份所对应的 K_t 值。保存数据编辑窗口中的数据。

（4）根据选定的 K_t 值来预报不同时段 t 的退水流量 Q_t 值。

14.1.2.2　历年开始消退值多年变幅分组法

（1）建立由历年逐时段枯季退水序列组成的 SPSS 数据文件并保存。

（2）打开 SPSS 数据文件，在数据编辑窗口构建历年逐时段枯季退水曲线系数 K_t。

（3）在数据编辑窗口根据组别判断标准构建分组变量，再根据分组变量对历年逐时段枯季退水曲线系数进行分组，并计算各组不同退水时段 t 的组平均值 K_t。保存数据编辑窗口中的数据和结果输出窗口中的统计结果、相关信息等。

（4）判断用于预报的开始消退流量的组别，并选取该组相应的组平均值 K_t 来预报不同时段 t 的退水流量 Q_t 值。

14.1.2.3　历年开始消退值三分位数分组法

分析计算过程与历年开始消退值多年变幅分组法基本相同。

14.2　SPSS 应用实例

本次选用黄河流域大通河享堂水文站 1950～1999 年 11 月至次年 2 月月平均流量为逐年退水过程序列，用上述三种方法分别在 SPSS 上进行了枯季退水曲线分析计算，并对 2000 年 12 月至次年 2 月月平均流量进行了预报，结果令人满意。

14.2.1　历年开始消退值相近法

14.2.1.1　构建历年逐时段枯季退水曲线系数

打开 SPSS 数据文件，大通河享堂水文站 1950～1999 年 11 月至次年 2 月月平均流量序列见图 14-1、图 14-2。

可由 SPSS 自动生成大通河享堂水文站逐年 12 月至次年 2 月月平均流量退水曲线系数序列。其中，12 月月平均流量的退水曲线系数序列的生成过程如下：

步骤 1：在图 14-1 中依次单击菜单"转换→计算变量"，在弹出的计算变量对话框左上侧目标变量框中输入存放计算结果的变量名"Q11_12"，在"数字表达式"框内输入运算表达式"1/（LN（十一月月平均流量）－LN（十二月月平均流量））"，见图 14-3。

步骤 2：单击图 14-3 中的"确定"按钮，执行变量的计算操作，自动生成对应 12 月月平均流量的退水曲线系数序列，结果见图 14-4、图 14-5 中的"Q11_12"列。

重复上述操作步骤，将图 14-3 中"目标变量"名"Q11_12"依次改为"Q11_cn1"、"Q11

_cn2”,将运算表达式“1/(LN(十一月月平均流量)-LN(十二月月平均流量))”依次对应改为“2/(LN(十一月月平均流量)-LN(次年一月月平均流量))”、“3/(LN(十一月月平均流量)-LN(次年二月月平均流量))”,再分别单击“确定”按钮,执行变量的计算操作,自动生成对应次年 1 月月平均流量、次年 2 月月平均流量的退水曲线系数序列,见图 14-4、图 14-5 中的“Q11_cn1”、“Q11_cn2”列。

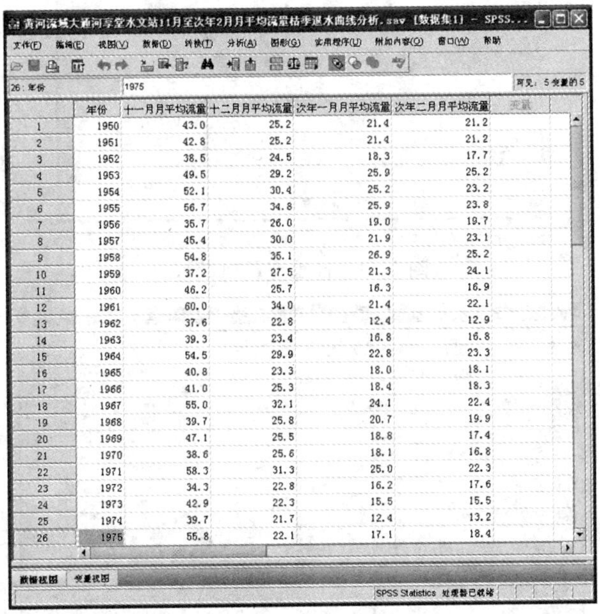

	年份	十一月月平均流量	十二月月平均流量	次年一月月平均流量	次年二月月平均流量
1	1950	43.0	25.2	21.4	21.2
2	1951	42.8	25.2	21.4	21.2
3	1952	38.5	24.5	18.3	17.7
4	1953	49.5	29.2	25.9	25.2
5	1954	52.1	30.4	25.2	23.2
6	1955	56.7	34.8	25.9	23.8
7	1956	35.7	26.0	19.0	19.7
8	1957	45.4	30.0	21.9	23.1
9	1958	54.8	35.1	26.9	25.2
10	1959	37.2	27.5	21.3	24.1
11	1960	46.2	25.7	16.3	16.9
12	1961	60.0	34.0	21.4	22.1
13	1962	37.6	22.8	12.4	12.9
14	1963	39.3	23.4	16.8	16.8
15	1964	54.5	29.9	22.8	23.3
16	1965	40.8	23.3	18.0	18.1
17	1966	41.0	25.3	18.4	18.3
18	1967	55.0	32.1	24.1	22.4
19	1968	39.7	25.8	20.7	19.9
20	1969	47.1	25.5	18.8	17.4
21	1970	38.6	25.6	18.1	16.8
22	1971	58.3	31.3	25.0	22.3
23	1972	34.3	22.8	16.2	17.6
24	1973	42.9	22.3	15.5	15.5
25	1974	39.7	21.7	12.4	13.2
26	1975	55.8	22.1	17.1	18.4

图 14-1　大通河享堂水文站逐年 11 月至次年 2 月月平均流量序列(一)

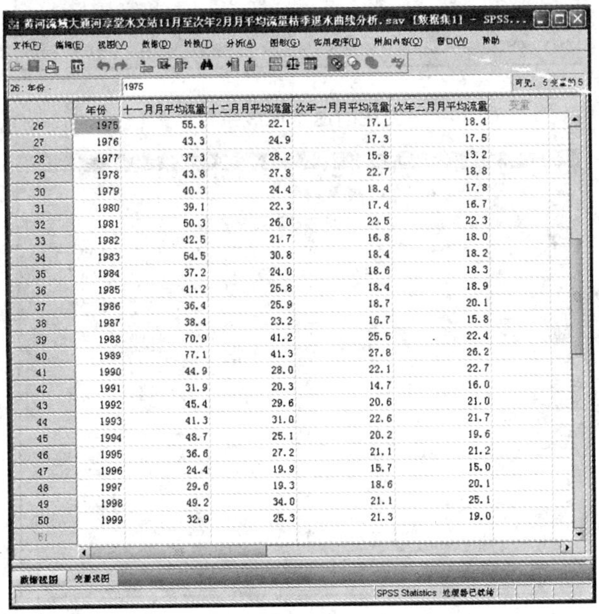

	年份	十一月月平均流量	十二月月平均流量	次年一月月平均流量	次年二月月平均流量
26	1975	55.8	22.1	17.1	18.4
27	1976	43.3	24.9	17.3	17.5
28	1977	37.3	28.2	15.8	13.2
29	1978	43.8	27.8	22.7	18.8
30	1979	40.3	24.4	18.4	17.8
31	1980	39.1	22.3	17.4	16.7
32	1981	50.3	26.0	22.5	22.3
33	1982	42.5	21.7	16.8	18.0
34	1983	54.5	30.8	18.4	18.2
35	1984	37.2	24.0	18.6	18.3
36	1985	41.2	25.8	18.4	18.9
37	1986	36.4	25.9	18.7	20.1
38	1987	38.4	23.2	16.7	15.8
39	1988	70.9	41.2	25.5	22.4
40	1989	77.1	41.3	27.8	26.2
41	1990	44.9	28.0	22.1	22.7
42	1991	31.9	20.3	14.7	16.0
43	1992	45.4	29.6	20.6	21.0
44	1993	41.3	31.0	22.6	21.7
45	1994	48.7	25.1	20.2	19.6
46	1995	36.6	27.2	21.1	21.2
47	1996	24.4	19.9	15.7	15.0
48	1997	29.6	19.3	18.6	20.1
49	1998	49.2	34.0	21.1	25.1
50	1999	32.9	25.3	21.3	19.0

图 14-2　大通河享堂水文站逐年 11 月至次年 2 月月平均流量序列(二)

图 14-3　计算变量对话框

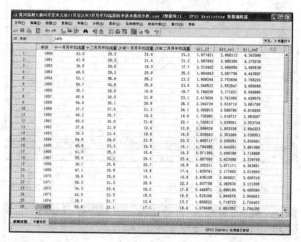

图 14-4　生成的退水曲线系数序列(一)

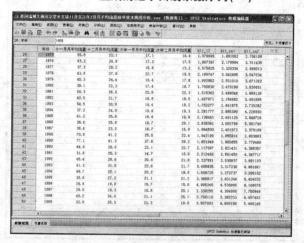

图 14-5　生成的退水曲线系数序列(二)

14.2.1.2　构建变量 ΔQ

构建由用于预报的开始消退流量与历年同期开始消退流量之差的绝对值组成的变量,用 ΔQ 表示。本次用于预报的开始消退流量是大通河享堂水文站 2000 年 11 月月平均流量,为 38.9 m^3/s。

可由 SPSS 自动生成 ΔQ 变量序列,生成过程如下:

步骤 1:在图 14-4 中依次单击菜单"转换→计算变量",在弹出的计算变量对话框左上侧"目标变量"框中输入存放计算结果的变量名"ΔQ",在数字表达式框内输入运算表达式"ABS(38.9 - 十一月月平均流量)",见图 14-6。

步骤 2:单击图 14-6 中的"确定"按钮,执行变量的计算操作,自动生成 ΔQ 序列,见图 14-7、图 14-8。

图 14-6　计算变量对话框

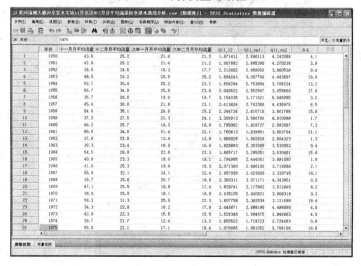

图 14-7　生成的 ΔQ 序列(一)

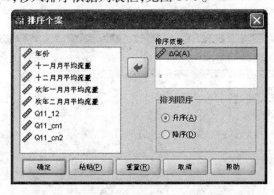

图 14-8　生成的 ΔQ 序列(二)

14.2.1.3　选定 ΔQ 值最小的年份所对应的 K_t 值

通过对 ΔQ 序列排序可确定最小的 ΔQ，该值对应的 K_t 值即为用来预报不同时段 Q_t 值的退水曲线系数。

可由 SPSS 对 ΔQ 自动排序(升序)，排序过程如下：

步骤 1：在图 14-7 中依次单击菜单"数据→排序个案"，从弹出的排序个案对话框左侧列表框中选择"ΔQ"，移入排序依据列表框，见图 14-9。

图 14-9　排序个案对话框

步骤 2：单击图 14-9 中的"确定"按钮，执行 ΔQ 序列的排序(升序)操作，结果见图 14-10。此时用户应保存数据编辑窗口中的数据。

由图 14-10 可见，ΔQ 值最小的年份是 1980 年，对应 12 月至次年 2 月月平均流量的 K_t 值依次为 1.780 830、2.470 196、3.526 451。

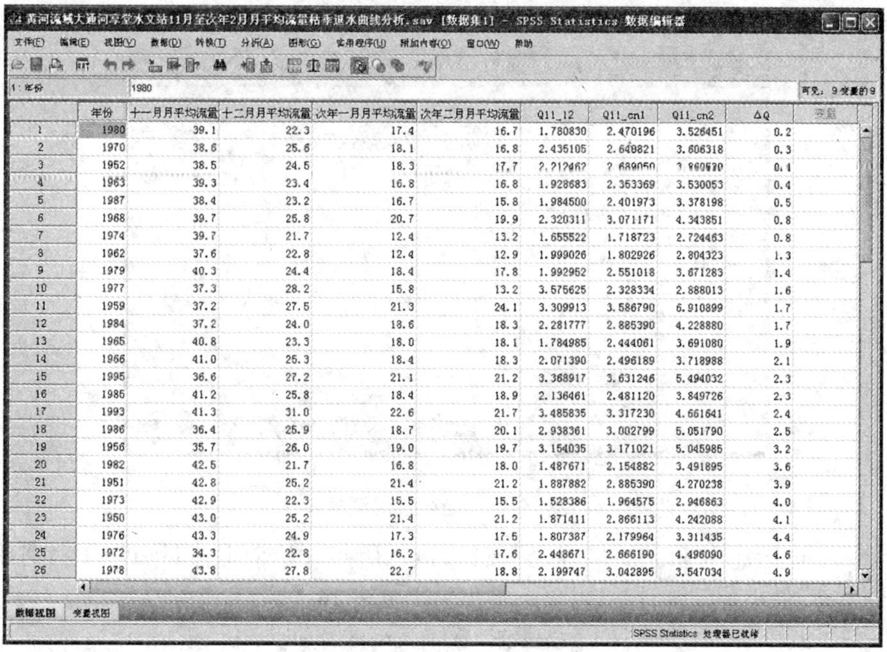

年份	十一月月平均流量	十二月月平均流量	次年一月月平均流量	次年二月月平均流量	Q11_12	Q11_cn1	Q11_cn2	ΔQ
1980	39.1	22.3	17.4	16.7	1.780830	2.470196	3.526451	0.2
1970	38.6	25.6	18.1	16.8	2.435105	2.640821	3.606318	0.3
1952	38.5	24.5	18.3	17.7	2.212462	2.680050	3.960920	0.4
1963	39.3	23.4	16.8	16.8	1.928683	2.353369	3.530053	0.4
1987	38.4	23.2	16.7	15.8	1.984500	2.401973	3.378198	0.5
1968	39.7	25.8	20.7	19.9	2.320311	3.071171	4.343851	0.8
1974	39.7	21.7	12.4	13.2	1.655522	1.718723	2.724463	0.8
1962	37.6	22.8	12.4	12.9	1.999026	1.802926	2.804323	1.3
1979	40.3	24.4	18.4	17.7	1.992952	2.551018	3.671283	1.4
1977	37.3	28.2	15.8	13.2	3.575625	2.328334	2.888013	1.6
1959	37.2	27.5	21.3	24.1	3.309913	3.586790	6.910899	1.7
1984	37.2	24.0	18.3	18.3	2.281777	2.885390	4.228880	1.7
1965	40.8	23.3	18.0	18.1	1.784985	2.444061	3.691080	1.9
1966	41.0	25.3	18.4	18.3	2.071390	2.496189	3.718988	2.1
1995	36.6	27.2	21.1	21.2	3.368917	3.631246	5.494032	2.3
1985	41.2	25.8	18.4	18.9	2.136461	2.481120	3.849726	2.3
1993	41.3	31.0	22.6	22.4	3.485835	3.317230	4.661641	2.4
1986	36.4	25.9	18.7	20.1	2.938361	3.002799	6.051790	2.5
1956	35.7	26.0	19.0	19.7	3.154035	3.171021	5.045986	3.3
1982	42.8	21.7	15.8	16.6	1.487671	2.154882	3.491895	3.6
1951	42.8	25.2	21.4	21.2	1.887882	2.885390	4.270238	3.9
1973	42.9	22.3	15.5	15.5	1.528386	1.964575	2.946863	4.0
1950	43.3	22.8	21.2	21.2	1.871411	2.866113	4.242088	4.1
1976	43.3	24.9	17.3	17.5	1.807387	2.179964	3.311435	4.4
1972	34.3	22.8	16.2	17.6	2.448671	2.666190	4.496090	4.6
1978	43.8	27.8	22.7	18.8	2.199747	3.042895	3.547034	4.9

图 14-10　ΔQ 序列排序结果(升序)

14.2.1.4　预报不同时段 t 的退水流量 Q_t 值

大通河享堂水文站 2000 年 11 月月平均流量是 38.9 m^3/s(即用于预报的开始消退流量 Q_0),将 Q_0 值以及 ΔQ 值最小的年份所对应的 K_t 值代入退水公式,即可对 2000 年 12 月至次年 2 月月平均流量进行预报。

预报 2000 年 12 月月平均流量:取时段 $t = 1$,则预报值 $Q_t = Q_0 e^{-t/K_t} = 38.9 \times e^{-1/1.780\,830} = 22.2 \ m^3/s$。

预报 2000 年次年 1 月月平均流量:取时段 $t = 2$,则预报值 $Q_t = Q_0 e^{-t/K_t} = 38.9 \times e^{-2/2.470\,196} = 17.3 \ m^3/s$。

预报 2000 年次年 2 月月平均流量:取时段 $t = 3$,则预报值 $Q_t = Q_0 e^{-t/K_t} = 38.9 \times e^{-3/3.526\,451} = 16.6 \ m^3/s$。

实际情况分别为 27.7 m^3/s、21.0 m^3/s 和 20.0 m^3/s,相差 -19.9%、-17.6% 和 -17.0%,都在 ±20% 之内。

14.2.2　历年开始消退值多年变幅分组法

14.2.2.1　构建历年逐时段枯季退水曲线系数

大通河享堂水文站逐年 11 月至次年 2 月月平均流量退水曲线系数序列见图 14-4、图 14-5。

历年开始消退值多年变幅分组法在分组时要用到历年开始消退流量(即 11 月月平均流量)的最大值、最小值,可由 SPSS 对其进行统计,统计过程如下:

步骤 1:在图 14-4 中依次单击菜单"分析→描述统计→描述",从弹出的描述性对话框左侧列表框中选择"十一月月平均流量",移入右侧变量列表框,见图 14-11。

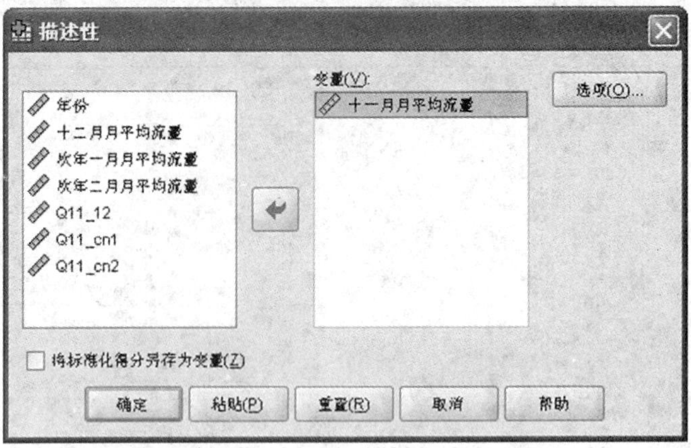

图 14-11　描述性对话框

步骤 2:单击图 14-11 中的"确定"按钮,执行历年开始消退流量(即 11 月月平均流量)的最大值、最小值的统计描述操作,输出结果见表 14-1。

表 14-1　描述统计量(Descriptive Statistics)

	N	极小值(Min)	极大值(Max)	均值(Mean)	标准差(Std. Deviation)
十一月月平均流量	50	24.4	77.1	44.474	9.870 9
有效的 N(列表状态) Valid N(Listwise)	50				

14.2.2.2　构建分组变量

14.1.1 部分约定的分组组别判断标准是:如果用 Q_{max}、Q_{min} 表示历年同期开始消退流量的最大值、最小值,则开始消退流量 Q_0 小于或等于$(Q_{min} + (Q_{max} - Q_{min})/3)$的退水过程属于第一组;位于$(Q_{min} + (Q_{max} - Q_{min})/3)$与$(Q_{min} + (Q_{max} - Q_{min}) \times 2/3)$之间的属于第二组;大于或等于$(Q_{min} + (Q_{max} - Q_{min}) \times 2/3)$的属于第三组。

由表 14-1 可见,$Q_{max} = 77.1$ m³/s,$Q_{min} = 24.4$ m³/s,由此可计算得具体的组别判断标准:$Q_0 \leqslant 41.966\ 67$ m³/s 时,对应的退水过程属于第一组;$41.966\ 67$ m³/s $< Q_0 < 59.533\ 33$ m³/s 时,属于第二组;$Q_0 \geqslant 59.533\ 33$ m³/s 时,属于第三组。

根据上述组别判断标准,可由 SPSS 自动生成分组变量,操作步骤如下:

步骤 1:在图 14-4 中依次单击菜单"转换→重新编码为不同变量",从弹出的重新编码为其他变量对话框左侧的列表框中选择"十一月月平均流量",移入输入变量→输出变量列表框,并在右侧输出变量名称文本框内输入"分组变量",见图 14-12,单击"旧值和新值"按钮,弹出如图 14-13 所示的旧值和新值对话框。

步骤 2:在图 14-13 旧值单选钮组中选择"范围,从最低到值",在其下侧文本框内输入"41.966 67",在新值单选钮组中选择"值",在其右侧文本框内输入"1",再单击"添加"

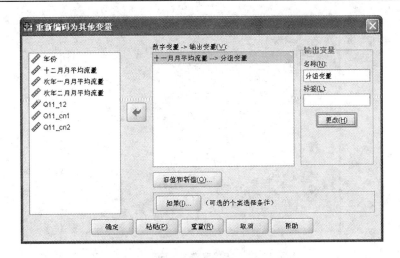

图 14-12　重新编码为其他变量对话框

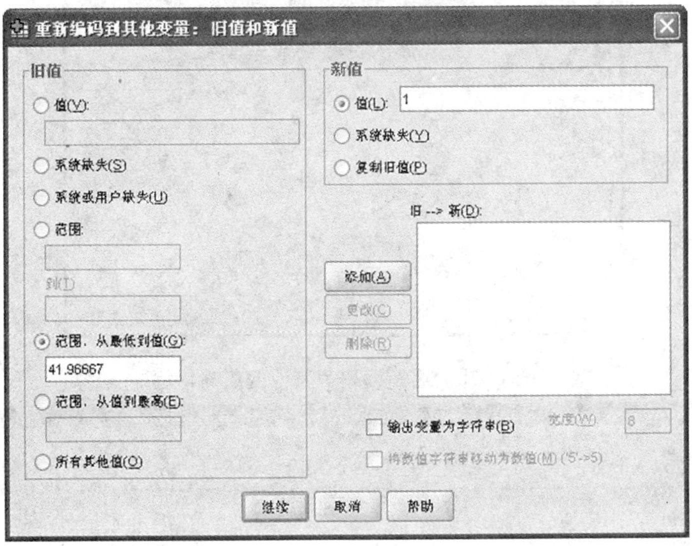

图 14-13　旧值和新值对话框（一）

按钮。同理，继续在旧值单选钮组中选择"范围"，在其下侧两个文本框中分别输入"41.966 67"和"59.533 33"，在新值单选钮组中选择"值"，在其右侧文本框内输入"2"，再单击"添加"按钮。同理，继续在旧值单选钮组中选择"范围，从值到最高"，在其下侧文本框中输入"59.533 33"，在新值单选钮组中选择"值"，在其右侧文本框内输入"3"，再单击"添加"按钮，结果见图 14-14。

步骤 3：单击图 14-14 中的"继续"按钮，返回重新编码为其他变量对话框，单击输出变量框中的"更改"按钮，将激活"确定"按钮，结果见图 14-15。

步骤 4：单击图 14-15 中的"确定"按钮，执行生成分组变量的操作，结果见图 14-16、图 14-17。

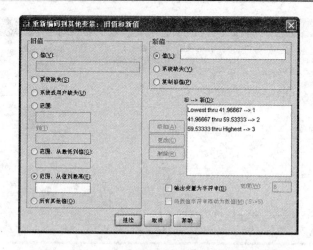

图 14-14　旧值和新值对话框(二)

图 14-15　重新编码为其他变量对话框

黄河流域大通河享堂水文站11月至次年2月月平均流量枯季退水曲线分析.sav [数据集1] - SPSS Statistics 数据编辑器

26：年份　1975　　可见：9 变量的 9

	年份	十一月月平均流量	十二月月平均流量	次年一月月平均流量	次年二月月平均流量	Q11_12	Q11_cn1	Q11_cn2	分组变量
1	1950	43.0	25.2	21.4	21.2	1.871411	2.866113	4.242088	2
2	1951	42.8	25.2	21.4	21.2	1.887882	2.885390	4.270238	2
3	1952	38.5	24.5	18.3	17.7	2.212462	2.639050	3.860539	1
4	1953	49.5	29.2	25.9	25.2	1.894643	3.087708	4.443597	2
5	1954	52.1	30.4	25.2	23.2	1.856244	2.753604	3.708224	2
6	1955	56.7	34.8	25.9	23.8	2.048522	2.552547	3.455868	2
7	1956	35.7	26.0	19.0	19.7	3.154035	3.171021	5.045985	1
8	1957	45.4	30.0	21.9	23.1	2.413624	2.743388	4.439975	2
9	1958	54.8	35.1	26.9	25.2	2.244724	2.810710	3.861768	2
10	1959	37.2	27.5	21.3	24.1	3.309913	3.586790	6.910899	1
11	1960	46.2	25.7	16.3	16.9	1.705062	1.919727	2.983097	2
12	1961	60.0	34.0	21.4	22.1	1.760613	1.939951	3.003704	3
13	1962	37.6	22.8	12.4	12.9	1.999026	1.802926	2.804323	1
14	1963	39.3	23.4	16.8	16.8	1.928683	2.353369	3.530053	1
15	1964	54.5	29.9	22.8	23.3	1.665717	2.295051	3.530461	2
16	1965	40.8	23.3	18.0	18.1	1.784985	2.444061	3.691080	1
17	1966	41.0	25.3	18.4	18.3	2.071390	2.496189	3.718988	1
18	1967	55.0	32.1	24.1	22.4	1.857089	2.423886	3.339745	2
19	1968	39.7	25.8	20.7	19.9	2.320311	3.071171	4.343851	1
20	1969	47.1	25.5	18.8	17.4	1.629741	2.177662	3.012645	2
21	1970	38.6	25.6	18.1	16.8	2.435105	2.640821	3.606318	1
22	1971	58.3	31.3	25.0	22.3	1.607758	2.362038	3.121698	2
23	1972	34.3	22.8	16.2	17.6	2.448671	2.666190	4.496090	1
24	1973	42.9	22.3	15.5	15.5	1.528386	1.964575	2.946863	2
25	1974	39.7	21.7	12.4	13.2	1.655522	1.718723	2.724463	1
26	1975	55.8	22.1	17.1	18.4	1.079685	1.691052	2.704108	2

数据视图　变量视图　　SPSS Statistics 处理器已就绪

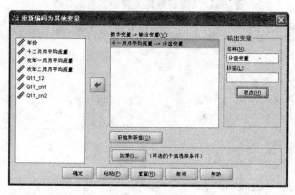

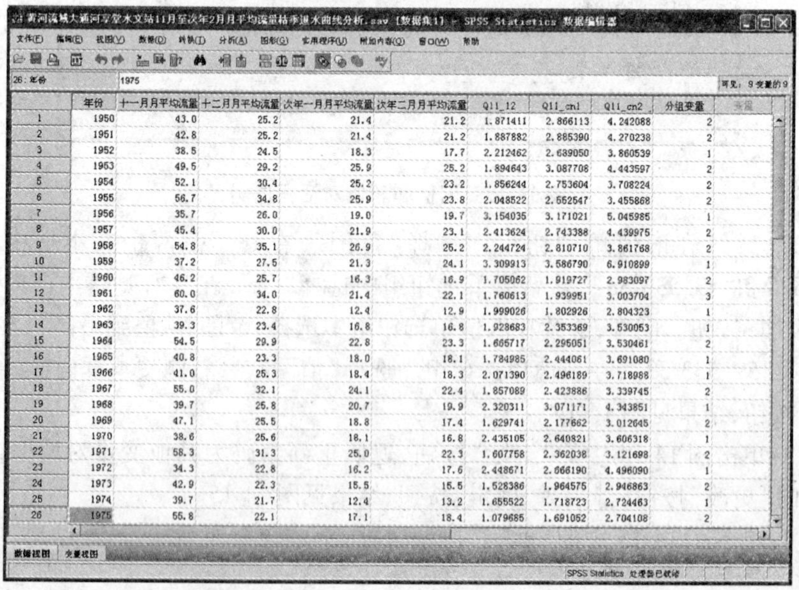

图 14-16　生成的分组变量序列(一)

	年份	十一月月平均流量	十二月月平均流量	次年一月月平均流量	次年二月月平均流量	Q11_12	Q11_cn1	Q11_cn2	分组变量	变量
26	1975	55.8	22.1	17.1	18.4	1.079685	1.691052	2.704108	2	
27	1976	43.3	24.9	17.3	17.5	1.807387	2.179964	3.311435	2	
28	1977	37.3	28.2	15.8	13.2	3.575625	2.328334	2.888013	1	
29	1978	43.8	27.8	22.7	18.8	2.198747	3.042895	3.547034	2	
30	1979	40.3	24.4	18.4	17.8	1.992952	2.551018	3.671283	1	
31	1980	39.1	22.3	18.7	18.0	1.780830	2.470196	3.526451	1	
32	1981	50.3	26.0	22.5	22.3	1.515362	2.486048	3.688139	2	
33	1982	42.5	21.7	16.8	18.0	1.487671	2.154882	3.491895	2	
34	1983	54.5	30.8	18.6	18.2	1.752277	1.841875	2.735282	2	
35	1984	37.2	24.0	18.6	18.3	2.281777	2.885390	4.228880	1	
36	1985	41.2	25.8	18.4	18.9	2.136461	2.481120	3.849726	1	
37	1986	36.4	25.9	18.7	20.1	2.938361	3.002799	5.051790	1	
38	1987	38.4	23.2	16.7	15.8	1.984500	2.401973	3.378198	1	
39	1988	70.9	41.2	22.4	22.4	1.842190	1.955814	2.603693	3	
40	1989	77.1	41.3	27.8	26.2	1.601946	1.960655	2.779466	3	
41	1990	44.9	28.0	22.1	22.7	2.117597	2.821431	4.398357	2	
42	1991	31.9	20.3	14.7	16.0	2.212462	2.581450	4.347717	1	
43	1992	45.4	29.6	20.6	21.0	2.337881	2.530937	3.891103	2	
44	1993	41.3	31.0	22.6	21.7	3.485835	3.317230	4.661641	1	
45	1994	48.7	25.1	20.2	19.6	1.508725	2.272737	3.296162	2	
46	1995	36.6	27.2	21.1	21.2	3.368917	3.631246	5.494032	1	
47	1996	24.4	19.9	16.7	21.4	4.905245	4.535945	6.166078	1	
48	1997	29.6	19.3	18.6	20.1	2.338255	4.304660	7.750846	1	
49	1998	49.2	34.0	21.1	25.1	2.706118	2.362333	4.457482	2	
50	1999	32.9	25.3	21.3	19.0	3.807083	4.600180	5.464146	1	
51										

图 14-17　生成的分组变量序列(二)

14.2.2.3　计算各组不同退水时段 t 的组平均值 K_t

可由 SPSS 自动计算各组不同时段 t 的退水曲线系数组平均值 K_t,计算过程如下:

步骤 1:在图 14-16 中依次单击菜单"分析→报告→个案汇总",从弹出的摘要个案对话框左侧的列表框中选择"Q11_12"、"Q11_cn1"、"Q11_cn2",移入右侧变量列表框,选择"分组变量",移入分组变量列表框,再取消"显示个案"项的选择,见图 14-18。

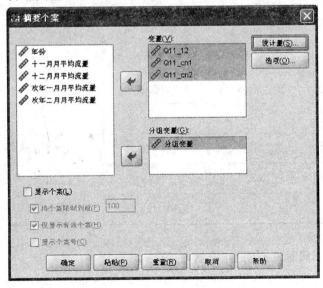

图 14-18　摘要个案对话框

步骤 2:单击图 14-18 中的"统计量"按钮,打开统计量对话框,见图 14-19,从统计量列表框中选择"均值",移入单元格统计量列表框,单击"继续"按钮,返回图 14-18。

步骤 3:单击图 14-18 中的"确定"按钮,执行计算各组不同时段退水曲线系数组平均值 K_t 的操作,此时用户应选择路径保存数据编辑窗口、结果输出窗口中的数据与结果,供后继分析使用,输出结果见表 14-2。

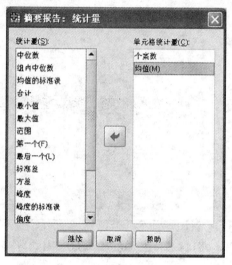

图 14-19　统计量对话框

表 14-2　个案汇总(Case Summaries)

分组变量		Q11_12	Q11_cn1	Q11_cn2
1	N	24	24	24
	均值(Mean)	2.588 683 74	2.905 493 74	4.383 807 85
2	N	23	23	23
	均值(Mean)	1.857 532 70	2.444 632 79	3.603 359 29
3	N	3	3	3
	均值(Mean)	1.734 916 27	1.952 140 25	2.795 621 10
总计(Total)	N	50	50	50
	均值(Mean)	2.201 128 21	2.636 296 49	3.929 510 30

14.2.2.4　预报不同时段 t 的退水流量 Q_t 值

大通河享堂水文站 2000 年 11 月月平均流量为 38.9 m³/s(即用于预报的开始消退流量 Q_0),根据组别判断标准,该值小于 41.966 67 m³/s,所以 2000 年 11 月月平均流量对应的退水过程属于第一组,其 K_t 值见表 14-2,依次为 2.588 683 74、2.905 493 74、4.383 807 85。

将 Q_0 和上述 K_t 值代入退水公式即可对 2000 年 12 月至次年 2 月月平均流量进行预报。

预报 2000 年 12 月月平均流量：取时段 $t = 1$，则预报值 $Q_t = Q_0 e^{-t/K_t} = 38.9 \times e^{-1/2.588\,683\,74} = 26.4$ m^3/s。

预报 2000 年次年 1 月月平均流量：取时段 $t = 2$，则预报值 $Q_t = Q_0 e^{-t/K_t} = 38.9 \times e^{-2/2.905\,493\,74} = 19.5$ m^3/s。

预报 2000 年次年 2 月月平均流量：取时段 $t = 3$，则预报值 $Q_t = Q_0 e^{-t/K_t} = 38.9 \times e^{-3/4.383\,807\,85} = 19.6$ m^3/s

实际情况分别为 27.7 m^3/s、21.0 m^3/s 和 20.0 m^3/s，相差 -4.7%、-7.1% 和 -2.0%，都在 $\pm10\%$ 之内。可见，预报精度比历年开始消退值相近法要高。

14.2.3　历年开始消退值三分位数分组法

14.2.3.1　构建历年逐时段枯季退水曲线系数

大通河享堂水文站逐年 11 月至次年 2 月月平均流量退水曲线系数序列见图 14-4、图 14-5。

历年开始消退值三分位数分组法在分组时要用到历年开始消退流量（即 11 月月平均流量）的第一三分位数 W_1 和第二三分位数 W_2，可由 SPSS 对其进行统计，统计过程如下：

步骤 1：在图 14-4 中依次单击菜单"分析→描述统计→频率"，从弹出的频率对话框左侧的列表框中选择"十一月月平均流量"，移入右侧变量列表框，见图 14-20。

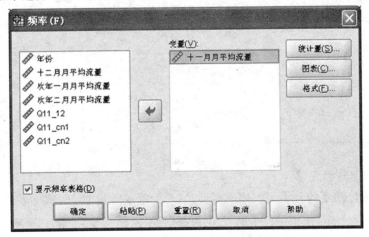

图 14-20　频率对话框

步骤 2：单击图 14-20 中的"统计量"按钮，打开统计量对话框，见图 14-21，在百分位值选项组中选择"割点"，在其右侧文本框内输入"3"，单击"继续"按钮，返回图 14-20。

步骤 3：在图 14-20 中取消"显示频率表格"项的选择，单击"确定"按钮，执行历年开始消退流量(即 11 月月平均流量)W_1、W_2 的统计描述操作,输出结果见表 14-3,$W_1 = 39.3$ $\mathrm{m^3/s}$,$W_2 = 46.2$ $\mathrm{m^3/s}$。

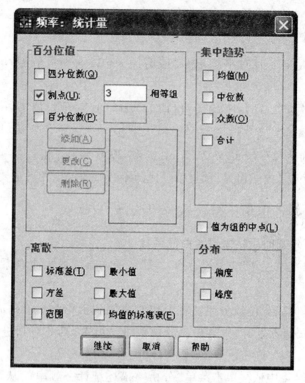

图 14-21　统计量对话框

表 14-3　统计量(Statistics)

N	有效(Valid)	50
	缺失(Missing)	0
百分位数(Percentiles)	33.333 333 33	39.3
	66.666 666 67	46.2

14.2.3.2　构建分组变量

14.1.1 部分约定的分组组别判断标准是:开始消退流量 Q_0 小于或等于 W_1 则对应的退水过程属于第一组,位于 W_1 与 W_2 之间则属于第二组,大于或等于 W_2 则属于第三组。

由表 14-3 提供的 W_1 和 W_2 的数值,可计算得具体的组别判断标准:$Q_0 \leqslant 39.3$ $\mathrm{m^3/s}$ 时,对应的退水过程属于第一组;39.3 $\mathrm{m^3/s} < Q_0 < 46.2$ $\mathrm{m^3/s}$ 时,属于第二组;$Q_0 \geqslant 46.2$ $\mathrm{m^3/s}$ 时,属于第三组。

根据上述组别判断标准,可由 SPSS 自动生成分组变量,操作步骤与历年开始消退值多年变幅分组法完全相同,结果见图 14-22、图 14-23。

	年份	十一月月平均流量	十二月月平均流量	次年一月月平均流量	次年二月月平均流量	Q11_12	Q11_cn1	Q11_cn2	分组变量	残差
1	1950	43.0	25.2	21.4	21.2	1.871411	2.866113	4.242098	2	
2	1951	42.8	25.2	21.4	21.2	1.887882	2.885390	4.270238	2	
3	1952	38.5	24.5	18.3	17.7	2.212462	2.689050	3.860539	1	
4	1953	49.6	29.2	25.9	25.2	1.894643	3.067708	4.443597	3	
5	1954	52.1	30.4	25.2	23.2	1.856244	2.753604	3.708224	3	
6	1955	56.7	34.8	24.9	23.2	2.048522	2.552547	3.455868	3	
7	1956	35.7	26.0	19.0	19.7	3.154035	3.171021	5.045985	1	
8	1957	45.4	30.0	21.9	23.1	2.413624	2.743388	4.439975	3	
9	1958	54.8	35.1	26.9	25.2	2.244724	2.810710	3.861768	3	
10	1959	37.2	27.5	21.3	24.1	3.309913	3.586790	6.910899	1	
11	1960	46.2	25.7	16.3	16.9	1.705062	1.919727	2.983097	2	
12	1961	60.0	34.0	21.4	22.1	1.760613	1.939951	3.003704	3	
13	1962	37.6	22.8	12.4	12.9	1.999026	1.802926	2.804323	1	
14	1963	39.3	23.4	16.8	16.8	1.928683	2.353369	3.530053	1	
15	1964	54.5	29.9	22.8	23.3	1.665717	2.295051	3.530461	3	
16	1965	40.8	23.3	18.0	18.1	1.784985	2.444061	3.691080	2	
17	1966	41.0	25.1	18.4	18.4	2.071390	2.496189	3.718988	2	
18	1967	55.0	32.1	24.1	22.4	1.857089	2.423886	3.339745	3	
19	1968	39.7	25.8	20.7	19.9	2.320311	3.071171	4.343851	2	
20	1969	47.1	25.5	18.8	17.4	1.629741	2.177662	3.012645	3	
21	1970	38.6	25.6	18.1	16.8	2.435105	2.640821	3.606318	1	
22	1971	58.3	31.3	25.0	22.3	1.607758	2.362038	3.121698	3	
23	1972	34.3	22.8	16.2	17.6	2.448671	2.666190	4.496090	1	
24	1973	42.9	22.3	15.5	15.5	1.528386	1.964575	2.946863	3	
25	1974	39.7	21.7	12.4	13.2	1.655522	1.718723	2.724463	2	
26	1975	55.8	22.1	17.1	18.4	1.079685	1.691052	2.704108	3	

图 14-22　生成的分组变量序列(一)

	年份	十一月月平均流量	十二月月平均流量	次年一月月平均流量	次年二月月平均流量	Q11_12	Q11_cn1	Q11_cn2	分组变量	残差
26	1975	55.8	22.1	17.1	18.4	1.079685	1.691052	2.704108	3	
27	1976	43.3	24.9	17.3	17.5	1.807387	2.179964	3.311435	2	
28	1977	37.3	28.2	15.8	13.2	3.575625	2.328334	2.888013	1	
29	1978	43.8	27.8	22.7	18.8	2.199747	3.042895	3.547034	2	
30	1979	40.3	24.4	18.4	17.8	1.992952	2.551018	3.671283	2	
31	1980	39.1	22.3	17.4	16.7	1.780830	2.470196	3.526451	1	
32	1981	50.3	26.0	22.5	22.3	1.515362	2.486048	3.688139	3	
33	1982	42.5	21.7	16.8	18.0	1.487671	2.154882	3.491895	2	
34	1983	54.5	30.8	18.2	18.2	1.752277	1.841875	2.735282	3	
35	1984	37.2	24.0	18.6	18.3	2.281777	2.885390	4.228880	1	
36	1985	41.2	25.8	18.4	18.9	2.136461	2.481120	3.849726	2	
37	1986	36.4	25.9	18.7	20.1	2.938361	3.002799	5.051790	1	
38	1987	38.4	23.2	16.7	15.8	1.984500	2.401973	3.378198	1	
39	1988	70.9	41.2	25.5	22.4	1.842190	1.955814	2.603693	3	
40	1989	77.1	41.3	27.8	26.2	1.601946	1.960655	2.779466	3	
41	1990	44.9	28.0	22.1	22.7	2.117597	2.821431	4.398357	2	
42	1991	31.9	20.3	16.0	16.0	2.212462	2.581450	4.347717	1	
43	1992	45.4	26.9	20.6	21.0	2.337881	2.530937	3.891103	2	
44	1993	41.3	31.0	22.6	21.7	3.485835	3.317230	4.661641	2	
45	1994	48.7	26.1	20.2	19.6	1.508725	2.272737	3.296162	3	
46	1995	36.6	27.2	21.1	21.2	3.368917	3.631246	5.494032	1	
47	1996	24.4	19.9	15.7	15.0	4.905245	4.535945	6.166078	1	
48	1997	29.6	19.9	18.6	20.1	2.338255	4.304660	7.750846	1	
49	1998	49.2	34.0	21.1	25.1	2.708118	2.362333	4.457482	3	
50	1999	32.9	25.3	21.3	19.0	3.807083	4.600180	5.464146	1	

图 14-23　生成的分组变量序列(二)

14.2.3.3　计算各组不同退水时段 t 的组平均值 K_t

可由 SPSS 自动计算各组不同时段 t 的退水曲线系数组平均值 K_t,计算过程与历年开始消退值多年变幅分组法完全相同(注意保存数据编辑窗口、结果输出窗口中的数据与结果),输出结果见表 14-4。

表 14-4　　个案汇总（Case Summaries）

分组变量		Q11_12	Q11_cn1	Q11_cn2
1	N	17	17	17
	均值（Mean）	2.745 938 44	3.038 372 86	4.620 609 20
2	N	17	17	17
	均值（Mean）	2.047 300 28	2.540 518 48	3.775 477 47
3	N	16	16	16
	均值（Mean）	1.785 709 52	2.310 854 49	3.358 877 62
总计（Total）	N	50	50	50
	均值（Mean）	2.201 128 21	2.636 296 49	3.929 510 30

14.2.3.4　预报不同时段 t 的退水流量 Q_t 值

大通河享堂水文站 2000 年 11 月月平均流量为 38.9 m³/s（即用于预报的开始消退流量 Q_0），根据组别判断标准，该值小于 39.3 m³/s，所以 2000 年 11 月月平均流量对应的退水过程属于第一组，其 K_t 值见表 14-4，依次为 2.745 938 44、3.038 372 86、4.620 609 20。

将 Q_0 和上述 K_t 值代入退水公式即可对 2000 年 12 月至次年 2 月月平均流量进行预报。

预报 2000 年 12 月月平均流量：取时段 $t = 1$，则预报值 $Q_t = Q_0 e^{-t/K_t} = 38.9 \times e^{-1/2.745\,938\,44} = 27.0$ m³/s。

预报 2000 年次年 1 月月平均流量：取时段 $t = 2$，则预报值 $Q_t = Q_0 e^{-t/K_t} = 38.9 \times e^{-2/3.038\,372\,86} = 20.1$ m³/s。

预报 2000 年次年 2 月月平均流量：取时段 $t = 3$，则预报值 $Q_t = Q_0 e^{-t/K_t} = 38.9 \times e^{-3/4.620\,609\,20} = 20.3$ m³/s

实际情况分别为 27.7 m³/s、21.0 m³/s 和 20.0 m³/s，相差 -2.5%、-4.3% 和 1.5%，都在 ±5% 之内。可见，预报精度与历年开始消退值相近法、历年开始消退值多年变幅分组法相比，有显著提高。

第 15 章　含分类自变量的回归分析

15.1　回归方程、统计检验与分析计算过程

15.1.1　建立含分类自变量的回归方程

前几章讨论的回归方程中,预报对象和预报因子都是度量尺度变量,即定量变量,但在中长期水文预报实践中,有时会遇到预报因子(即自变量)是分类变量的情况,如新疆春季来水除与前期河流基流量有关外,与前期流域气候类型是冷冬还是暖冬也有关系,这里气候类型就是分类自变量。

在回归分析中,对一些自变量是分类变量的先要作数量化处理,处理的方法是引进只取"0"和"1"两个值的 0 - 1 型分类自变量,即分为两类,一类取值为"0",另一类取值为"1"。需要指出的是,"0"和"1"只代表分类自变量的类型,没有任何数量大小的意义。

可以分两种情况来建立含分类自变量的回归方程:

(1)自变量中只含一个分类变量。例如,新疆春季来水 y_i 与前期河流基流量 x_{i1} 和前期流域气候类型 t_i 有关,其中 x_{i1} 是定量变量,t_i 是分类自变量,如果定义 $t_i = 0$ 为冷冬,$t_i = 1$ 为暖冬,则可建立如下回归方程:

$$y_i = b_0 + b_1 x_{i1} + b_2 t_i + u_i$$

式中: b_0、b_1、b_2 为待估的回归系数;$i = 1,2,\cdots,n$(n 是样本容量);u_i 为随机误差。

(2)自变量中含多个分类变量。例如,新疆春季来水 y_i 与前期河流基流量 x_{i1}、前期流域气候类型 t_{i1} 和冬季流域积雪大小 t_{i2} 有关,其中 x_{i1} 是定量变量,t_{i1}、t_{i2} 是分类自变量,定义 $t_{i1} = 0$ 为冷冬,$t_{i1} = 1$ 为暖冬,$t_{i2} = 0$ 为流域积雪小,$t_{i2} = 1$ 为流域积雪大。t_{i1}、t_{i2} 不仅会改变回归方程系数,而且 t_{i1}、t_{i2} 之间也往往有交互影响,则可建立如下回归方程:

$$y_i = b_0 + b_1 x_{i1} + b_2 t_{i1} + b_3 t_{i2} + b_4 t_{i1} t_{i2} + u_i$$

式中: b_0、b_1、b_2、b_3、b_4 为待估的回归系数;$i = 1,2,\cdots,n$(n 是样本容量);u_i 为随机误差。

当自变量中含 2 个以上分类变量时,也可按上述思路类推建模。

15.1.2　重要的样本统计量

请参阅 4.1.2 部分的内容。

15.1.3　回归效果的统计检验

请参阅 4.1.3 部分的内容。

15.1.4　分析计算过程

（1）建立由预报对象和 m 个预报因子样本观测变量序列组成的 SPSS 数据文件,其中 m 个预报因子包含分类自变量,保存数据文件。

（2）打开 SPSS 数据文件,在数据编辑窗口进行包含分类自变量的多元线性回归分析,计算预报对象的估计值及相对拟合误差,生成由预报对象与其估计值组成的历史拟合曲线。保存数据编辑窗口中的数据和结果输出窗口中的统计结果、相关信息等。

（3）对回归效果进行统计检验。

（4）若通过统计检验,可用包含分类自变量的多元线性回归方程进行预报,也可进行概率区间预报。当预报对象 Y 服从正态分布时,对应 m 个预报因子观测值的预报对象估计值 $\hat{y}_i$,落在区间 $[\hat{y}_i - S_y, \hat{y}_i + S_y]$ 内的可能性约为 68% ,落在区间 $[\hat{y}_i - 2S_y, \hat{y}_i + 2S_y]$ 内的可能性约为 95% 。可见, S_y 越小,用回归方程所估计的 $\hat{y}_i$ 值就越精确。

15.2　SPSS 应用实例

本次选用新疆巴音郭楞蒙古自治州开都河大山口水文站 1957～2009 年 3 月下旬旬平均流量为预报对象,选用 3 月中旬旬平均流量和 3 月中旬旬平均气温为预报因子,并在 SPSS 上将 3 月中旬旬平均气温构建为反映气候冷冬与暖冬类型的分类变量后,进行了包含分类自变量的多元线性回归分析计算,最后对 2010 年 3 月下旬旬平均流量进行了预报,结果令人满意。

15.2.1　含分类自变量的回归分析

15.2.1.1　计算历年 3 月中旬旬平均气温平均值

构建反映气候冷冬与暖冬类型的分类变量时,需要用到历年 3 月中旬旬平均气温的平均值。该平均值可由 SPSS 统计计算。

操作步骤如下:

步骤 1:打开 SPSS 数据文件,开都河大山口水文站 3 月下旬旬平均流量及相关预报因子变量序列见图 15-1、图 15-2。

步骤 2:在图 15-1 中依次单击菜单"分析→描述统计→描述",弹出描述性对话框,从对话框左侧的列表框中选择"三月中旬平均气温",移入右侧变量列表框,见图 15-3。

步骤 3:单击图 15-3 中的"确定"按钮,执行历年 3 月中旬旬平均气温平均值的统计描述操作,输出结果见表 15-1。

	年份	三月下旬平均流量	三月中旬平均流量	三月中旬平均气温	变量	变量
1	1957	57.4	34.5	8.4		
2	1958	50.2	43.9	5.8		
3	1959	54.3	53.0	1.9		
4	1960	56.2	51.6	4.2		
5	1961	51.5	46.8	6.0		
6	1962	56.4	54.2	5.2		
7	1963	53.3	45.6	5.2		
8	1964	44.4	42.3	7.7		
9	1965	55.4	48.1	6.7		
10	1966	47.8	46.5	5.9		
11	1967	50.3	45.3	6.9		
12	1968	55.9	46.9	6.8		
13	1969	48.6	40.7	6.6		
14	1970	46.7	41.9	-1.6		
15	1971	54.9	44.7	6.4		
16	1972	56.5	46.5	5.8		
17	1973	60.9	48.4	3.7		
18	1974	44.1	40.0	3.2		
19	1975	42.0	37.8	4.5		
20	1976	43.1	42.6	1.9		
21	1977	46.3	41.7	4.0		
22	1978	44.1	40.7	3.7		
23	1979	40.4	39.0	0.7		
24	1980	43.1	45.3	-0.4		
25	1981	50.6	45.8	8.7		
26	1982	47.6	43.5	5.0		
27	1983	50.0	43.4	6.0		

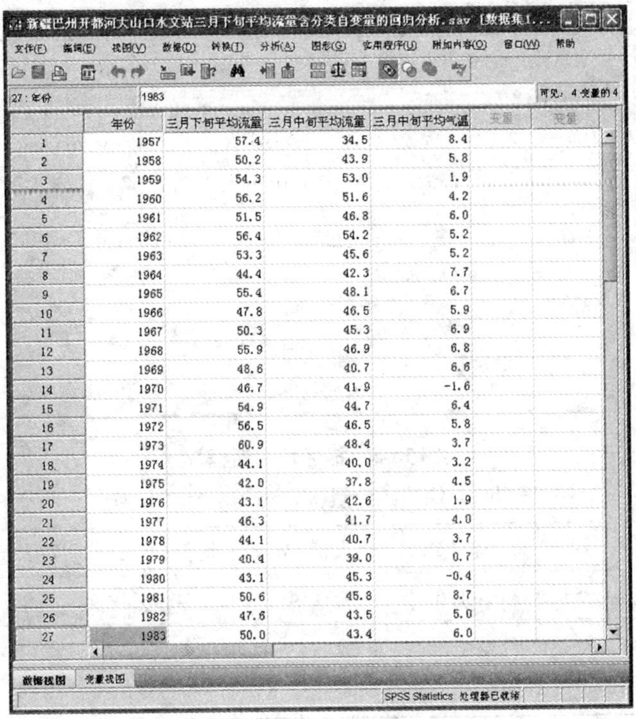

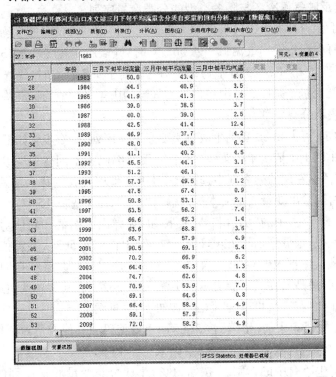

图 15-1　开都河大山口水文站 3 月下旬旬平均流量及相关预报因子变量序列(一)

	年份	三月下旬平均流量	三月中旬平均流量	三月中旬平均气温	变量	变量
27	1983	50.0	43.4	6.0		
28	1984	44.1	40.9	3.5		
29	1985	41.9	41.3	1.2		
30	1986	39.0	38.5	3.7		
31	1987	40.0	39.0	2.5		
32	1988	42.5	41.4	12.4		
33	1989	46.9	37.7	4.2		
34	1990	48.0	45.8	6.2		
35	1991	41.1	40.2	4.5		
36	1992	45.5	44.1	3.1		
37	1993	51.2	46.1	6.5		
38	1994	57.3	49.5	1.2		
39	1995	47.5	67.4	0.9		
40	1996	50.8	53.1	2.1		
41	1997	63.5	56.2	7.4		
42	1998	66.6	62.3	1.4		
43	1999	63.6	68.8	3.6		
44	2000	65.7	57.9	4.9		
45	2001	90.5	69.1	5.4		
46	2002	70.2	66.9	6.2		
47	2003	64.4	45.3	1.3		
48	2004	74.7	62.6	4.8		
49	2005	70.9	53.9	7.0		
50	2006	69.1	64.6	0.8		
51	2007	66.4	58.9	4.9		
52	2008	69.1	57.9	8.4		
53	2009	72.0	58.2	4.9		

图 15-2　开都河大山口水文站 3 月下旬旬平均流量及相关预报因子变量序列(二)

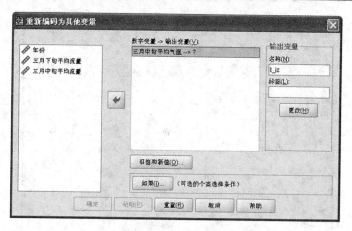

图 15-3　描述性对话框

表 15-1　描述统计量(Descriptive Statistics)

	N	极小值(Min)	极大值(Max)	均值(Mean)	标准差(Std. Deviation)
三月中旬平均气温	53	-1.6	12.4	4. 562	2. 617 2
有效的 N(列表状态) Valid N(Listwise)	53				

15.2.1.2　构建反映气候冷冬与暖冬类型的分类变量序列

由表 15-1 可见,开都河大山口水文站历年 3 月中旬旬平均气温的平均值为 4. 562 ℃。本次约定,当 3 月中旬旬平均气温低于 4. 562 ℃时,气候属于冷冬类型,3 月中旬旬平均气温对应的分类变量 $t_i = 0$;当 3 月中旬旬平均气温高于 4. 562 ℃时,气候属于暖冬类型,$t_i = 1$。可见,分类变量 t_i 是以 3 月中旬旬平均气温的历年平均值为标准构建的,为便于识别,本次以 t_jz 表示分类变量 t_i。

根据上述约定,可由 SPSS 自动生成分类变量 t_jz 序列,操作步骤如下:

步骤 1:在图 15-1 中依次单击菜单"转换→重新编码为不同变量",从弹出的重新编码为其他变量对话框左侧的列表框中选择"三月中旬平均气温",移入输入变量→输出变量列表框,并在右侧输出变量名称文本框内输入"t_jz",结果见图 15-4。

步骤 2:单击图 15-4 中的"旧值和新值"按钮,在弹出的旧值和新值对话框旧值单选钮组中选择"范围,从最低到值",在其下侧文本框内输入"4. 562",在新值单选钮组中选择"值",在其右侧文本框内输入"0",再单击"添加"按钮;同理,继续在旧值单选钮组中选择"范围,从值到最高",在其下侧文本框中输入"4. 562",在新值单选钮组中选择"值",在其右侧文本框内输入"1",再单击"添加"按钮,结果见图 15-5。

步骤 3:单击图 15-5 中的"继续"按钮,返回重新编码为其他变量对话框,单击输出变量框中的"更改"按钮,再激活"确定"按钮,结果见图 15-6。

步骤 4:单击图 15-6 中的"确定"按钮,执行生成分类变量 t_jz 序列的操作,结果见图 15-7、图 15-8。

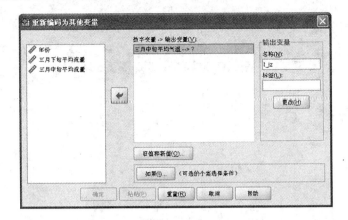

图 15-4　重新编码为其他变量对话框(一)

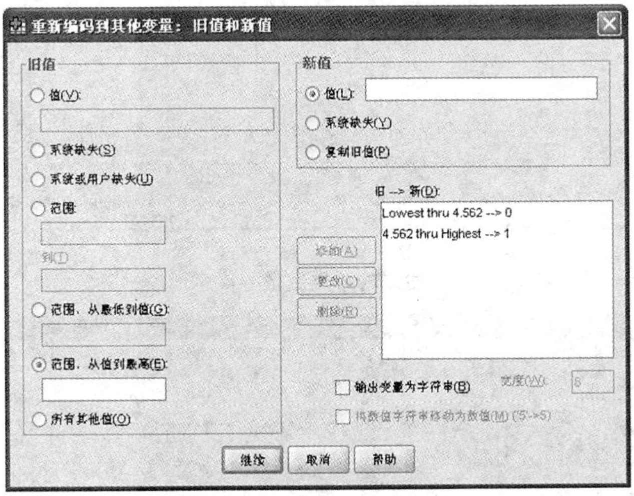

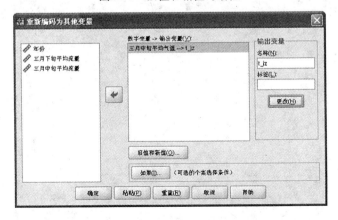

图 15-5　旧值和新值对话框

图 15-6　重新编码为其他变量对话框(二)

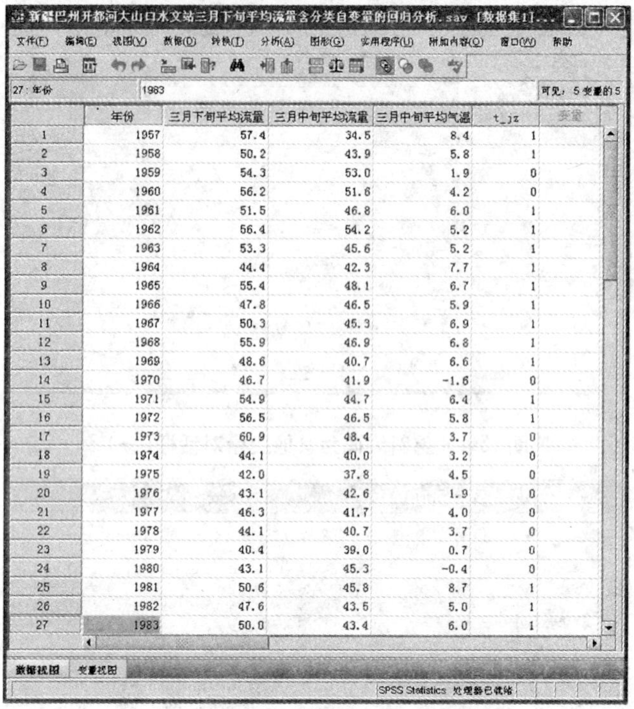

新疆巴州开都河大山口水文站三月下旬平均流量含分类自变量的回归分析.sav [数据集1]...

27：年份 1983 可见：5 变量的 5

	年份	三月下旬平均流量	三月中旬平均流量	三月中旬平均气温	t_jz	变量
1	1957	57.4	34.5	8.4	1	
2	1958	50.2	43.9	5.8	1	
3	1959	54.3	53.0	1.9	0	
4	1960	56.2	51.6	4.2	0	
5	1961	51.5	46.8	6.0	1	
6	1962	56.4	54.2	5.2	1	
7	1963	53.3	45.6	5.2	1	
8	1964	44.4	42.3	7.7	1	
9	1965	55.4	48.1	6.7	1	
10	1966	47.8	46.5	5.9	1	
11	1967	50.3	45.3	6.9	1	
12	1968	55.9	46.9	6.8	1	
13	1969	48.6	40.7	6.6	1	
14	1970	46.7	41.9	-1.6	0	
15	1971	54.9	44.7	6.4	1	
16	1972	56.5	46.5	5.8	1	
17	1973	60.9	48.4	3.7	0	
18	1974	44.1	40.0	3.2	0	
19	1975	42.0	37.8	4.5	0	
20	1976	43.1	42.6	1.9	0	
21	1977	46.3	41.7	4.0	0	
22	1978	44.1	40.7	3.7	0	
23	1979	40.4	39.0		0	
24	1980	43.1	45.3	-0.4	0	
25	1981	50.6	45.8	8.7	1	
26	1982	47.6	43.5	5.0	1	
27	1983	50.0	43.4	6.0	1	

数据视图 变量视图

SPSS Statistics 处理器已就绪

图 15-7 生成的分类变量 t_jz 序列（一）

新疆巴州开都河大山口水文站三月下旬平均流量含分类自变量的回归分析.sav [数据集1]...

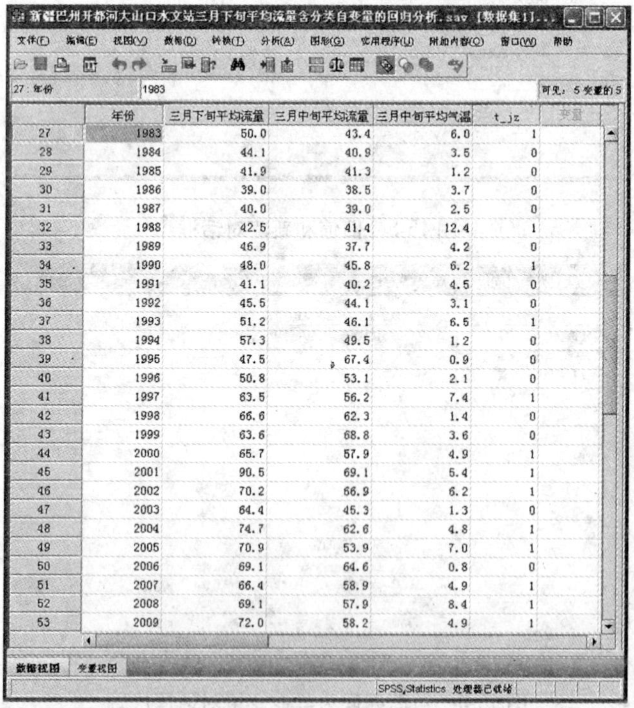

27：年份 1983 可见：5 变量的 5

	年份	三月下旬平均流量	三月中旬平均流量	三月中旬平均气温	t_jz	变量
27	1983	50.0	43.4	6.0	1	
28	1984	44.1	40.9	3.5	0	
29	1985	41.9	41.3	1.2	0	
30	1986	39.0	38.5	3.7	0	
31	1987	40.0	39.0	2.5	0	
32	1988	42.5	41.4	12.4	1	
33	1989	46.9	37.7	4.2	0	
34	1990	48.0	45.8	6.2	1	
35	1991	41.1	40.2	4.5	0	
36	1992	45.5	44.1	3.1	0	
37	1993	51.2	46.1	6.5	1	
38	1994	57.3	49.5	1.2	0	
39	1995	47.5	67.4	0.0	0	
40	1996	50.8	53.1	2.1	0	
41	1997	63.5	56.2	7.4	1	
42	1998	66.6	62.3	1.4	0	
43	1999	63.6	68.8	3.6	0	
44	2000	65.7	57.9	4.9	1	
45	2001	90.5	69.1	5.4	1	
46	2002	70.2	66.9	6.2	1	
47	2003	64.4	45.3	1.3	0	
48	2004	74.7	62.6	4.8	1	
49	2005	70.9	53.9	7.0	1	
50	2006	69.1	64.6	0.8	0	
51	2007	66.4	58.9	8.4	1	
52	2008	69.1	57.9	8.4	1	
53	2009	72.0	58.2	4.9	1	

数据视图 变量视图

SPSS Statistics 处理器已就绪

图 15-8 生成的分类变量 t_jz 序列（二）

15.2.1.3　含分类自变量的回归分析

生成分类变量 t_jz 序列后,便可进行包含分类自变量的多元线性回归分析计算。SPSS 操作步骤如下:

步骤 1:在图 15-7 中依次单击菜单"分析→回归→线性",从弹出的线性回归对话框左侧的列表框中选择"三月下旬平均流量",移动到因变量列表框,选择"三月中旬平均流量"和"t_jz",移动到自变量列表框,在方法下拉列表框中选择默认值"进入",即全部被选自变量一次性引入回归模型,结果见图 15-9。

图 15-9　线性回归对话框

步骤 2:单击图 15-9 中的"统计量"按钮,在打开的统计量对话框中,依次选择"估计"、"模型拟合度"和"部分相关和偏相关性",单击"继续"按钮,返回图 15-9。

步骤 3:单击图 15-9 中的"保存"按钮,在打开的保存对话框预测值选项组中选择"未标准化",单击"继续"按钮,返回图 15-9。

步骤 4:单击图 15-9 中的"确定"按钮,执行包含分类自变量的多元线性回归的操作,SPSS 会自动以变量名"PRE_1"将开都河大山口水文站 3 月下旬旬平均流量非标准化估计值显示在数据编辑窗口,见图 15-10。

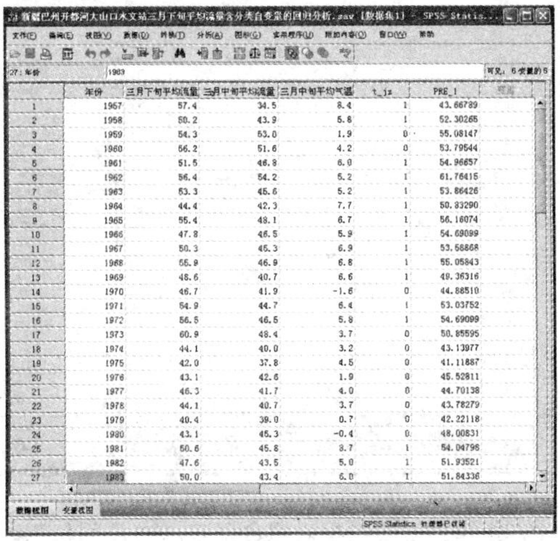

图 15-10　开都河大山口水文站历年 3 月下旬旬平均流量非标准化估计值

15.2.2　相对拟合误差与历史拟合曲线

15.2.2.1　相对拟合误差

按照 3.2.2 部分的操作步骤，可由 SPSS 自动生成开都河大山口水文站 3 月下旬旬平均流量与其估计值之间的相对拟合误差，见图 15-11、图 15-12，可见，1957～2009 年逐年相对拟合误差仅 1957 年、1995 年、2003 年在 ±20% 之外，其余都在 ±20% 之内，合格率达 94.3%。

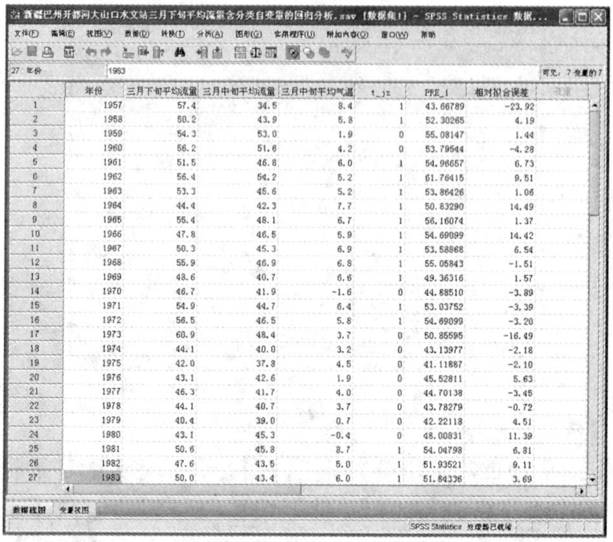

	年份	三月下旬平均流量	三月中旬平均流量	三月中旬平均气温	t_jz	PRE_1	相对拟合误差
1	1957	57.4	34.5	8.4	1	43.66789	-23.92
2	1958	50.2	43.9	5.8	1	52.30265	4.19
3	1959	54.3	53.0	1.9	0	55.08147	1.44
4	1960	56.2	51.6	4.2	0	53.79544	-4.28
5	1961	51.5	46.8	6.0	1	54.96657	6.73
6	1962	56.4	54.2	5.2	1	61.76415	9.51
7	1963	53.3	45.6	5.2	1	53.86426	1.06
8	1964	44.4	42.3	7.7	1	50.83290	14.49
9	1965	55.4	48.1	6.7	1	56.16074	1.37
10	1966	47.8	46.5	5.9	1	54.69099	14.42
11	1967	50.3	45.3	6.9	1	53.58868	6.54
12	1968	55.9	46.9	6.8	1	55.05843	-1.51
13	1969	48.6	40.7	6.6	1	49.36316	1.57
14	1970	46.7	41.9	-1.6	0	44.88510	-3.89
15	1971	54.9	44.7	6.4	1	53.03752	-3.39
16	1972	56.5	46.5	5.8	1	54.69099	-3.20
17	1973	60.9	48.4	3.7	0	50.85595	-16.49
18	1974	44.1	40.0	3.2	0	43.13977	-2.18
19	1975	42.0	37.8	4.5	0	41.11887	-2.10
20	1976	43.1	42.6	1.9	0	45.52811	5.63
21	1977	46.3	41.7	4.0	0	44.70138	-3.45
22	1978	44.1	40.7	3.7	0	43.78279	-0.72
23	1979	40.4	39.0	0.7	0	42.22118	4.51
24	1980	43.1	45.3	-0.4	0	48.00831	11.39
25	1981	50.6	45.8	8.7	1	54.04798	6.81
26	1982	47.6	43.5	5.0	1	51.93521	9.11
27	1983	50.0	43.4	6.0	1	51.84336	3.69

图 15-11　生成的相对拟合误差(%)序列(一)

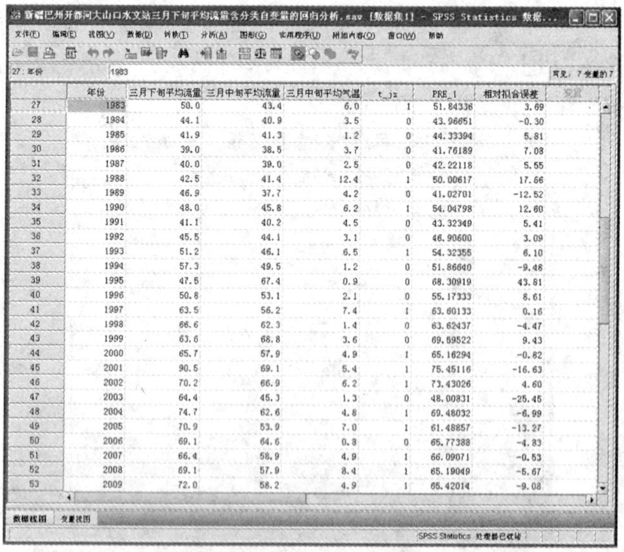

	年份	三月下旬平均流量	三月中旬平均流量	三月中旬平均气温	t_jz	PRE_1	相对拟合误差
27	1983	50.0	43.4	6.0	1	51.84336	3.69
28	1984	44.1	40.9	3.5	0	43.96651	-0.30
29	1985	41.9	41.3	1.2	0	44.33394	5.81
30	1986	39.0	38.5	3.7	0	41.76189	7.08
31	1987	40.0	39.0	2.5	0	42.22118	5.55
32	1988	42.5	41.4	12.4	1	50.00617	17.66
33	1989	46.9	37.7	4.2	0	41.02701	-12.52
34	1990	48.0	45.8	6.2	1	54.04798	12.60
35	1991	41.1	40.2	4.5	0	43.32349	5.41
36	1992	45.5	44.1	3.1	0	46.90600	3.09
37	1993	51.2	46.1	6.5	1	54.32355	6.10
38	1994	57.3	49.5	1.2	0	51.86640	-9.48
39	1995	47.5	67.4	0.9	0	68.30919	43.81
40	1996	50.8	53.1	2.1	0	55.17333	8.61
41	1997	63.5	56.2	7.4	1	63.60133	0.16
42	1998	66.6	62.3	1.4	0	63.62437	-4.47
43	1999	63.6	68.8	3.6	0	69.69522	9.43
44	2000	65.7	57.9	4.9	1	65.16294	-0.82
45	2001	90.5	69.1	5.4	1	75.45116	-16.63
46	2002	70.2	66.9	6.2	1	73.43026	4.60
47	2003	64.4	45.3	1.3	0	48.00831	-25.45
48	2004	74.7	62.6	4.8	1	69.48032	-6.99
49	2005	70.9	53.9	7.0	1	61.48857	-13.27
50	2006	69.1	64.6	0.8	0	65.77388	-4.83
51	2007	66.4	58.9	4.9	1	66.09071	-0.53
52	2008	69.1	57.9	8.4	1	65.19049	-5.67
53	2009	72.0	58.2	4.9	1	65.42014	-9.08

图 15-12　生成的相对拟合误差(%)序列(二)

15.2.2.2 历史拟合曲线

同理,按照 3.2.2 部分的操作步骤,可由 SPSS 自动生成由开都河大山口水文站 3 月下旬旬平均流量与其估计值组成的历史拟合曲线图,见图 15-13,开都河大山口水文站 3 月下旬旬平均流量与其估计值拟合趋势尚可。

图 15-13　历史拟合曲线图

包含分类自变量的多元线性回归分析在 SPSS 上的操作过程到此结束,用户应选择路径保存数据编辑窗口、结果输出窗口中的数据与结果,供后继分析使用。

15.2.3　统计检验与预报

对 SPSS 结果输出窗口中的统计表格数据分析如下。

表 15-2 显示了包含分类自变量的多元线性回归分析中引入和剔除预报因子的过程与方法。

表 15-2　输入/移去的变量(Variables Entered/Removed)

模型 (Model)	输入的变量 (Variables Entered)	移去的变量 (Variables Removed)	方法 (Method)
1	t_jz, 三月中旬平均流量[a]	.	输入

注:a. 已输入所有请求的变量。

15.2.3.1 回归方程的拟合优度检验

表 15-3 是模型汇总情况,可见,包含分类自变量的多元线性回归(模型)的复相关系数 $R = 0.834$,决定性系数 $R^2 = 0.695$,调整 $R^2 = 0.683$,剩余标准差 $S_y = 6.1722$。说明样本回归方程代表性很好。

表 15-3　模型汇总[b]（Model Summary[b]）

模型 （Model）	R	R^2 （R Square）	调整 R^2 （Adjusted R Square）	估计的标准误差 （Std. Error of the Estimate）
1	0.834[a]	0.695	0.683	6.172 2

注：a. 预测变量为常量、t_jz、3 月中旬平均流量。

　　b. 因变量为 3 月下旬平均流量。

15.2.3.2　回归方程的显著性检验（F 检验）

表 15-4 是方差分析表，可见，包含分类自变量的多元线性回归分析的回归平方和 $U = 4\,337.779$，残差平方和 $Q = 1\,904.779$，离差平方和 $S_{yy} = 6\,242.558$。统计量 $F = 56.933$ 时，相伴概率值为 $\rho = 0.000 < 0.001$，说明回归方程预报因子与预报对象之间有线性回归关系。

表 15-4　方差分析[b]（Anova[b]）

模型（Model）		平方和（Sum of Squares）	df	均方（Mean Square）	F	Sig.
1	回归（Regression）	4 337.779	2	2 168.890	56.933	0.000[a]
	残差（Residual）	1 904.779	50	38.096		
	总计（Total）	6 242.558	52			

注：预测变量、因变量同表 15-3。

15.2.3.3　回归系数的显著性检验（t 检验）

表 15-5 是回归系数表，可见，常数项系数 $b_0 = 6.396$，回归系数 $b_1 = 0.919$，$b_2 = 5.580$。经 t 检验，除常数项系数外，其余各回归系数的相伴概率值 ρ 都小于 0.005，说明大部分回归系数有统计学意义。包含分类自变量的多元线性回归方程为：

$$\hat{y}_i = 6.396 + 0.919x_i + 5.580t_i$$

表 15-5　回归系数[a]（Coefficients[a]）

模型（Model）		非标准化系数 （Unstandardized Coefficients）		标准系数 （Standardized Coefficients）	t	Sig.	相关性 （Correlations）		
		B	标准误差 （Std. Error）	Beta			零阶 （Zero-order）	偏 （Partial）	部分 （Part）
1	常量	6.396	4.692		1.363	0.179			
	三月中旬 平均流量	0.919	0.096	0.754	9.535	0.000	0.794	0.803	0.745
	t_jz	5.580	1.719	0.257	3.246	0.002	0.374	0.417	0.254

注：预测变量、因变量同表 15-3。

15.2.3.4　预报

单值预报:开都河大山口水文站 2010 年 3 月中旬旬平均流量为 71.4 m^3/s,3 月中旬旬平均气温为 5.8 ℃,高于 4.562 ℃时,气候属于暖冬类型,所以取 $t_i = 1$,代入包含分类自变量的多元线性回归方程,计算得该站 2010 年 3 月下旬旬平均流量的预报值为 77.6 m^3/s,实际情况是 80.2 m^3/s,相差 -3.2%。

概率区间预报:表 15-3 显示剩余标准差 $S_y = 6.1722$,所以 2010 年 3 月下旬旬平均流量预报值在区间[71.4,83.8]内的可能性约为 68%,在区间[65.3,89.9]内的可能性约为 95%(计算式请参阅 15.1.4 部分)。

15.2.3.5　讨论

以上用包含分类自变量的多元线性回归分析法,对开都河大山口水文站 2010 年 3 月下旬旬平均流量进行了预报。

现将 3 月中旬旬平均气温由分类变量还原为定量变量(即原始观测值),其他预报对象和预报因子不变,再进行多元线性回归分析计算。表 15-6 是模型汇总情况,可见,多元线性回归(模型)的复相关系数 $R = 0.819$,决定性系数 $R^2 = 0.672$,调整 $R^2 = 0.658$,比表 15-3 相应值都小,而剩余标准差 $S_y = 6.4040$,比表 15-3 相应值大。说明其样本回归方程代表性不如包含分类自变量的多元线性回归方程好。

表 15-6　模型汇总(Model Summary)

模型 (Model)	R	R^2 (R Square)	调整 R^2 (Adjusted R Square)	估计的标准误差 (Std. Error of the Estimate)
1	0.819[a]	0.672	0.658	6.4040

注:a. 预测变量为常量、3 月中旬平均气温、3 月中旬平均流量。

表 15-7 是回归系数表,可见,常数项系数 $b_0 = 2.347$,回归系数 $b_1 = 0.983$,$b_2 = 0.849$。经 t 检验,除常数项系数外,其余各回归系数的相伴概率值 ρ 都小于 0.05,而表 15-5 中,相应 ρ 值都小于 0.005,这说明包含分类自变量的多元线性回归方程系数更有统计学意义。

可见,包含分类自变量的多元线性回归分析方法有自身的优势,尤其是对预报对象有明显影响的分类自变量、定性自变量或者是可以构建为分类变量的定量自变量,如果选用得当,将会显著地提高中长期水文预报的精度。

表 15-7　回归系数^a（Coefficients^a）

模型（Model）		非标准化系数（Unstandardized Coefficients）		标准系数（Standardized Coefficients）	t	Sig.	相关性（Correlations）		
		B	标准误差（Std. Error）	Beta			零阶（Zero-order）	偏（Partial）	部分（Part）
1	常量	2.347	5.207		0.451	0.654			
	三月中旬平均流量	0.983	0.099	0.807	9.936	0.000	0.794	0.815	0.805
	三月中旬平均气温	0.849	0.340	0.203	2.496	0.016	0.151	0.333	0.202

注：a. 因变量为 3 月下旬平均流量。

第 16 章　二值 Logistic 回归分析

16.1　回归方程、统计检验与分析计算过程

16.1.1　建立二值 Logistic 回归方程

在中长期水文预报实践中,有时会遇到预报对象(即因变量)是二值分类变量的情况 (分 $y = 0$ 和 $y = 1$ 两类),如一条河流未来一段时间来水是丰水还是枯水,夏季洪峰流量频 率是百年一遇以上还是百年一遇以下,等等。对二值分类因变量的每一分类可能发生的 概率进行准确预报,将会对正确把握预报对象的未来演变趋势,从而进行准确的定量预报 有着重要意义,也是定性与定量预报相结合的重要前提工作之一。

二值 Logistic 回归分析就是通过一组预报因子(即一组自变量,也称为解释变量或协 变量,可以是度量变量、分类变量或两者的混合),采用 Logistic 回归,对二值分类因变量 的每一分类可能发生的概率进行预报的方法。

SPSS 的 Logistic 模块能建立如下的二值 Logistic 回归方程:

$$P = \exp(b_0 + b_1 x_1 + \cdots + b_m x_m)/(1 + \exp(b_0 + b_1 x_1 + \cdots + b_m x_m))$$

式中:P 为二值分类因变量在分类取值 $y = 1$ 时可能发生的概率,称为事件概率;b_0 为与预 报因子 $x_j(j = 1,2,\cdots,m,m$ 是预报因子总数)无关的常数项;$b_1,b_2,\cdots,b_m$ 为回归系数,表 示诸预报因子 x_j 对 P 的贡献量。

Logistic 回归有以下 7 种建立回归方程的方法:

(1)Enter:强迫引入法。

(2)Forward Stepwise(Conditional):向前选择法(条件似然比)。

(3)Forward Stepwise(Likelihood Ratio):向前选择法(似然比)。

(4)Forward Stepwise(Wald):向前选择法(Wald)。

(5)Backward Elimination(Conditional):向后消去法(条件似然比)。

(6)Backward Elimination(Likelihood Ratio):向后消去法(似然比)。

(7)Backward Elimination(Wald):向后消去法(Wald)。

16.1.2　优势与优势比

上述二值 Logistic 回归方程中的指数函数 $\exp(b_0 + b_1 x_1 + \cdots + b_m x_m)$ 称为优势,用 O 来表示,所以回归方程也可表示为 $P = O/(1 + O)$,由此可推出 $O = P/(1 - P)$,其中 P 是事件概率,$1 - P$ 是非事件概率,可见,优势是事件概率与非事件概率之比。还可得出一 个重要结论:优势小于 1,则事件概率小于 0.5;优势大于 1,则事件概率大于 0.5。

在实际工作中,Logistic 回归不是直接解释回归系数 b_j,而是解释优势比。某一预报

因子 x_j 对应的优势比 OR_j 为：

$$OR_j = \exp(b_j)$$

可见，优势比的含义是：在其他预报因子固定不变的情况下，某一预报因子 x_j 改变一个测量单位时，预报对象（二值分类变量）对应的优势比平均改变 $\mathrm{Exp}(b_j)$ 个单位。

需要指出的是，如果预报因子中存在无序多项分类变量，应进行哑变量化。假如无序多项分类变量有 i 个分类，则需要产生 $i-1$ 个哑变量。每一个哑变量的优势比是相对于参考分类，预报对象对应优势比的平均改变量。另外，预报因子全为分类变量时，需将预报对象、预报因子资料编排成频数表的形式。

16.1.3　回归效果的统计检验

16.1.3.1　全局性的统计检验

建立二值 Logistic 回归方程后，需要对其拟合情况进行全局性统计检验，即检验 H_0：$b_1 = b_2 = \cdots = b_m = 0$；$H_1$：$b_j$ 不全为 0。在 Logistic 回归方程拟合中，可采用似然比（Likelihood Ratio）检验和得分（Score）检验，其中似然比检验最常用。

似然比统计量是两个模型的最大对数似然值之差的负二倍。设模型 1（引入预报因子较少）的最大对数似然值为 $\ln L_0$，模型 2（引入预报因子较多）的最大对数似然值为 $\ln L_1$，则似然比检验统计量可表示为：

$$\chi^2_{LR} = -2(\ln L_0 - \ln L_1) = (-2LL_0) - (-2LL_1)$$

该统计量服从卡方分布，其自由度为预报因子个数的改变量。在全局性的统计检验中，模型 1（即 $-2LL_0$ 对应模型）中没有预报因子，只有常数项。引入全部预报因子后，如果由卡方分布计算得到的 ρ 值小于给定的显著性水平 α，则拒绝零假设，说明所有回归系数同时与零有显著差异，预报因子的变化能够反映预报对象的 Logistic 回归变化，意味着回归方程的拟合程度越好，或者说，至少有一个预报因子具有统计学意义。

得分检验结果因不需要迭代，相对似然比检验更快速，所以 SPSS 用这种检验作为逐步 Logistic 回归选取预报因子的标准，来检验每一个预报因子以及所有预报因子加入模型后是否具有统计学意义。得分检验也服从卡方分布。

16.1.3.2　单个预报因子的统计检验

在 Logistic 回归中，某一个预报因子 x_j 的检验采用 Wald 统计量：

$$\chi^2_{\mathrm{Wald}j} = (b_j / SE(b_j))^2$$

其自由度为 1。检验系数 b_j 是否为 0：如果由卡方分布计算得到的 ρ 值小于给定的显著性水平 α，则拒绝零假设，说明该预报因子 x_j 对于模型的作用有统计学意义。

16.1.3.3　模型拟合优度的评价

（1）Cox & Snell 决定系数 R^2_{CS}：

$$R^2_{\mathrm{CS}} = 1 - ((-2LL_0)/(-2LL_1))^{2/n}$$

式中：n 为观察个案数；$-2LL_0$ 为只有常数项的负二倍对数似然值；$-2LL_1$ 为包含所有预报因子的负二倍对数似然值。

该系数的缺点是最大值小于 1，所以不能很好地反映所有预报因子解释预报对象（二值分类变量)变异的百分比。Nagelkerke 决定系数修补了这一缺点,使其取值为 0 ~ 1。

(2)Nagelkerke 决定系数 R_N^2:

$$R_N^2 = R_{CS}^2 / (1 - (2LL_0)^{2/n})$$

由于二值 Logistic 回归方程中的事件概率越接近 0.5,方差越大,越偏离 0.5,方差则越小,所以上述决定系数不像一般线性回归模型,不是真正意义上的决定系数,而是伪决定系数,所以只能作为模型拟合优度的参考。

(3)Hosmer-Lemeshow 拟合优度检验:

将预测概率 P 从小到大排序,在规定每一组的观测样本数基本相等的前提下,分为 10 组,然后根据观测频数和期望频数构造卡方统计量,最后根据自由度为 8 的卡方分布计算其 ρ 值,并对 Logistic 回归方程进行检验。如果检验结果无统计学意义($\rho > 0.05$),表示回归方程预测值与观测值之间的差异无统计学意义,从而意味着模型拟合优度较好。

16.1.3.4　分类表

Logistic 回归常用如表 16-1 所示的分类表来反映拟合效果。

表 16-1　分类表(Classification Table)

		预测值(Predicted)		
		0	1	百分比校正(Percentage Correct)
观测值 (Observed)	0	n_{00}	n_{01}	f_0
	1	n_{10}	n_{11}	f_1
	总百分比(Overall Percentage)			f

其中,$n_{ij}(i = 0,1; j = 0,1)$ 表示样本中预报对象(二值分类变量)实际观测值为 i,而预测值为 j 的样本数;f_0 是预报对象在分类取值 $y = 0$ 时的正确判断率,$f_0 = (n_{00} / (n_{00} + n_{01})) \times 100\%$;$f_1$ 是预报对象在分类取值 $y = 1$ 时的正确判断率,$f_1 = (n_{11} / (n_{10} + n_{11})) \times 100\%$;$f$ 是总的正确预测百分率,$f = ((n_{00} + n_{11}) / (n_{00} + n_{01} + n_{10} + n_{11})) \times 100\%$。

16.1.3.5　预测概率直方图

预测概率直方图可用来评价 Logistic 回归预测的正确性。此图横轴是 $y = 1$ 所对应的预测概率(取值从 0 到 1),纵轴是观测分类频数,图中是由 0 和 1 组成的符号,每 4 个 0 或 4 个 1 代表一个个案。可以从以下两方面分析预测概率直方图:

(1)图形应呈 U 形而不是正态分布。如果图形呈 U 形分布,表示预测有较好的区分度(大多数"0"个案在预测概率 0.5 的左边,"1"个案在预测概率 0.5 的右边);如果图形呈正态分布,表示预测有较差的区分度,模型拟合较差。

(2)错误分类应该较少。图形左边为"1",或右边为"0",或预测概率接近 0.5 的情形越少越好。

16.1.4　分析计算过程

(1)建立由预报对象(二值分类变量)和 m 个预报因子样本观测变量序列组成的 SPSS 数据文件,其中 m 个预报因子可以是度量自变量、分类自变量,或者是两者的混合,保存数据文件。

(2)打开 SPSS 数据文件,在数据编辑窗口进行二值 Logistic 回归分析。保存数据编辑窗口中的数据和结果输出窗口中的统计结果、相关信息等。

(3)对回归效果进行统计检验。

(4)若通过统计检验,用二值 Logistic 回归方程进行预报。

16.2　SPSS 应用实例

本次选用新疆巴音郭楞蒙古自治州开都河大山口水文站 1962 ~ 2009 年 6 月下旬旬平均流量为预报对象(构建为反映 6 月下旬来水丰枯的二值分类因变量),选用 6 月中旬旬平均流量、2 月中旬旬平均气温和 6 月上旬降水量为预报因子,用 SPSS 进行了二值 Logistic回归分析计算,并对 2010 年 6 月下旬旬平均流量分类取值 $y = 1$ 的概率进行了预报,结果令人满意。

16.2.1　二值 Logistic 回归分析

打开 SPSS 数据文件,开都河大山口水文站 6 月下旬旬平均流量及相关预报因子变量序列见图 16-1、图 16-2。

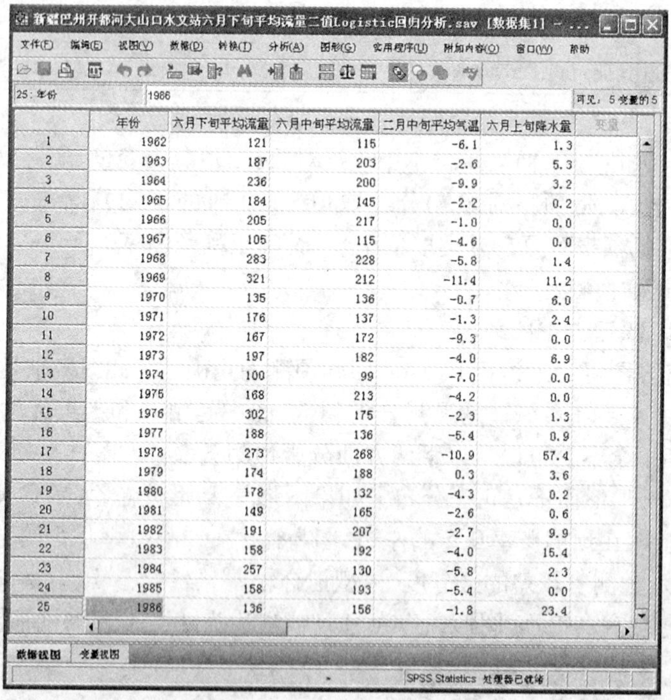

	年份	六月下旬平均流量	六月中旬平均流量	二月中旬平均气温	六月上旬降水量	变量
1	1962	121	115	-6.1	1.3	
2	1963	187	203	-2.6	5.3	
3	1964	236	200	-9.9	3.2	
4	1965	184	145	-2.2	0.2	
5	1966	205	217	-1.0	0.0	
6	1967	105	115	-4.6	0.0	
7	1968	283	228	-5.8	1.4	
8	1969	321	212	-11.4	11.2	
9	1970	135	136	-0.7	6.0	
10	1971	176	137	-1.3	2.4	
11	1972	167	172	-9.3	0.0	
12	1973	197	182	-4.0	6.9	
13	1974	100	99	-7.0	0.0	
14	1975	168	213	-4.2	0.0	
15	1976	302	175	-2.3	1.3	
16	1977	188	136	-5.4	0.9	
17	1978	273	268	-10.9	57.4	
18	1979	174	188	0.3	3.6	
19	1980	178	132	-4.3	0.2	
20	1981	149	165	-2.6	0.6	
21	1982	191	207	-2.7	9.9	
22	1983	158	192	-4.0	15.4	
23	1984	257	130	-5.8	2.3	
24	1985	158	193	-5.4	0.0	
25	1986	136	156	-1.8	23.4	

图 16-1　开都河大山口水文站 6 月下旬旬平均流量及相关预报因子变量序列(一)

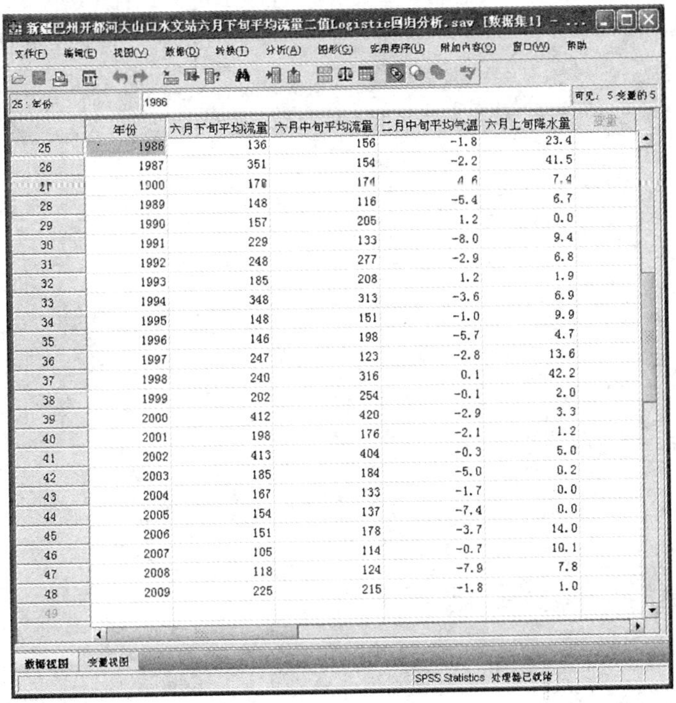

图 16-2　开都河大山口水文站 6 月下旬旬平均流量及相关预报因子变量序列(二)

16.2.1.1　计算历年 6 月下旬旬平均流量平均值

构建反映 6 月下旬来水丰枯的二值分类因变量时,需要用到历年 6 月下旬旬平均流量的平均值,按照 15.2.1 部分中计算历年 3 月中旬旬平均气温平均值的操作步骤,可由 SPSS 统计计算该平均值,输出结果见表 16-2。

表 16-2　描述统计量(Descriptive Statistics)

	N	极小值(Min)	极大值(Max)	均值(Mean)	标准差(Std. Deviation)
6 月下旬平均流量	48	100	413	202.18	74.497
有效的 N(列表状态) Valid N(Listwise)	48				

16.2.1.2　构建反映 6 月下旬来水丰枯的二值分类因变量序列

由表 16-2 可见,开都河大山口水文站历年 6 月下旬旬平均流量的平均值为 202.18 m^3/s。本次约定,当 6 月下旬旬平均流量低于 202.18 m^3/s 时,来水量属于枯水型,对应的二值分类因变量 $y_i = 0$;高于 202.18 m^3/s 时,来水量属于丰水型,$y_i = 1$。

根据上述约定,按照 15.2.1 部分中构建反映气候冷冬与暖冬类型的分类变量序列的操作步骤,可由 SPSS 自动生成二值分类因变量 y_i 序列,结果见图 16-3、图 16-4。

年份	六月下旬平均流量	六月中旬平均流量	二月中旬平均气温	六月上旬降水量	y
1962	121	115	-6.1	1.3	0
1963	187	203	-2.6	5.3	0
1964	236	200	-9.9	3.2	1
1965	184	145	-2.2	0.2	0
1966	205	217	-1.0	0.0	1
1967	105	115	-4.6	0.0	0
1968	283	228	-5.8	1.4	1
1969	321	212	-11.4	11.2	1
1970	135	136	-0.7	6.0	0
1971	176	137	-1.3	2.4	0
1972	167	172	-9.3	0.0	0
1973	197	182	-4.0	6.9	0
1974	100	99	-7.0	0.0	0
1975	168	213	-4.2	0.0	0
1976	302	175	-2.3	1.3	1
1977	188	136	-5.4	0.9	0
1978	273	268	-10.9	57.4	1
1979	174	188	0.3	3.6	0
1980	178	132	-4.3	0.2	0
1981	149	165	-2.6	0.6	0
1982	191	207	-2.7	9.9	0
1983	158	192	-4.0	15.4	0
1984	257	130	-5.8	2.3	1
1985	158	193	-5.4	0.0	0
1986	136	156	-1.8	23.4	0

图 16-3　生成的二值分类因变量 y_i 序列(一)

年份	六月下旬平均流量	六月中旬平均流量	二月中旬平均气温	六月上旬降水量	y
1986	136	156	-1.8	23.4	0
1987	351	154	-2.2	41.5	1
1988	178	174	4.6	7.4	0
1989	148	116	-5.4	6.7	0
1990	157	205	1.2	0.0	0
1991	229	133	-8.0	9.4	1
1992	248	277	-2.9	6.8	1
1993	185	208	1.2	1.9	0
1994	348	313	-3.6	6.9	1
1995	148	151	-1.0	9.9	0
1996	146	198	-5.7	4.7	0
1997	247	123	-2.8	13.6	1
1998	240	316	0.1	42.2	1
1999	202	254	-0.1	2.0	0
2000	412	420	-2.9	3.3	1
2001	198	176	-2.1	1.2	0
2002	413	404	-0.3	5.0	1
2003	185	184	-1.7	0.0	0
2004	167	133	-1.7	0.0	0
2005	154	137	-7.4	0.0	0
2006	151	178	-3.7	14.0	0
2007	105	114	-0.7	10.1	0
2008	118	124	-7.9	7.8	0
2009	225	215	-1.8	1.0	1

图 16-4　生成的二值分类因变量 y_i 序列(二)

16.2.1.3　二值 Logistic 回归分析

生成二值分类因变量 y_i 序列后,便可进行二值 Logistic 回归分析计算。SPSS 操作步骤如下:

步骤 1:在图 16-3 中依次单击菜单"分析→回归→二元 Logistic",见图 16-5,弹出 Logistic 回归对话框,从对话框左侧的列表框中选择"y",移动到因变量列表框,选择"六月中旬平均流量"、"二月中旬平均气温"和"六月上旬降水量",移动到协变量列表框,在方法下拉列表框中选择默认值"进入",即全部被选自变量一次性引入 Logistic 回归模型,见图 16-6。

步骤 2:单击图 16-6 中的"保存"按钮,打开保存对话框,依次选择"概率"、"组成员"和"未标准化",见图 16-7,单击"继续"按钮,返回图 16-6。

步骤 3:单击图 16-6 中的"选项"按钮,打开选项对话框,依次选择"分类图"、"Hosmer-Lemeshow 拟合度"、"个案的残差列表"和"exp(B) 的 CI(X)",见图 16-8,单击"继续"按钮,返回图 16-6。

步骤 4:单击图 16-6 中的"确定"按钮,执行二值 Logistic 回归的操作,SPSS 会自动以变量名"PRE_1"、"PGR_1"、"RES_1"将开都河大山口水文站 6 月下旬旬平均流量(二值分类变量)每个个案的预测概率、所判断的类别和非标准化残差显示在数据编辑窗口,见图 16-9、图 16-10。

二值 Logistic 回归分析在 SPSS 上的操作过程到此结束,用户应选择路径保存数据编辑窗口、结果输出窗口中的数据与结果,供后继分析使用。

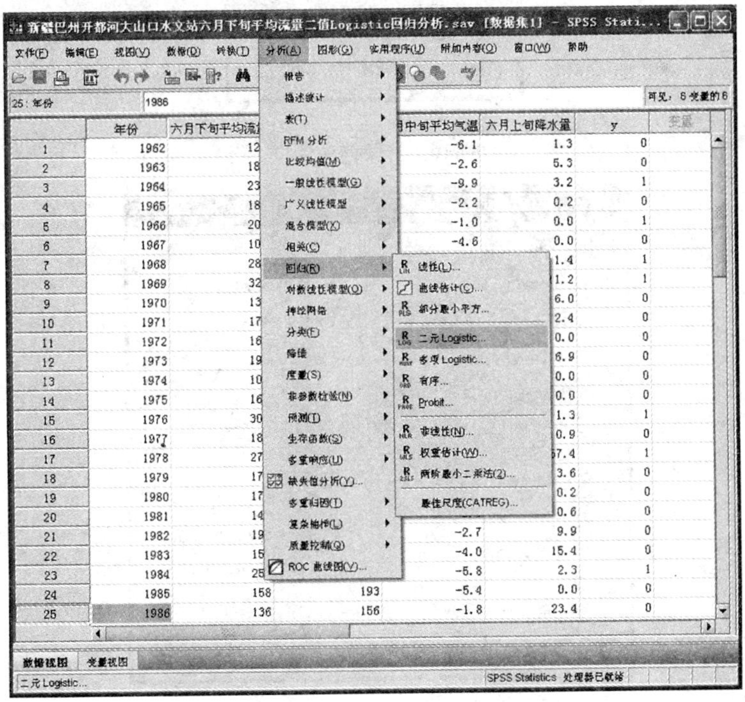

图 16-5　SPSS 二元 Logistic 回归模块

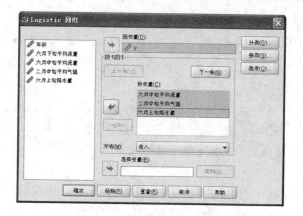

图 16-6　Logistic 回归对话框

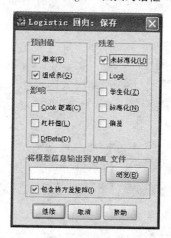

图 16-7　保存对话框

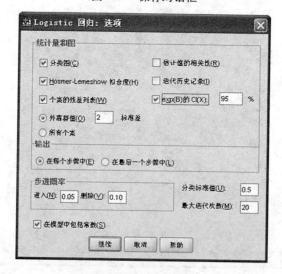

图 16-8　选项对话框

	年份	六月下旬平均流量	六月中旬平均流量	二月中旬平均气温	六月上旬降水量	y	PRE_1	PGR_1	RES_1	变量
1	1962	121	115	-6.1	1.3	0	0.08870	0	-0.08870	
2	1963	187	203	-2.6	5.3	0	0.29982	0	-0.29982	
3	1964	236	200	-9.9	3.2	1	0.70992	1	0.29008	
4	1965	184	145	-2.2	0.2	0	0.05902	0	-0.05902	
5	1966	205	217	-1.0	0.0	1	0.19639	0	0.80361	
6	1967	105	115	-4.6	0.0	0	0.05433	0	-0.05433	
7	1968	283	228	-5.8	1.4	1	0.57074	1	0.42926	
8	1969	321	212	-11.4	11.2	1	0.90597	1	0.09403	
9	1970	135	136	-0.7	6.0	0	0.05257	0	-0.05257	
10	1971	176	137	-1.3	2.4	0	0.04646	0	-0.04646	
11	1972	167	172	-9.3	0.0	0	0.44638	0	-0.44638	
12	1973	197	182	-4.0	6.9	0	0.30455	0	-0.30455	
13	1974	100	99	-7.0	0.0	0	0.07086	0	-0.07086	
14	1975	168	213	-4.2	0.0	0	0.34662	0	-0.34662	
15	1976	302	175	-2.3	1.3	1	0.12559	0	0.87441	
16	1977	188	136	-5.4	0.9	0	0.11359	0	-0.11359	
17	1978	273	268	-10.9	57.4	1	0.99943	1	0.00057	
18	1979	174	188	0.3	3.6	0	0.10508	0	-0.10508	
19	1980	178	132	-4.3	0.2	0	0.07422	0	-0.07422	
20	1981	149	165	-2.6	0.6	0	0.10247	0	-0.10247	
21	1982	191	207	-2.7	9.9	0	0.41951	0	-0.41951	
22	1983	158	192	-4.0	15.4	1	0.53554	1	-0.53554	
23	1984	257	130	-5.8	2.3	1	0.12307	0	0.87693	
24	1985	158	193	-5.4	0.0	0	0.31589	0	-0.31589	
25	1986	136	156	-1.8	23.4	0	0.35147	0	-0.35147	

图 16-9　每个个案的预测概率、所判断的类别和非标准化残差(一)

	年份	六月下旬平均流量	六月中旬平均流量	二月中旬平均气温	六月上旬降水量	y	PRE_1	PGR_1	RES_1	变量
25	1986	136	156	-1.8	23.4	0	0.35147	0	-0.35147	
26	1987	351	154	-2.2	41.5	1	0.73284	1	0.26716	
27	1988	178	174	4.6	7.4	0	0.03507	0	-0.03507	
28	1989	148	116	-5.4	6.7	0	0.11732	0	-0.11732	
29	1990	157	205	1.2	0.0	0	0.09121	0	-0.09121	
30	1991	229	133	-8.0	9.4	1	0.33805	0	0.66195	
31	1992	248	277	-2.9	6.8	1	0.75469	1	0.24531	
32	1993	185	208	1.2	1.9	0	0.11272	0	-0.11272	
33	1994	348	313	-3.6	6.9	1	0.89766	1	0.10234	
34	1995	148	151	-1.0	9.9	0	0.10674	0	-0.10674	
35	1996	146	198	-5.7	4.7	0	0.45543	0	-0.45543	
36	1997	247	123	-2.8	13.6	1	0.12311	0	0.87689	
37	1998	240	316	0.1	42.2	1	0.98665	1	0.01335	
38	1999	202	254	-0.1	2.0	0	0.35410	0	-0.35410	
39	2000	412	420	-2.9	3.3	1	0.98511	1	0.01489	
40	2001	198	176	-2.1	1.2	0	0.11987	0	-0.11987	
41	2002	413	404	-0.3	5.0	1	0.96310	1	0.03690	
42	2003	185	184	-5.0	0.2	0	0.24979	0	-0.24979	
43	2004	167	133	-1.7	0.0	0	0.03819	0	-0.03819	
44	2005	154	137	-7.4	0.0	0	0.17316	0	-0.17316	
45	2006	151	178	-3.7	14.0	0	0.40610	0	-0.40610	
46	2007	105	114	-0.7	10.1	0	0.04506	0	-0.04506	
47	2008	118	124	-7.9	7.8	0	0.25786	0	-0.25786	
48	2009	225	215	-1.8	1.0	1	0.23797	0	0.76203	
49										

图 16-10　每个个案的预测概率、所判断的类别和非标准化残差(二)

16.2.2 统计检验

对 SPSS 结果输出窗口中的统计表格数据分析如下:

16.2.2.1 编码信息

表 16-3 给出了预报对象(二值分类因变量)的初始编码信息,以及计算分析时编码的信息。

表 16-3 因变量编码(Dependent Variable Encoding)

初始值(Original Value)	内部值(Internal Value)
0	0
1	1

16.2.2.2 模型中只有常数项时的分类表

表 16-4 给出了模型中只有常数项时的分类表,可见,预报对象在分类取值 $y = 0$ 时的正确判断率为 100%,分类取值 $y = 1$ 时的正确判断率为 0%,总的正确预测百分率为 66.7%。

表 16-4 分类表[a,b](Classification Table[a,b])

已观测(Observed)			已预测(Predicted)		
			y		
			0	1	百分比校正(Percentage Correct)
步骤 0 (Step 0)	y	0	32	0	100.0
		1	16	0	0.0
	总计百分比(Overall Percentage)				66.7

注:a. 模型中包括常量。
　　b. 切割值为 0.500。

16.2.2.3 模型中只有常数项时的回归系数及其检验结果

表 16-5 给出了模型中只有常数项时的回归系数及其检验结果。

表 16-5 方程中的变量(Variables in the Equation)

		B	S. E	Wals	df	Sig.	Exp(B)
步骤 0 (Step 0)	常量 (Constant)	−0.693	0.306	5.125	1	0.024	0.500

16.2.2.4 单变量分析结果

表 16-6 为单变量分析结果。在将每个预报因子引入模型前,采用得分检验方法,检验每一个预报因子与预报对象(二值分类因变量)之间的统计关系,由表 16-6 可知,在 0.05 显著性水平下,可初步认为预报因子 6 月中旬平均流量、6 月上旬降水量与预报对象之间的关系有统计学意义,2 月中旬平均气温与预报对象之间的关系无统计学意义。

表 16-6　不在方程中的变量(Variables not in the Equation)

		得分(Score)	df	Sig.
步骤 0 (Step 0)	变量 (Variables)			
	6 月中旬旬平均流量	12.092	1	0.001
	2 月中旬旬平均气温	1.717	1	0.190
	6 月上旬降水量	5.720	1	0.017
	总统计量(Overall Statistics)	17.903	3	0.000

　　表 16-6 还给出了 3 个预报因子全部引入模型后的得分检验结果:Scoreχ^2 = 17.903,自由度为 3,相应 ρ 值为 0.000,说明模型全局性检验有统计学意义。

16.2.2.5　模型系数的综合检验

　　表 16-7 给出了模型系数的综合检验结果(建立回归方程的方法是 Enter,即强迫引入法)。Step 表示每一步与前一步相比的似然比检验结果,Block 表示 Block1 与 Block0 相比的似然比检验结果,Model 表示上一个模型与当前模型相比的似然比检验结果。对强迫引入法,这 3 种检验的结果相同,即似然比 χ^2 = 21.334,自由度为 3,相应 ρ = 0.000 < 0.001,说明至少有一个预报因子具有统计学意义。

表 16-7　模型系数的综合检验(Omnibus Tests of Model Coefficients)

		卡方(Chi-square)	df	Sig.
步骤 1 (Step 1)	步骤(Step)	21.334	3	0.000
	块(Block)	21.334	3	0.000
	模型(Model)	21.334	3	0.000

16.2.2.6　模型拟合优度的评价

　　由表 16-8 可见,Cox & Snell 决定系数 R^2_{CS} = 0.359,Nagelkerke 决定系数 R^2_N = 0.498。

表 16-8　模型汇总(Model Summary)

步骤 (Step)	−2 对数似然值 (−2 Log likelihood)	R^2_{CS} (Cox & Snell R Square)	R^2_N (Nagelkerke R Square)
1	39.771[a]	0.359	0.498

注:a. 因为参数估计的更改范围小于 0.001,所以估计在迭代次数为 6 处终止。

　　表 16-9 是 Hosmer-Lemeshow 拟合优度检验结果,可见 ρ = 0.066 > 0.05,表明回归方程预测值与观测值之间的差异无统计学意义,从而意味着模型拟合优度较好。表 16-10 是将预测概率均匀分为 10 组时的 Hosmer-Lemeshow 检验的随机性表。

表 16-9　Hosmer-Lemeshow 检验(Hosmer and Lemeshow Test)

步骤(Step)	卡方(Chi-square)	df	Sig.
1	14.656	8	0.066

表 16-10　Hosmer-Lemeshow 检验的随机性表(Contingency Table for Hosmer and Lemeshow Test)

		$y=0$		$y=1$		总计(Total)
		已观测(Observed)	期望值(Expected)	已观测(Observed)	期望值(Expected)	
步骤1(Step 1)	1	5	4.783	0	0.217	5
	2	5	4.653	0	0.347	5
	3	5	4.482	0	0.518	5
	4	3	4.403	2	0.597	5
	5	2	4.017	3	0.983	5
	6	4	3.484	1	1.516	5
	7	5	3.122	0	1.878	5
	8	3	2.282	2	2.718	5
	9	0	0.746	5	4.254	5
	10	0	0.029	3	2.971	3

16.2.2.7　模型中已引入全部预报因子时的分类表

表 16-11 给出了模型中已引入全部预报因子时的分类结果,可见,预报对象在分类取值 $y=0$ 时的正确判断率为 96.9%,分类取值 $y=1$ 时的正确判断率为 62.5%,而总的正确预测百分率为 85.4%,与表 16-4 只有常数项时的情形相比,提高了 85.4% - 66.7% = 18.7%。

表 16-11　分类表[a](Classification Table[a])

			已预测(Predicted)		
已观测(Observed)			y		百分比校正(Percentage Correct)
			0	1	
步骤1(Step 1)	y	0	31	1	96.9
		1	6	10	62.5
	总计百分比(Overall Percentage)				85.4

注:a. 切割值为 0.500。

16.2.2.8　模型中已引入全部预报因子时的回归系数及其检验结果

表 16-12 中蕴涵着以下丰富信息:

（1）如果用 Q 表示 6 月中旬旬平均流量，T 表示 2 月中旬旬平均气温，R 表示 6 月上旬降水量，则可建立如下的二值 Logistic 回归方程：

$$P = \exp(-6.830 + 0.024Q - 0.273T + 0.087R)/(1 + \exp(-6.830 + 0.024Q - 0.273T + 0.087R))$$

（2）可以检验所有预报因子对回归模型的贡献有无统计学意义。由每一个预报因子对应的 p 值可见，在 0.05 显著性水平下，6 月中旬旬平均流量有统计学意义，2 月中旬旬平均气温和 6 月上旬降水量在显著性水平附近。

（3）由每个预报因子 x_j 对应的 $\exp(b_j)$，可获得 x_j 对应的优势比 OR_j 及其 95% 置信区间。例如，6 月中旬旬平均流量对应的 OR_j 估计值 = $\exp(b_j)$ = 1.024，95% 的置信区间为（1.006，1.042），表明在其他预报因子固定不变的情况下，6 月中旬旬平均流量每改变一个测量单位时，预报对象（二值分类变量）属于丰水型（$y=1$）的优势比平均改变 1.024 倍，即属于丰水型的机会有略增的趋势（因为优势比大于 1）。又如，2 月中旬旬平均气温对应的 OR_j 估计值 = $\exp(b_j)$ = 0.761，95% 的置信区间为（0.572，1.013），表明在其他预报因子固定不变的情况下，2 月中旬旬平均气温每改变一个测量单位时，预报对象（二值分类变量）属于丰水型（$y=1$）的优势比平均改变 0.761 倍，即属于丰水型的机会有减少的趋势（因为优势比小于 1）。

表 16-12　方程中的变量（Variables in the Equation）

		B	标准误（S.E）	Wals	df	Sig.	Exp(B)	EXP(B) 的 95% C. I.（95% C. I. for EXP(B)）	
								下限（Lower）	上限（Upper）
步骤 1[a]（Step 1[a]）	六月中旬平均流量	0.024	0.009	7.046	1	0.008	1.024	1.006	1.042
	二月中旬平均气温	-0.273	0.146	3.499	1	0.061	0.761	0.572	1.013
	六月上旬降水量	0.087	0.047	3.345	1	0.067	1.091	0.994	1.197
	常量（Constant）	-6.830	2.047	11.132	1	0.001	0.001		

注：a. 在步骤 1 中输入的变量为 6 月中旬旬平均流量、2 月中旬旬平均气温、6 月上旬降水量。

16.2.2.9　预测概率直方图

由图 16-11 可见，在 48 个选定的观测个案中，大多数"0"个案在预测概率 0.5 的左边，"1"个案在预测概率 0.5 的右边，这是分类正确的情况。但预测概率 0.5 的左边也有 6 个"1"个案，右边也有 1 个"0"个案，这是分类错误的情况。分类基本上呈 U 形分布，左右数字多，中间数字较少，表明模型拟合效果总的来说还可以。

16.2.2.10　学生化残差大于 2 的案例

由表 16-13 可见，编号为 15、23、36 的观测个案学生化残差（ZResid）大于 2，按 0.05 显著性水平，这些个案为离群点，可能会明显地影响回归效果。

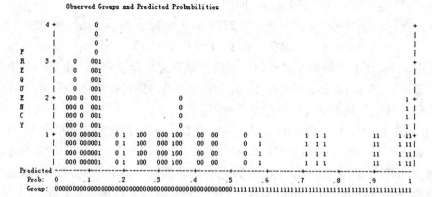

图 16-11　预测概率直方图

表 16-13　案例列表[b]（Casewise List[b]）

案例 （Case）	选定状态[a] （Selected Status）	已观测 （Observed） y	已预测 （Predicted）	预测组 （Predicted Group）	临时变量 （Temporary Variable）	
					残差 （Resid）	ZResid
15	S	1[**]	0. 126	0	0. 874	2. 639
23	S	1[**]	0. 123	0	0. 877	2. 669
36	S	1[**]	0. 123	0	0. 877	2. 669

注:a. S = 已选定,U = 未选定的案例及 ＊ ＊ = 未分类的案例。

　　b. 列出学生化残差大于 2. 000 的案例。

16. 2. 3　预报

开都河大山口水文站 2010 年 6 月中旬旬平均流量为 253 m^3/s,2 月中旬旬平均气温为 –7. 4 ℃,6 月上旬降水量为 5. 9 mm,代入上述二值 Logistic 回归方程,计算得该站 2010 年 6 月下旬旬平均流量属于丰水型($y_i = 1$)的概率为 0. 86 > 0. 5,所以可以断定为丰水型。实际情况是 393 m^3/s,高于历年平均值 202. 18 m^3/s,故属于丰水型,预报正确。

第 17 章　多项 Logistic 回归分析

17.1　回归方程、统计检验与分析计算过程

17.1.1　建立多项 Logistic 回归方程

第 16 章介绍了二值 Logistic 回归分析,但在中长期水文预报实践中,有时会遇到预报对象(即因变量)是多项分类变量的情况,如一条河流未来一段时间来水是偏丰、正常还是偏枯,再如根据重现期大小判断夏季洪峰流量是小洪水、中洪水、大洪水还是特大洪水,等等。对这类多项分类因变量,可以用多项 Logistic 回归分析方法,对其每一分类可能发生的概率进行预报。

多项 Logistic 回归分析就是通过一组预报因子(即一组自变量,也称为解释变量或协变量,可以是度量变量、分类变量或两者的混合),采用多个二值 Logistic 回归方程,来描述多项分类因变量各类与参照类相比的条件下预报因子对预报对象的作用。

如果预报对象 y(多项分类因变量)有 J 个类别,令第 $j(j=1,2,\cdots,J)$ 类的概率为 P_j,则预报对象的样本观测值在这 J 个类别中的分布服从多项分布,且 $\sum P_j = 1$。若用 $x_k(k=1,2,\cdots,m,m$ 是预报因子总数)表示预报因子,a_j 和 b_{jk} 分别表示第 j 类的常数项和预报因子回归系数,则多项 Logistic 回归方程可表示为:

$$\ln(p_j/p_J) = a_j + b_{j1}x_1 + \cdots + b_{jk}x_k + \cdots + b_{jm}x_m \quad (j = 1,2,\cdots,J-1)$$

上述方程是以多项分类因变量最后一类(J)为基线的(用户也可以选择其他类别为基线),可见,在每个类别 j 与基线类别 J 之间建立了 $J-1$ 个二值 Logistic 回归方程。

在多项 Logistic 回归方程中,每一个预报因子有 $J-1$ 个回归系数,其估计值 b_{jk} 表示在其他预报因子固定不变的情况下,某一预报因子 x_k 改变一个测量单位时,类别 j(相对于类别 J)的对数优势的平均改变量,或者说,类别 j(相对于类别 J)对应的优势比平均改变 $\exp(b_{jk})$ 个单位。

若令 $P = \sum(\exp(a_j + b_{j1}x_1 + \cdots + b_{jk}x_k + \cdots + b_{jm}x_m))$,则多项分类因变量每一分类可能发生的概率 P_j 的计算式可表示为:

$$P_j = \exp(a_j + b_{j1}x_1 + \cdots + b_{jk}x_k + \cdots + b_{jm}x_m)/P \quad (j = 1,2,\cdots,J-1)$$

不论以哪一类别为基线,基线对应的常数项与回归系数均为 0,所以基线类别可能发生的概率 $P_J = 1/P$。另外,建立回归方程的方法与二值 Logistic 回归相似。

需要指出的是,如果预报因子中存在被哑变量化的情形,则在每一个哑群内,各观测样本的实际概率或预测概率之和为 1。

17.1.2　优势与优势比

请参阅 16.1.2 部分相应内容。

17.1.3　回归效果的统计检验

请参阅 16.1.3 部分相应内容。

17.1.4　分析计算过程

(1)建立由预报对象(多项分类因变量)和 m 个预报因子样本观测变量序列组成的 SPSS 数据文件,其中 m 个预报因子可以是度量自变量、分类自变量,或者是两者的混合,保存数据文件。

(2)打开 SPSS 数据文件,在数据编辑窗口进行多项 Logistic 回归分析。保存数据编辑窗口中的数据和结果输出窗口中的统计结果、相关信息等。

(3)对回归效果进行统计检验。

(4)若通过统计检验,用多项 Logistic 回归方程进行预报。

17.2　SPSS 应用实例

本次选用新疆巴音郭楞蒙古自治州开都河大山口水文站 1962～2009 年 6 月下旬旬平均流量为预报对象(构建为反映 6 月下旬来水偏丰、正常或偏枯的多项分类因变量),选用 6 月中旬旬平均流量、2 月中旬旬平均气温和 6 月上旬降水量为预报因子,用 SPSS 进行了多项 Logistic 回归分析计算,并对 2010 年 6 月下旬旬平均流量每一分类可能发生的概率进行了预报(其中概率最大的类别发生的可能性最大),结果令人满意。

17.2.1　多项 Logistic 回归分析

打开 SPSS 数据文件,开都河大山口水文站 6 月下旬旬平均流量及相关预报因子变量序列见第 16 章图 16-1、图 16-2。

17.2.1.1　计算历年 6 月下旬旬平均流量平均值

构建反映 6 月下旬来水偏丰、正常或偏枯的多项分类因变量时,需要用到历年 6 月下旬旬平均流量的平均值,按照 15.2.1 部分中计算历年 3 月中旬旬平均气温平均值的操作步骤,可由 SPSS 统计计算该平均值,输出结果见表 17-1。

表 17-1　描述统计量(Descriptive Statistics)

	N	极小值(Min)	极大值(Max)	均值(Mean)	标准差(Std. Deviation)
六月下旬旬平均流量	48	100	413	202. 18	74. 497
有效的 N(列表状态) Valid N(Listwise)	48				

17.2.1.2　构建 6 月下旬旬平均流量多项分类因变量序列

由表 17-1 可见,开都河大山口水文站历年 6 月下旬旬平均流量的平均值为 202. 18 m^3/s。本次约定,该站 6 月下旬旬平均流量低于 181. 962 m^3/s(即距平值 < -10)时,来水量为偏枯,对应的多项分类因变量 $y = 1$;介于 181. 962 m^3/s 和 222. 398 m^3/s 之间(即距

平值介于 -10 和 10 之间)为正常,$y=2$;高于 222.398 m^3/s(即距平值 > 10)为偏丰,$y=3$。

根据上述约定,按照 15.2.1 部分中构建反映气候冷冬与暖冬类型的分类变量序列的操作步骤,可由 SPSS 自动生成多项分类因变量 y 序列,结果见图 17-1、图 17-2。

	年份	六月下旬平均流量	六月中旬平均流量	二月中旬平均气温	六月上旬降水量	y
1	1962	121	115	-6.1	1.3	1
2	1963	187	203	-2.6	5.3	2
3	1964	236	200	-9.9	3.2	3
4	1965	184	145	-2.2	0.2	2
5	1966	205	217	-1.0	0.0	2
6	1967	105	115	-4.6	0.0	1
7	1968	283	228	-5.8	1.4	3
8	1969	321	212	-11.4	11.2	3
9	1970	135	136	-0.7	6.0	1
10	1971	176	137	-1.3	2.4	1
11	1972	167	172	-9.3	0.0	1
12	1973	197	182	-4.0	6.9	2
13	1974	100	99	-7.0	0.0	1
14	1975	168	213	-4.2	0.0	1
15	1976	302	175	-2.3	1.3	3
16	1977	188	136	-5.4	0.9	2
17	1978	273	268	-10.9	57.4	3
18	1979	174	188	0.3	3.6	1
19	1980	178	132	-4.3	0.2	1
20	1981	149	165	-2.6	0.6	1
21	1982	191	207	-2.7	9.9	2
22	1983	158	192	-4.0	15.4	1
23	1984	257	130	-5.8	2.3	3
24	1985	158	193	-5.4	0.0	1
25	1986	136	156	-1.8	23.4	1

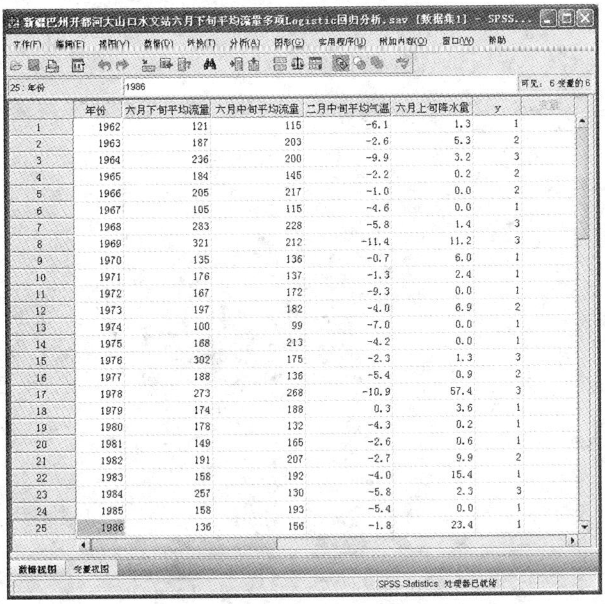

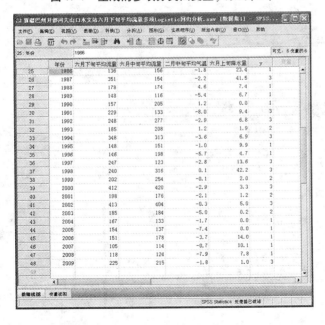

图 17-1　生成的多项分类因变量 y 序列(一)

	年份	六月下旬平均流量	六月中旬平均流量	二月中旬平均气温	六月上旬降水量	y
25	1986	136	156	-1.8	23.4	1
26	1987	351	154	-2.2	41.5	3
27	1988	178	174	4.6	7.4	1
28	1989	148	116	-5.4	6.7	1
29	1990	157	205	1.2	0.0	1
30	1991	229	133	-8.0	9.4	3
31	1992	248	277	-2.9	6.8	3
32	1993	185	208	1.2	1.9	2
33	1994	348	313	-3.6	6.9	3
34	1995	148	151	-1.0	9.9	1
35	1996	146	198	-5.7	4.7	1
36	1997	247	123	-2.8	13.6	3
37	1998	240	316	0.1	42.2	3
38	1999	202	254	-0.1	2.0	2
39	2000	412	420	-2.9	3.3	3
40	2001	198	176	-2.1	1.2	2
41	2002	413	404	-0.3	5.0	3
42	2003	185	184	-5.0	0.2	2
43	2004	167	133	-1.7	0.0	1
44	2005	154	137	-7.4	0.0	1
45	2006	151	178	-3.7	14.0	1
46	2007	105	114	-0.7	10.1	1
47	2008	118	124	-7.9	7.8	1
48	2009	225	215	-1.8	1.0	3

图 17-2　生成的多项分类因变量 y 序列(二)

17.2.1.3　多项 Logistic 回归分析

生成多项分类因变量 y 序列后,便可进行多项 Logistic 回归分析计算。SPSS 操作步骤如下:

步骤1：在图17-1中依次单击菜单"分析→回归→多项Logistic"，见图17-3，从弹出的多项Logistic回归对话框左侧的列表框中选择"y"，移动到因变量列表框，选择"六月中旬平均流量"、"二月中旬平均气温"和"六月上旬降水量"，移动到协变量列表框，见图17-4，单击因变量列表框下侧的"参考类别"按钮，打开参考类别对话框，见图17-5，选择单选钮"最后类别"，单击"继续"按钮，返回图17-4。

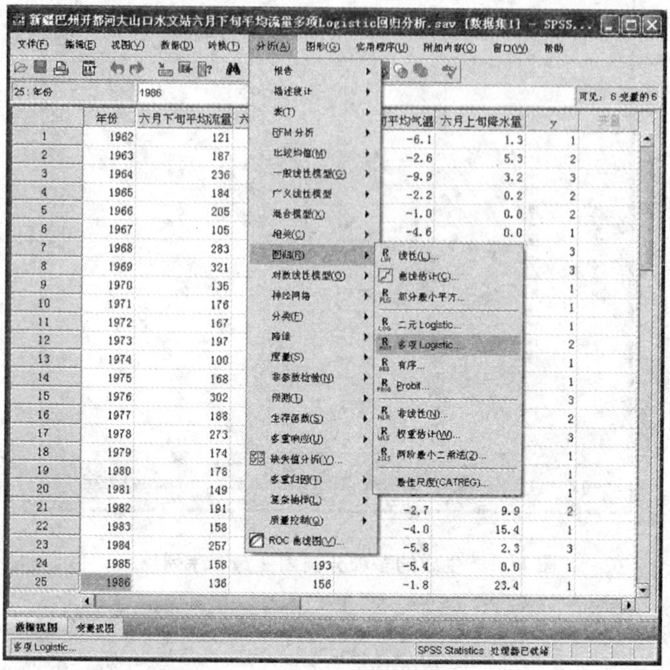

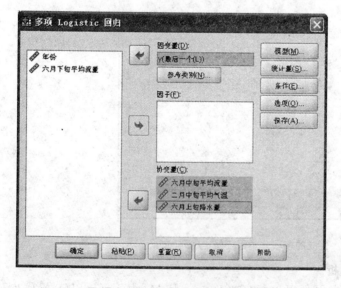

图 17-3　SPSS 多项 Logistic 回归模块

图 17-4　多项 Logistic 回归对话框

图 17-5　参考类别对话框

步骤 2：单击图 17-4 中的"统计量"按钮，打开统计量对话框，依次选择"个案处理摘要"、"伪 R 方"、"步骤摘要"、"模型拟合度信息"、"分类表"、"拟合度"、"估计"和"似然比检验"，见图 17-6，单击"继续"按钮，返回图 17-4。

步骤 3：单击图 17-4 中的"保存"按钮，打开保存对话框，依次选择"估计响应概率"、"预测类别"、"预测类别概率"和"实际类别概率"，见图 17-7，单击"继续"按钮，返回图 17-4。

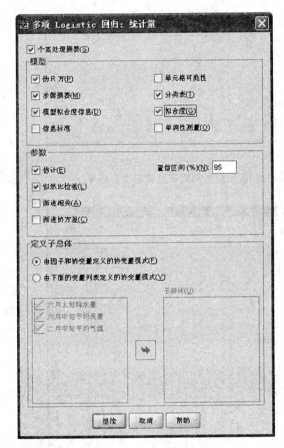

图 17-6　统计量对话框

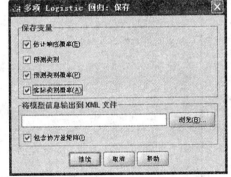

图 17-7　保存对话框

步骤 4：单击图 17-4 中的"确定"按钮，执行多项 Logistic 回归的操作，SPSS 会自动以变量名"EST1_1"、"EST2_1"、"EST3_1"、"PRE_1"、"PCP_1"、"ACP_1"将开都河大山口水文站 6 月下旬旬平均流量（多项分类变量）每个个案的估计响应概率（对应 3 个分类）、预测类别、预测类别概率和实际类别概率显示在数据编辑窗口，见图 17-8、图 17-9。

多项 Logistic 回归分析在 SPSS 上的操作过程到此结束，用户应选择路径保存数据编辑窗口、结果输出窗口中的数据与结果，供后继分析使用。

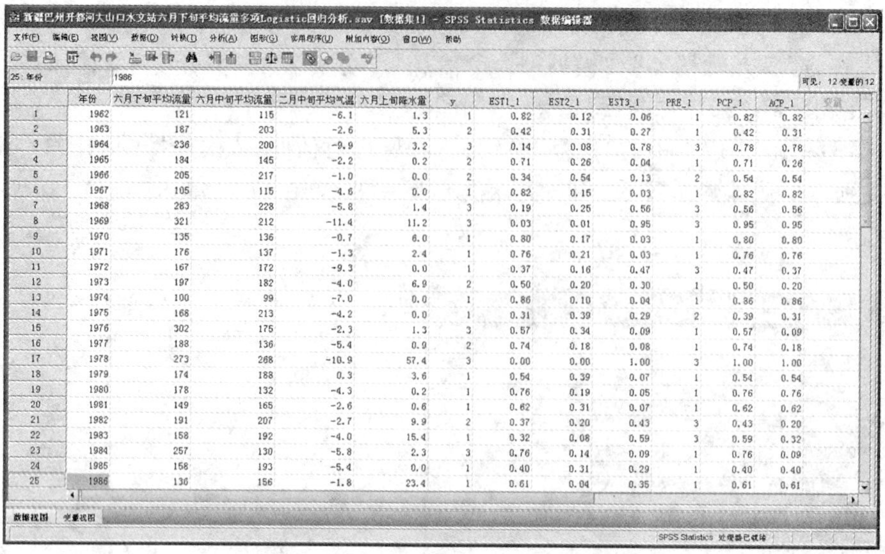

	年份	六月下旬平均流量	六月中旬平均流量	二月中旬平均气温	六月上旬降水量	y	EST1_1	EST2_1	EST3_1	PRE_1	PCP_1	ACP_1
1	1962	121	115	-6.1	1.3	1	0.82	0.12	0.06	1	0.82	0.82
2	1963	187	203	-2.6	5.3	2	0.42	0.31	0.27	1	0.42	0.31
3	1964	236	200	-9.9	3.2	3	0.14	0.08	0.78	3	0.78	0.78
4	1965	184	145	-2.2	0.2	2	0.71	0.26	0.04	1	0.71	0.26
5	1966	205	217	-1.0	0.0	2	0.34	0.54	0.13	2	0.54	0.54
6	1967	105	115	-4.6	0.0	1	0.82	0.15	0.03	1	0.82	0.82
7	1968	283	228	-5.8	1.4	3	0.19	0.25	0.56	3	0.56	0.56
8	1969	321	212	-11.4	11.2	3	0.03	0.01	0.95	3	0.95	0.95
9	1970	135	136	-0.7	6.0	1	0.80	0.17	0.03	1	0.80	0.80
10	1971	176	137	-1.3	2.4	1	0.76	0.21	0.03	1	0.76	0.76
11	1972	167	172	-9.3	0.0	1	0.37	0.16	0.47	3	0.47	0.37
12	1973	197	182	-4.0	6.9	2	0.50	0.20	0.30	1	0.50	0.20
13	1974	100	99	-7.0	0.0	1	0.86	0.10	0.04	1	0.86	0.86
14	1975	168	213	-4.2	0.0	1	0.31	0.39	0.29	2	0.39	0.31
15	1976	302	175	-2.3	1.3	3	0.57	0.34	0.09	1	0.57	0.09
16	1977	188	136	-5.4	0.9	2	0.74	0.18	0.08	1	0.74	0.18
17	1978	273	268	-10.9	57.4	3	0.00	0.00	1.00	3	1.00	1.00
18	1979	174	188	0.3	3.6	1	0.54	0.39	0.07	1	0.54	0.54
19	1980	178	132	-4.3	0.2	1	0.76	0.19	0.05	1	0.76	0.76
20	1981	149	165	-2.6	0.6	1	0.62	0.31	0.07	1	0.62	0.62
21	1982	191	207	-2.7	9.9	2	0.37	0.20	0.43	3	0.43	0.20
22	1983	158	192	-4.0	15.4	1	0.32	0.08	0.59	3	0.59	0.32
23	1984	257	130	-5.8	2.3	3	0.76	0.14	0.09	1	0.76	0.09
24	1985	158	193	-5.4	0.0	1	0.40	0.31	0.29	1	0.40	0.40
25	1986	136	156	-1.8	23.4	1	0.61	0.04	0.35	1	0.61	0.61

图 17-8　每个个案的估计响应概率、预测类别、预测类别概率及实际类别概率(一)

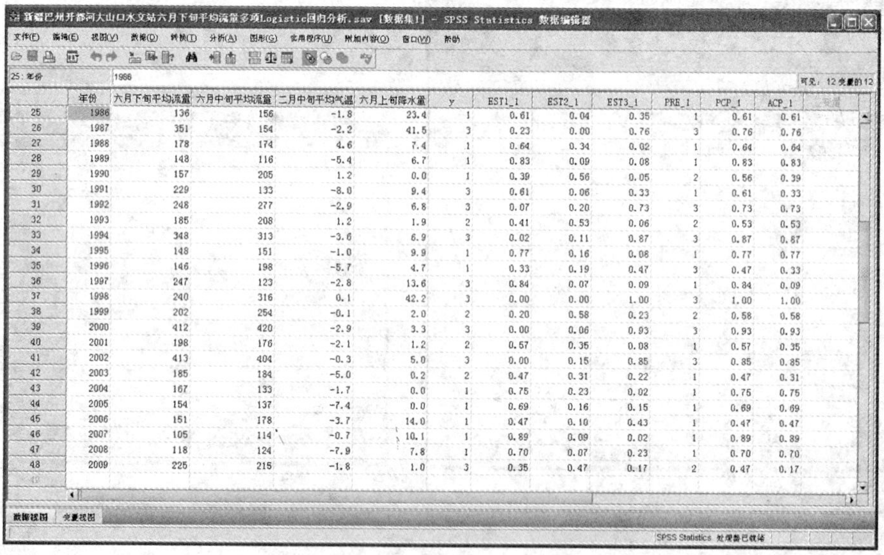

	年份	六月下旬平均流量	六月中旬平均流量	二月中旬平均气温	六月上旬降水量	y	EST1_1	EST2_1	EST3_1	PRE_1	PCP_1	ACP_1
25	1986	136	156	-1.8	23.4	1	0.61	0.04	0.35	1	0.61	0.61
26	1987	351	154	-2.2	41.5	3	0.23	0.00	0.76	3	0.76	0.76
27	1988	178	174	4.6	7.4	1	0.64	0.34	0.02	1	0.64	0.64
28	1989	148	116	-5.4	6.7	1	0.83	0.09	0.08	1	0.83	0.83
29	1990	157	205	1.2	0.0	1	0.39	0.56	0.05	2	0.56	0.39
30	1991	229	133	-8.0	9.4	3	0.61	0.06	0.33	1	0.61	0.33
31	1992	248	277	-2.9	6.8	3	0.07	0.20	0.73	3	0.73	0.73
32	1993	185	208	1.2	1.9	2	0.41	0.53	0.06	2	0.53	0.53
33	1994	348	313	-3.6	6.9	3	0.02	0.11	0.87	3	0.87	0.87
34	1995	148	151	-1.0	9.9	1	0.77	0.16	0.08	1	0.77	0.77
35	1996	146	198	-5.7	4.7	1	0.33	0.19	0.47	3	0.47	0.33
36	1997	247	123	-2.8	13.6	3	0.84	0.07	0.09	1	0.84	0.09
37	1998	240	316	0.1	42.2	3	0.00	0.00	1.00	3	1.00	1.00
38	1999	202	254	-0.1	2.0	2	0.20	0.58	0.23	2	0.58	0.58
39	2000	412	420	-2.9	3.3	3	0.00	0.06	0.93	3	0.93	0.93
40	2001	198	176	-2.1	1.2	2	0.57	0.35	0.08	1	0.57	0.35
41	2002	413	404	-0.3	5.0	3	0.00	0.15	0.85	3	0.85	0.85
42	2003	185	184	-5.0	0.2	2	0.47	0.31	0.22	1	0.47	0.31
43	2004	167	133	-1.7	0.0	1	0.75	0.23	0.02	1	0.75	0.75
44	2005	154	137	-7.4	0.0	1	0.69	0.16	0.15	1	0.69	0.69
45	2006	151	178	-3.7	14.0	1	0.47	0.10	0.43	1	0.47	0.47
46	2007	105	114	-0.7	10.1	1	0.89	0.09	0.02	1	0.89	0.89
47	2008	118	124	-7.9	7.8	1	0.70	0.07	0.23	1	0.70	0.70
48	2009	225	215	-1.8	1.0	3	0.35	0.47	0.17	2	0.47	0.17

图 17-9　每个个案的估计响应概率、预测类别、预测类别概率及实际类别概率(二)

17.2.2　统计检验

对 SPSS 结果输出窗口中的统计表格数据分析如下。

17.2.2.1　案例处理摘要

表 17-2 是案例处理摘要,可见,48 个多项分类预报对象个案全部有效,其中偏枯的有 23 个个案,正常 10 个,偏丰 15 个。

表 17-2　案例处理摘要(Case Processing Summary)

		N	边际百分比(Marginal Percentage)
y	1	23	47.9%
	2	10	20.8%
	3	15	31.3%
	有效(Valid)	48	100.0%
	缺失(Missing)	0	
	总计(Total)	48	
	子总体(Subpopulation)	48[a]	

注:a. 因变量只有一个在 48(100.0%)子总体中观察到的值。

17.2.2.2　模型拟合信息

表 17-3 给出了只包含截距项的模型和最终模型的似然比检验结果,其 -2 倍对数似然值分别为 100.109、70.672, $\chi^2 = 29.438$,自由度为 6,显著性水平 $\rho = 0.000 < 0.001$,表明最终模型要优于只含截距项的模型,即最终模型成立,也说明模型中至少有 1 个预报因子有统计学意义。

表 17-3　模型拟合信息(Model Fitting Information)

模型(Model)	模型拟合标准(Model Fitting Criteria)	似然比检验(Likelihood Ratio Tests)		
	-2 倍对数似然值(-2 Log Likelihood)	卡方(Chi-Square)	df	显著水平(Sig.)
仅截距(Intercept Only)	100.109			
最终(Final)	70.672	29.438	6	0.000

17.2.2.3　拟合优度

表 17-4 给出了拟合优度检验结果,可见,Pearson χ^2 及偏差 χ^2 分别为 81.528($\rho = 0.674 > 0.05$)、70.672($\rho = 0.912 > 0.05$),表明多项 Logistic 回归方程预测值与观测值之间的差异无统计学意义,从而意味着模型拟合优度较好。

表 17-4　拟合优度(Goodness-of-Fit)

	卡方(Chi-Square)	df	显著水平(Sig.)
Pearson	81.528	88	0.674
偏差(Deviance)	70.672	88	0.912

17.2.2.4　伪 R^2

由表 17-5 可见,Cox & Snell 决定系数 $R_{CS}^2 = 0.458$,Nagelkerke 决定系数 $R_N^2 = 0.523$,McFadden 决定系数 $R_M^2 = 0.294$。

表 17-5　伪 R^2 (Pseudo R-Square)

Cox & Snell	0.458
Nagelkerke	0.523
McFadden	0.294

17.2.2.5　似然比检验

表 17-6 用于判断预报因子对多项 Logistic 回归方程的作用是否有统计学意义,由表可知,所有预报因子的显著性水平 ρ 都小于 0.05,说明在 0.05 显著性水平下,预报因子对多项 Logistic 回归方程的贡献都有统计学意义。

表 17-6　似然比检验(Likelihood Ratio Tests)

效应(Effect)	模型拟合标准(Model Fitting Criteria)	似然比检验(Likelihood Ratio Tests)		
	简化后的模型的 −2 倍对数似然值 (−2 Log Likelihood of Reduced Model)	卡方(Chi-Square)	df	显著水平(Sig.)
截距(Intercept)	94.734	24.062	2	0.000
六月中旬平均流量	88.410	17.739	2	0.000
二月中旬平均气温	76.721	6.050	2	0.049
六月上旬降水量	77.397	6.725	2	0.035

注:卡方统计量是最终模型与简化后模型之间在 −2 倍对数似然值中的差值。通过从最终模型中省略效应而形成简化后的模型。零假设就是该效应的所有参数均为 0。

17.2.2.6　参数估计

表 17-7 给出了以类别 3 为基线的多项 Logistic 回归方程参数估计结果,表中蕴涵着以下丰富的信息:

表 17-7　参数估计(Parameter Estimates)

y^a		B	标准误 (S.E)	Wald	df	显著 水平 (Sig.)	Exp(B)	Exp(B) 的置信区间 95% (95% Confidence Interval for Exp(B))	
								下限 (Lower Bound)	上限 (Upper Bound)
1	截距(Intercept)	8.589	2.496	11.838	1	0.001			
	六月中旬旬平均流量	−0.034	0.011	9.108	1	0.003	0.967	0.946	0.988
	二月中旬旬平均气温	0.330	0.175	3.550	1	0.060	1.392	0.987	1.962
	六月上旬降水量	−0.094	0.053	3.180	1	0.075	0.910	0.821	1.009
2	截距(Intercept)	4.880	2.220	4.831	1	0.028			
	六月中旬旬平均流量	−0.014	0.008	2.745	1	0.098	0.986	0.970	1.003
	二月中旬旬平均气温	0.385	0.194	3.950	1	0.047	1.470	1.005	2.149
	六月上旬降水量	−0.173	0.100	2.962	1	0.085	0.841	0.691	1.024

注:a. 参考类别是 3。

（1）如果用 Q 表示 6 月中旬旬平均流量，T 表示 2 月中旬旬平均气温，R 表示 6 月上旬降水量，则可建立如下 3 个多项分类因变量每一分类可能发生的概率 P_j 的计算式：

$$P_1 = \exp(8.589 - 0.034Q + 0.330T - 0.094R)/(1 + \exp(8.589 - 0.034Q + 0.330T - 0.094R) + \exp(4.880 - 0.014Q + 0.385T - 0.173R))$$

$$P_2 = \exp(4.880 - 0.014Q + 0.385T - 0.173R)/(1 + \exp(8.589 - 0.034Q + 0.330T - 0.094R) + \exp(4.880 - 0.014Q + 0.385T - 0.173R))$$

$$P_3 = 1/(1 + \exp(8.589 - 0.034Q + 0.330T - 0.094R) + \exp(4.880 - 0.014Q + 0.385T - 0.173R))$$

式中：P_1 为类别 1 与基线类别 3 相比较得到的预测概率（偏枯型）；P_2 为类别 2 与基线类别 3 相比较得到的预测概率（正常型）；P_3 为基线类别 3 的预测概率（偏丰型）。

（2）可以检验所有预报因子对多项 Logistic 回归方程的贡献有无统计学意义。由每一个预报因子对应的 ρ 值可见，在 0.05 显著性水平下，当类别 1 与基线类别 3 相比较时，6 月中旬旬平均流量有统计学意义，2 月中旬旬平均气温和 6 月上旬降水量稍偏离显著性水平；当类别 2 与基线类别 3 相比较时，2 月中旬旬平均气温有统计学意义，6 月中旬旬平均流量和 6 月上旬降水量稍偏离显著性水平。

（3）由每个预报因子 x_k 对应的 $\exp(b_{jk})$，可获得 x_k 对应的优势比 OR_k 及其 95% 置信区间。例如，当类别 1 与基线类别 3 相比较时，6 月中旬旬平均流量对应的 OR_k 估计值 $= \exp(b_{jk}) = 0.967$，95% 的置信区间为（0.946，0.988），表明在其他预报因子固定不变的情况下，6 月中旬旬平均流量每改变一个测量单位时，类别 1（相对于类别 3）对应的优势比平均改变 0.967 个单位，即属于偏枯型的机会有减少的趋势（因为优势比小于 1）。又如，当类别 2 与基线类别 3 相比较时，2 月中旬旬平均气温对应的 OR_k 估计值 $= \exp(b_{jk}) = 1.470$，95% 的置信区间为（1.005，2.149），表明在其他预报因子固定不变的情况下，2 月中旬旬平均气温每改变一个测量单位时，类别 2（相对于类别 3）对应的优势比平均改变 1.470 个单位，即属于正常型的机会有略增的趋势（因为优势比大于 1）。

17.2.2.7　分类表

由表 17-8 可见，总的正确预测百分率为 64.6%，说明多项 Logistic 回归方程的预测效果良好（如果总的正确预测百分率大于 50%，预测良好，反之预测为不好）。

表 17-8　分类（Classification）

观察值（Observed）	预测值（Predicted）			
	1	2	3	百分比校正（Percent Correct）
1	18	2	3	78.3%
2	6	3	1	30.0%
3	4	1	10	66.7%
总百分比（Overall Percentage）	58.3%	12.5%	29.2%	64.6%

17.2.3　预报

开都河大山口水文站 2010 年 6 月中旬旬平均流量为 253 m³/s,2 月中旬旬平均气温为 -7.4 ℃,6 月上旬降水量为 5.9 mm,代入上述 3 个类别的预测概率 P_j 计算式,计算得:

$$P_1 = \exp(8.589 - 0.034 \times 253 + 0.330 \times (-7.4) - 0.094 \times 5.9)/(1 + \exp(8.589 -$$
$$0.034 \times 253 + 0.330 \times (-7.4) - 0.094 \times 5.9) + \exp(4.880 - 0.014 \times 253 +$$
$$0.385 \times (-7.4) - 0.173 \times 5.9)) = 0.04$$

$$P_2 = \exp(4.880 - 0.014 \times 253 + 0.385 \times (-7.4) - 0.173 \times 5.9)/(1 + \exp(8.589 -$$
$$0.034 \times 253 + 0.330 \times (-7.4) - 0.094 \times 5.9) + \exp(4.880 -$$
$$0.014 \times 253 + 0.385 \times (-7.4) - 0.173 \times 5.9)) = 0.07$$

$$P_3 = 1/(1 + \exp(8.589 - 0.034 \times 253 + 0.330 \times (-7.4) - 0.094 \times 5.9) +$$
$$\exp(4.880 - 0.014 \times 253 + 0.385 \times (-7.4) - 0.173 \times 5.9)) = 0.89$$

可见,P_3 值最大,所以 $y = 3$ 的可能性最大,即开都河大山口水文站 2010 年 6 月下旬旬平均流量预计为偏丰的可能性较大。实际情况是 393 m³/s,高于偏丰的下限值 222.398 m³/s,属于偏丰型,预报正确。

第 18 章　有序回归分析

18.1　回归方程、统计检验与分析计算过程

18.1.1　建立有序回归方程

第 17 章介绍了多项 Logistic 回归分析,其预报对象(即因变量)是多项分类变量,而多项分类变量还可分为无序多项分类变量和有序多项分类变量两种。无序多项分类变量:如预测一条河流的洪水类型是暴雨型、融雪型、雨雪混合型还是溃坝型,这类多项分类变量的取值只代表观测对象的不同类别,不存在内在大小或高低顺序,仅仅起名义上的指代作用。有序多项分类变量:如预测一条河流未来一段时间来水是偏丰、正常还是偏枯,再如,根据重现期大小判断夏季洪峰流量是小洪水、中洪水、大洪水还是特大洪水,等等,这类多项分类变量的取值有内在大小或高低顺序之分。如果需要对这些有序多项分类因变量每一分类可能发生的概率进行预报,除可以应用第 17 章介绍的多项 Logistic 回归分析方法外,还可用有序回归分析方法。

有序回归分析就是通过一组预报因子(即一组自变量,也称为解释变量或协变量,可以是度量变量、分类变量或两者的混合),采用逐步改变参照类的方法,建立多个类似二值 Logistic 的回归方程,来描述有序多项分类因变量各类与参照类相比的条件下预报因子对预报对象的作用。

如果预报对象 y(有序多项分类因变量)有 J 个类别,令第 $j(j=1,2,\cdots,J)$ 类的概率为 P_j,则 $\sum P_j = 1$,且 $y \leqslant j$ 的累加概率可表示为 $P(y \leqslant j) = P_1 + \cdots + P_j$。SPSS 提供了 Cauchit、补充对数 – 对数、Logit、负对数 – 对数、概率等 5 种关于累加概率 $P(y \leqslant j)$ 的连接函数,其中在有序回归分析中最常用的是 Logit 连接函数,若用 $x_k(k=1,2,\cdots,m,m$ 是预报因子总数)表示预报因子,a_j 和 b_k 分别表示第 j 类的常数项与预报因子回归系数,则 Logit 连接函数形式为:

$$\ln(P(y \leqslant j)/(1 - P(y \leqslant j))) = a_j - (b_1 x_1 + \cdots + b_m x_m) \quad (j = 1,2,\cdots,J-1)$$

由上式可建立 $J-1$ 个累加 Logit 模型,第 j 个累加 Logit 模型类似一个二值 Logistic 回归模型,其中 $1 \sim j$ 类合并为一类,而 $(j+1) \sim J$ 类再合并为另一类,再将两类相比较(后一类为参照类,是逐步改变的),也就是说,将原来的多项分类通过合并转变成了一般的二值分类。另外,累加概率具有 $P(y \leqslant 1) \leqslant P(y \leqslant 2) \leqslant \cdots \leqslant P(y \leqslant J) = 1$ 的顺序,且 $P(y \leqslant J) = 1$,累加 Logit 模型的 $J-1$ 个预测概率回归方程为:

$$P(y \leqslant j) = \exp(a_j - (b_1 x_1 + \cdots + b_m x_m))/(1 + \exp(a_j - (b_1 x_1 + \cdots + b_m x_m)))$$

其中,$j=1,2,\cdots,J-1$,$P(y \leqslant j)$ 是 $y \leqslant j$ 的累加概率,由此可计算得有序多项分类因变量每一分类可能发生的概率:第 1 类的概率为 $P_1 = P(y \leqslant 1)$,第 j 类的概率为 $P_j = P(y \leqslant j) -$

$P(y \leqslant (j-1))$，第 J 类的概率为 $P_J = 1 - P(y \leqslant (J-1))$。

需要指出的是，在有序回归分析 $J-1$ 个连接函数和预测概率模型中，回归系数 b_k 是假设不变的，只是常数项 a_j 在改变。回归系数 b_k 表示在其他预报因子固定不变的情况下，某一预报因子 x_k 改变一个测量单位时，$\text{Logit}(P(y>j))$ 或对数优势的平均改变量。b_k 反映了预报因子 x_k 对类别 $y > j$ 的效应大小。当 $b_k = 0$ 时，表示预报因子 x_k 与预报对象 y 独立，即 x_k 对于 y 的贡献无统计学意义；当 $b_k > 0$ 时，表示随着 x_k 的增加，y 取值更可能趋向于有序分类值更大的一端；当 $b_k < 0$ 时，表示随着 x_k 的增加，y 取值更可能趋向于有序分类值更小的一端。若用优势比解释，则表示 x_k 每改变一个测量单位，$y > j$ 的优势比将改变 $\exp(b_k)$ 倍。

18.1.2　优势与优势比

请参阅 16.1.2 部分相应内容。

18.1.3　回归效果的统计检验

请参阅 16.1.3 部分相应内容。

18.1.4　分析计算过程

(1)建立由预报对象(有序多项分类因变量)和 m 个预报因子样本观测变量序列组成的 SPSS 数据文件，其中 m 个预报因子可以是度量自变量、分类自变量，或者是两者的混合，保存数据文件。

(2)打开 SPSS 数据文件，在数据编辑窗口进行有序回归分析。保存数据编辑窗口中的数据和结果输出窗口中的统计结果、相关信息等。

(3)对回归效果进行统计检验。

(4)若通过统计检验，用有序回归方程进行预报。

18.2　SPSS 应用实例

本次选用新疆巴音郭楞蒙古自治州开都河大山口水文站 1962～2009 年 6 月下旬旬平均流量为预报对象(构建为反映 6 月下旬来水偏丰、正常或偏枯的有序多项分类因变量)，选用 6 月中旬旬平均流量、2 月中旬旬平均气温和 6 月上旬降水量为预报因子，用 SPSS 进行了有序回归分析计算，并对 2010 年 6 月下旬旬平均流量每一分类可能发生的概率进行了预报(其中概率最大的类别发生的可能性最大)，结果令人满意。

18.2.1　有序回归分析

打开 SPSS 数据文件，开都河大山口水文站 6 月下旬旬平均流量及相关预报因子变量序列见第 16 章图 16-1、图 16-2。

18.2.1.1　计算历年 6 月下旬旬平均流量平均值

构建反映 6 月下旬来水偏丰、正常或偏枯的有序多项分类因变量时，需要用到历年 6

月下旬旬平均流量的平均值,按照 15.2.1 部分中计算历年 3 月中旬旬平均气温平均值的操作步骤,可由 SPSS 统计计算该平均值,输出结果见表 18-1。

表 18-1　描述统计量(Descriptive Statistics)

	N	极小值(Min)	极大值(Max)	均值(Mean)	标准差(Std. Deviation)
六月下旬旬平均流量	48	100	413	202.18	74.497
有效的 N(列表状态) Valid N(Listwise)	48				

18.2.1.2　构建 6 月下旬旬平均流量有序多项分类因变量序列

由表 18-1 可见,开都河大山口水文站历年 6 月下旬旬平均流量的平均值为 202.18 m^3/s。本次约定,该站 6 月下旬旬平均流量低于 181.962 m^3/s(即距平值 < -10)时,来水量为偏枯,对应的有序多项分类因变量 $y=1$;介于 181.962 m^3/s 和 222.398 m^3/s 之间(即距平值介于 -10 和 10 之间)为正常,$y=2$;高于 222.398 m^3/s(即距平值 > 10)为偏丰,$y=3$。

根据上述约定,按照 15.2.1 部分中构建反映气候冷冬与暖冬类型的分类变量序列的操作步骤,可由 SPSS 自动生成有序多项分类因变量 y 序列,结果见图 18-1、图 18-2。

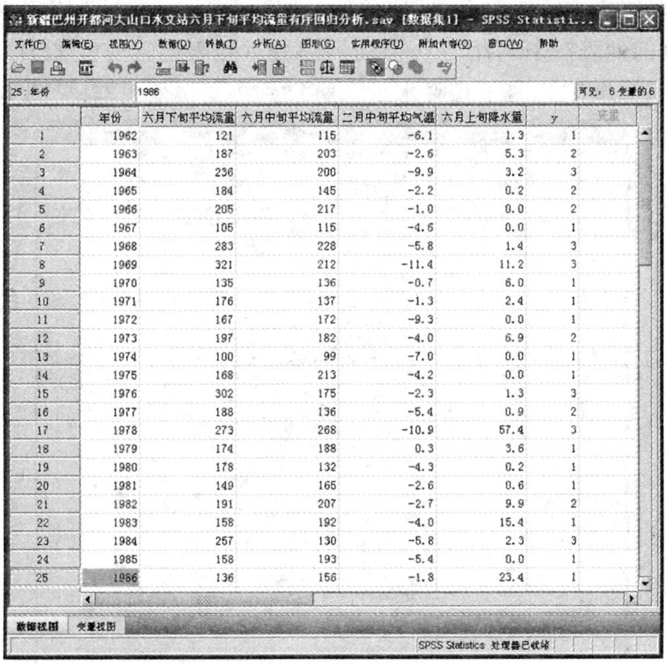

	年份	六月下旬平均流量	六月中旬平均流量	二月中旬平均气温	六月上旬降水量	y	变量
1	1962	121	115	-6.1	1.3	1	
2	1963	187	203	-2.6	5.3	2	
3	1964	236	200	-9.9	3.2	3	
4	1965	184	145	-2.2	0.2	2	
5	1966	205	217	-1.0	0.0	2	
6	1967	105	115	-4.6	0.0	1	
7	1968	283	228	-5.8	1.4	3	
8	1969	321	212	-11.4	11.2	3	
9	1970	135	136	-0.7	6.0	1	
10	1971	176	137	-1.3	2.4	1	
11	1972	167	172	-9.3	0.0	1	
12	1973	197	182	-4.0	6.9	2	
13	1974	100	99	-7.0	0.0	1	
14	1975	168	213	-4.2	0.0	1	
15	1976	302	175	-2.3	1.3	3	
16	1977	188	136	-5.4	0.9	2	
17	1978	273	268	-10.9	57.4	3	
18	1979	174	188	0.3	3.6	1	
19	1980	178	132	-4.3	0.2	1	
20	1981	149	165	-2.6	0.6	1	
21	1982	191	207	-2.7	9.9	2	
22	1983	158	192	-4.0	15.4	1	
23	1984	257	130	-5.8	2.3	3	
24	1985	158	193	-5.4	0.0	1	
25	1986	136	156	-1.8	23.4	1	

图 18-1　生成的有序多项分类因变量 y 序列(一)

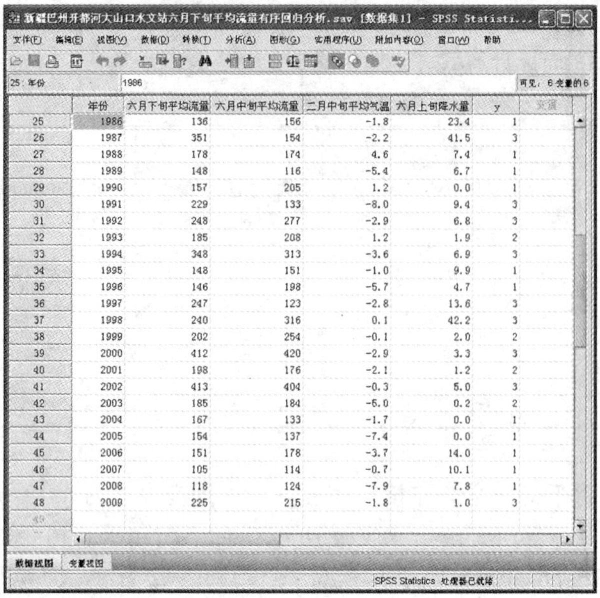

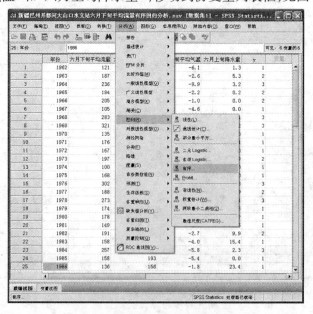

图 18-2　生成的有序多项分类因变量 y 序列(二)

18.2.1.3　有序回归分析

生成有序多项分类因变量 y 序列后,便可进行有序回归分析计算。SPSS 操作步骤如下:

步骤 1:在图 18-1 中依次单击菜单"分析→回归→有序",见图 18-3,从弹出的 Ordinal 回归对话框左侧的列表框中选择"y",移动到因变量列表框,选择"六月中旬平均流量"、"二月中旬平均气温"和"六月上旬降水量",移动到协变量列表框,见图 18-4。

图 18-3　SPSS 有序回归模块

步骤 2:单击图 18-4 中的"输出"按钮,打开输出对话框,依次选择"拟合度统计"、"摘要统计"、"参数估计"、"平行线检验"、"估计响应概率"、"预测类别"、"预测类别概率"和"实际类别概率",见图 18-5,单击"继续"按钮,返回图 18-4。

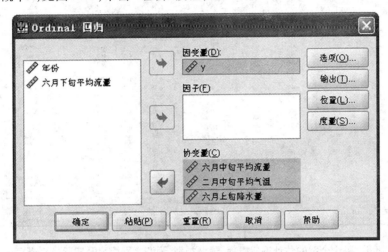

图 18-4　Ordinal 回归对话框

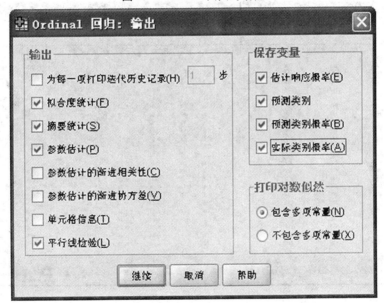

图 18-5　输出对话框

步骤 3:单击图 18-4 中的"确定"按钮,执行有序回归的操作,SPSS 会自动以变量名"EST1_1"、"EST2_1"、"EST3_1"、"PRE_1"、"PCP_1"、"ACP_1"将开都河大山口水文站 6 月下旬旬平均流量(有序多项分类变量)每个个案的估计响应概率(对应 3 个分类)、预测类别、预测类别概率和实际类别概率显示在数据编辑窗口,见图 18-6、图 18-7。

有序回归分析在 SPSS 上的操作过程到此结束,用户应选择路径保存数据编辑窗口、结果输出窗口中的数据与结果,供后继分析使用。

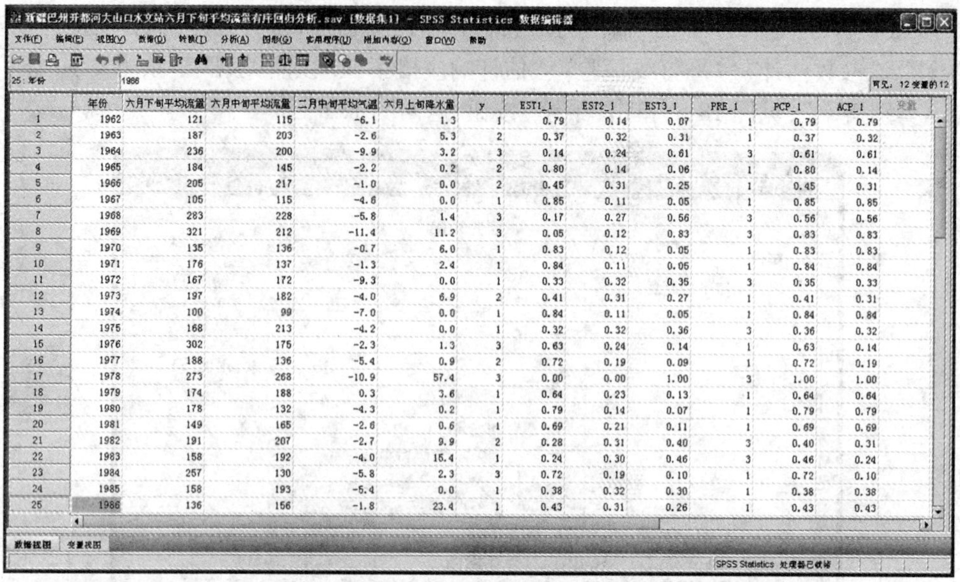

	年份	六月下旬平均流量	六月中旬平均流量	二月中旬平均气温	六月上旬降水量	y	EST1_1	EST2_1	EST3_1	PRE_1	PCP_1	ACP_1
1	1962	121	115	-6.1	1.3	1	0.79	0.14	0.07	1	0.79	0.79
2	1963	187	203	-2.6	5.3	2	0.37	0.32	0.31	1	0.37	0.32
3	1964	236	200	-9.9	3.2	3	0.14	0.24	0.61	3	0.61	0.61
4	1965	184	145	-2.2	0.2	2	0.80	0.14	0.06	1	0.80	0.14
5	1966	205	217	-1.0	0.0	2	0.45	0.31	0.25	1	0.45	0.31
6	1967	105	115	-4.6	0.0	1	0.85	0.11	0.05	1	0.85	0.85
7	1968	283	228	-5.8	1.4	3	0.17	0.27	0.56	3	0.56	0.56
8	1969	321	212	-11.4	11.2	3	0.05	0.12	0.83	3	0.83	0.83
9	1970	135	136	-0.7	6.0	1	0.83	0.12	0.05	1	0.83	0.83
10	1971	176	137	-1.3	2.4	1	0.84	0.11	0.05	1	0.84	0.84
11	1972	167	172	-9.3	0.0	1	0.33	0.32	0.35	3	0.35	0.33
12	1973	197	182	-4.0	6.9	2	0.41	0.31	0.27	1	0.41	0.31
13	1974	100	99	-7.0	0.0	1	0.84	0.11	0.05	1	0.84	0.84
14	1975	168	213	-4.2	0.0	1	0.32	0.32	0.36	3	0.36	0.32
15	1976	302	175	-2.3	1.3	3	0.63	0.24	0.14	1	0.63	0.14
16	1977	188	136	-5.4	0.9	2	0.72	0.19	0.09	1	0.72	0.19
17	1978	273	268	-10.9	57.4	3	0.00	0.00	1.00	3	1.00	1.00
18	1979	174	188	0.3	3.6	1	0.64	0.23	0.13	1	0.64	0.64
19	1980	178	132	-4.3	0.2	1	0.79	0.14	0.07	1	0.79	0.79
20	1981	149	165	-2.6	0.6	1	0.69	0.21	0.11	1	0.69	0.69
21	1982	191	207	-2.7	9.9	2	0.28	0.31	0.40	3	0.40	0.31
22	1983	158	192	-4.0	15.4	1	0.24	0.30	0.46	3	0.46	0.24
23	1984	257	130	-5.8	2.3	3	0.72	0.19	0.10	1	0.72	0.10
24	1985	158	193	-5.4	0.0	1	0.38	0.32	0.30	1	0.38	0.38
25	1986	136	156	-1.8	23.4	1	0.43	0.31	0.26	1	0.43	0.43

图 18-6　每个个案的估计响应概率、预测类别、预测类别概率及实际类别概率(一)

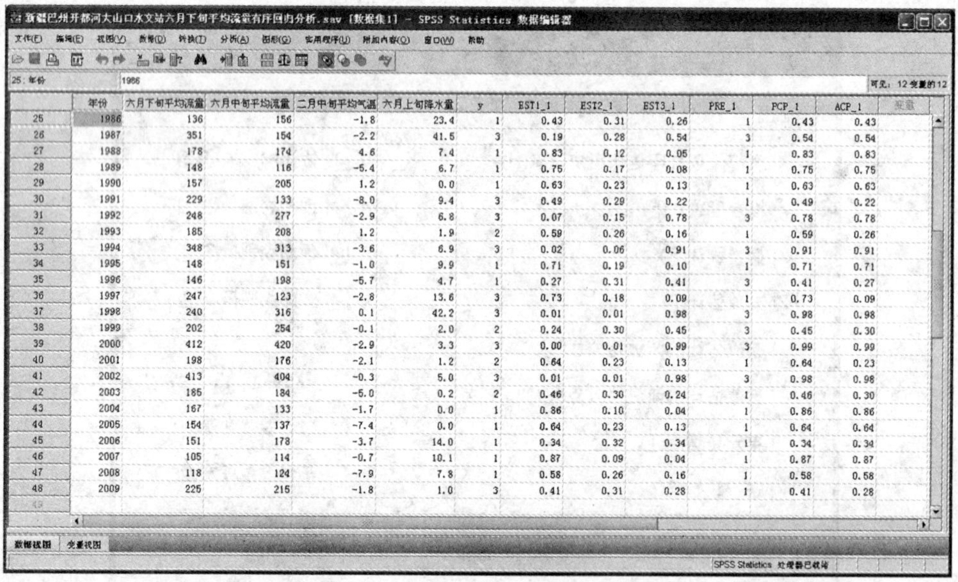

	年份	六月下旬平均流量	六月中旬平均流量	二月中旬平均气温	六月上旬降水量	y	EST1_1	EST2_1	EST3_1	PRE_1	PCP_1	ACP_1
25	1986	136	156	-1.8	23.4	1	0.43	0.31	0.26	1	0.43	0.43
26	1987	351	154	-2.2	41.5	3	0.19	0.28	0.54	3	0.54	0.54
27	1988	178	174	4.6	7.4	1	0.83	0.12	0.05	1	0.83	0.83
28	1989	148	116	-5.4	6.7	1	0.75	0.17	0.08	1	0.75	0.75
29	1990	157	205	1.2	0.0	1	0.63	0.23	0.13	1	0.63	0.63
30	1991	229	133	-8.0	9.4	3	0.49	0.29	0.22	1	0.49	0.22
31	1992	248	277	-2.9	6.8	3	0.07	0.15	0.78	3	0.78	0.78
32	1993	185	208	1.2	1.9	2	0.59	0.26	0.16	1	0.59	0.26
33	1994	348	313	-3.6	6.9	3	0.02	0.06	0.91	3	0.91	0.91
34	1995	148	151	-1.0	9.9	1	0.71	0.19	0.10	1	0.71	0.71
35	1996	146	198	-5.7	4.7	1	0.27	0.31	0.41	3	0.41	0.27
36	1997	247	123	-2.8	13.6	3	0.73	0.18	0.09	1	0.73	0.09
37	1998	240	316	0.1	42.2	3	0.01	0.01	0.98	3	0.98	0.98
38	1999	202	254	-0.1	2.0	2	0.24	0.30	0.45	3	0.45	0.30
39	2000	412	420	-2.9	3.3	3	0.00	0.01	0.99	3	0.99	0.99
40	2001	198	176	-2.1	1.2	2	0.64	0.23	0.13	1	0.64	0.23
41	2002	413	404	-0.3	5.0	3	0.01	0.01	0.98	3	0.98	0.98
42	2003	185	184	-5.0	0.2	2	0.46	0.30	0.24	1	0.46	0.30
43	2004	167	133	-1.7	0.0	1	0.86	0.10	0.04	1	0.86	0.86
44	2005	154	137	-7.4	0.0	1	0.64	0.23	0.13	1	0.64	0.64
45	2006	151	178	-3.7	14.0	1	0.34	0.32	0.34	1	0.34	0.34
46	2007	105	114	-0.7	10.1	1	0.87	0.09	0.04	1	0.87	0.87
47	2008	118	124	-7.9	7.8	1	0.58	0.26	0.16	1	0.58	0.58
48	2009	225	215	-1.8	1.0	3	0.41	0.31	0.28	1	0.41	0.28

图 18-7　每个个案的估计响应概率、预测类别、预测类别概率及实际类别概率(二)

18.2.2　统计检验

对 SPSS 结果输出窗口中的统计表格数据分析如下。

18.2.2.1　案例处理摘要

表 18-2 是案例处理摘要，可见，48 个有序多项分类预报对象个案全部有效，其中偏枯的个案有 23 个，正常 10 个，偏丰 15 个。

表18-2 案例处理摘要(Case Processing Summary)

		N	边际百分比(Marginal Percentage)
y	1	23	47.9%
	2	10	20.8%
	3	15	31.3%
	有效(Valid)	48	100.0%
	缺失(Missing)	0	
	合计(Total)	48	

18.2.2.2 模型拟合信息

表18-3给出了只包含截距项的模型和最终模型的似然比检验结果,其-2倍对数似然值分别为100.109、75.597,$\chi^2 = 24.513$,自由度为3,显著性水平$\rho = 0.000 < 0.001$,表明最终模型要优于只含截距项的模型,即最终模型成立,也说明模型中至少有1个预报因子有统计学意义。

表18-3 模型拟合信息(Model Fitting Information)

模型(Model)	-2倍对数似然值(-2 Log Likelihood)	卡方(Chi-Square)	df	显著性(Sig.)
仅截距(Intercept Only)	100.109			
最终(Final)	75.597	24.513	3	0.000

注:连接函数为Logit。

18.2.2.3 拟合优度

表18-4给出了拟合优度检验结果,可见,Pearson χ^2 及偏差 χ^2 分别为85.763($\rho = 0.635 > 0.05$)、75.597($\rho = 0.878 > 0.05$),表明有序回归方程预测值与观测值之间的差异无统计学意义,从而意味着模型拟合优度较好。

表18-4 拟合度(Goodness-of-Fit)

	卡方(Chi-Square)	df	显著性(Sig.)
Pearson	85.763	91	0.635
偏差(Deviance)	75.597	91	0.878

注:连接函数为Logit。

18.2.2.4 伪 R^2

由表18-5可见,Cox & Snell决定系数 $R^2_{CS} = 0.400$,Nagelkerke决定系数 $R^2_N = 0.457$,McFadden决定系数 $R^2_M = 0.245$。

表 18-5　伪 R^2（Pseudo R-Square）

Cox & Snell	0. 400
Nagelkerke	0. 457
McFadden	0. 245

注:连接函数为 Logit。

18.2.2.5　参数估计

表 18-6 给出了累加 Logit 模型的 $J-1(J=3)$ 个预测概率回归方程的参数估计结果，表中蕴涵着如下丰富的信息：

（1）如果用 Q 表示 6 月中旬旬平均流量，T 表示 2 月中旬旬平均气温，R 表示 6 月上旬降水量，则可建立如下 2 个累加 Logit 模型预测概率的计算式：

$$P(y \leqslant 1) = \exp(5.641 - (0.026Q - 0.203T + 0.064R))/(1 + \exp(5.641 - (0.026Q - 0.203T + 0.064R)))$$

$$P(y \leqslant 2) = \exp(6.966 - (0.026Q - 0.203T + 0.064R))/(1 + \exp(6.966 - (0.026Q - 0.203T + 0.064R)))$$

由上式可计算得有序多项分类因变量每一分类可能发生的概率 P_j：

$$P_1 = P(y \leqslant 1)$$
$$P_2 = P(y \leqslant 2) - P(y \leqslant 1)$$
$$P_3 = 1 - P(y \leqslant 2)$$

式中：P_1 为类别 1（偏枯型）的预测概率；P_2 为类别 2（正常型）的预测概率；P_3 为类别 3（偏丰型）的预测概率。

（2）可以检验所有预报因子对有序回归方程的贡献有无统计学意义。由每一个预报因子对应的 ρ 值可见，在 0.05 显著性水平下，6 月中旬旬平均流量有统计学意义，2 月中旬旬平均气温和 6 月上旬降水量稍偏离显著性水平。

（3）6 月中旬旬平均流量和 6 月上旬旬降水量对应的回归系数估计值 b_k 都大于 0，说明这两个预报因子递增时，预报对象 y 取值更可能趋向于有序分类值更大的一端，即趋向于正常或偏丰型；而 2 月中旬旬平均气温对应的回归系数估计值 b_k 小于 0，说明该预报因子递增时，预报对象 y 取值更可能趋向于有序分类值更小的一端，即趋向于正常或偏枯型。

（4）由每个预报因子 x_k 对应的 $\exp(b_k)$，可获得 x_k 对应的优势比 OR_k 及其 95% 置信区间。例如，6 月中旬旬平均流量对应的 OR_k 估计值 $= \exp(0.026) = 1.026$，95% 的置信区间为 $(\exp(0.010),\exp(0.042))$，即 $(1.010,1.043)$，表明在其他预报因子固定不变的情况下，6 月中旬旬平均流量每改变一个测量单位时，对于不同的阈值 $[y=1]$ 或 $[y=2]$，$y > 1$ 或 $y > 2$ 的优势比将改变为 1.026 倍，即属于正常型或偏丰型的机会有略增的趋势（因为优势比略大于 1）。

表 18-6 参数估计值(Parameter Estimates)

| | | 估计
(Estimate) | 标准误
(S. E) | Wald | *df* | 显著性
(Sig.) | 95% 置信区间
(95% Confidence Interval) | |
							下限 (Lower Bound)	上限 (Upper Bound)
阈值 (Threshold)	[y = 1]	5.641	1.626	12.032	1	0.001	2.454	8.828
	[y = 2]	6.966	1.747	15.908	1	0.000	3.543	10.390
位置 (Location)	六月中旬旬平均流量	0.026	0.008	10.651	1	0.001	0.010	0.042
	二月中旬旬平均气温	− 0.203	0.109	3.445	1	0.063	− 0.417	0.011
	六月上旬降水量	0.064	0.039	2.715	1	0.099	− 0.012	0.141

注:连接函数为 Logit。

18.2.2.6 平行线检验

由表 18-7 可见,广义 χ^2 为 7.495,$\rho = 0.058 > 0.05$,说明在 0.05 显著性水平下,6 月中旬旬平均流量、2 月中旬旬平均气温、6 月上旬降水量的位置参数(斜率系数)在不同有序多项分类因变量水平上是相对不变的。

表 18-7 平行线检验[c] (Test of Parallel Lines[c])

模型(Model)	− 2 对数似然值(− 2 Log Likelihood)	卡方(Chi-Square)	*df*	显著性(Sig.)
零假设(Null Hypothesis)	75.597			
广义(General)	68.102[a]	7.495[b]	3	0.058

注:零假设规定位置参数(斜率系数)在各响应类别中都是相同的。

a. 在达到最大步骤对分次数后,无法进一步增加对数似然值。

b. 卡方统计量的计算基于广义模型最后一次迭代得到的对数似然值,检验的有效性是不确定的。

c. 连接函数为 Logit。

18.2.3 预报

开都河大山口水文站 2010 年 6 月中旬旬平均流量为 253 m^3/s,2 月中旬旬平均气温为 − 7.4 ℃,6 月上旬降水量为 5.9 mm,代入上述 2 个累加 Logit 模型预测概率的计算式,计算得:

$$P(y \leqslant 1) = \exp(5.641 - (0.026 \times 253 - 0.203 \times (-7.4) + 0.064 \times 5.9))/(1 +$$
$$\exp(5.641 - (0.026 \times 253 - 0.203 \times (-7.4) + 0.064 \times 5.9))) = 0.056423$$
$$P(y \leqslant 2) = \exp(6.966 - (0.026 \times 253 - 0.203 \times (-7.4) + 0.064 \times 5.9))/$$
$$(1 + \exp(6.966 - (0.026 \times 253 - 0.203 \times (-7.4) + 0.064 \times 5.9))) = 0.183652$$

由上式可计算得有序多项分类因变量每一分类可能发生的概率 P_j:

$$P_1 = P(y \leqslant 1) = 0.056423$$
$$P_2 = P(y \leqslant 2) - P(y \leqslant 1) = 0.183652 - 0.056423 = 0.127229$$
$$P_3 = 1 - P(y \leqslant 2) = 1 - 0.183652 = 0.816348$$

可见,P_3 值最大,$y = 3$ 的可能性最大,即开都河大山口水文站 2010 年 6 月下旬旬平均流量预计为偏丰的可能性较大。实际情况是 393 m^3/s,高于偏丰的下限值 222.398 m^3/s,属于偏丰型,预报正确。

第 19 章　非线性回归分析

19.1　基本思路、统计检验与分析计算过程

19.1.1　基本思路

在中长期水文预报实践中,预报对象与预报因子之间不是常常呈线性关系,有时也会呈非线性关系,即预报对象与预报因子之间的关系不能直接用线性组合来表示,这时可采用非线性回归分析来建立模型。

用非线性回归分析建立预报模型时,首先要求用户确定模型的表达式和模型参数的初始值,用户可以通过绘制散点图,或借用相同观测数据来源的现成模型,来确定模型的表达式和模型参数的初始值,最后通过迭代算法来建立最终模型,SPSS 提供了 Levenberg-Marquardt 和序列二次编程两种迭代算法。

Levenberg-Marquardt 法:这是不受约束的非线性回归模型的缺省算法,用户可为"最大迭代次数"输入新值,并可更改在"平方和收敛性"和"参数收敛性"下拉列表中的值。如果用户定义了损失函数、参数约束或自引导,则 Levenberg-Marquardt 法不可用。

序列二次编程法:此方法可用于受约束和不受约束的非线性回归模型,用户可为"最大迭代次数"和"步长限制"输入新值,并可更改在"最优性容差"、"函数精度"和"无限步长"下拉列表中的值。如果用户定义了损失函数、参数约束或 bootstrap,SPSS 会自动启用序列二次编程法。

值得注意的是,确定的模型参数初始值与迭代算法期望的最终解越接近越好,不合适的初始值可能导致收敛失败或者仅仅导致局部解的收敛,或者在物理上是不可行的。

19.1.2　回归效果的统计检验

19.1.2.1　回归模型的拟合优度检验

对非线性回归分析,可以通过检验样本数据聚集在样本回归线型周围的密集程度,来判断回归模型对样本数据的代表程度。通常用决定性系数 R^2 来实现回归模型的拟合优度检验,R^2 越接近 1,表明回归模型的拟合程度越好,R^2 越接近 0,回归模型的拟合程度越差。建立不受约束的非线性回归模型时,SPSS 会在结果输出窗口中的方差分析表备注栏内显示 R^2 值。

19.1.2.2　损失函数最小化

损失函数是指非线性回归中通过运算使其取值最小化的函数,例如通过定义残差的绝对值为损失函数,可以实现最小一乘分析。定义了损失函数,非线性回归分析就成为受约束的非线性回归分析,而且,当所定义的损失函数值最小时,表明拟合程度最好。

其他统计量请参阅相关的 SPSS 专业书籍和资料。

19.1.3　分析计算过程

（1）建立由预报对象和 m 个预报因子样本观测变量序列组成的 SPSS 数据文件并保存。

（2）确定非线性回归模型的表达式和模型参数的初始值。

（3）打开 SPSS 数据文件，在数据编辑窗口进行非线性回归分析，计算预报对象的估计值及相对拟合误差，生成由预报对象与其估计值组成的历史拟合曲线。保存数据编辑窗口中的数据和结果输出窗口中的统计结果、相关信息等。

（4）对回归效果进行统计检验。

（5）若通过统计检验，用非线性回归模型进行预报。

19.2　SPSS 应用实例

19.2.1　非线性回归分析

本次选用新疆巴音郭楞蒙古自治州开都河大山口水文站 1957~2009 年 12 月上旬旬平均流量为预报对象，选用 11 月下旬旬平均流量为预报因子，用 SPSS 进行了非线性回归分析计算，并对 2010 年 12 月上旬旬平均流量进行了预报，结果令人满意。SPSS 数据文件见第 9 章图 9-1、图 9-2（删除 RES_1、w 两列即可）。

19.2.1.1　确定非线性回归模型的表达式和模型参数的初始值

按照 9.2.1 部分的操作步骤，可由 SPSS 自动生成开都河大山口水文站 11 月下旬旬平均流量与 12 月上旬旬平均流量之间的散点图，见图 19-1。

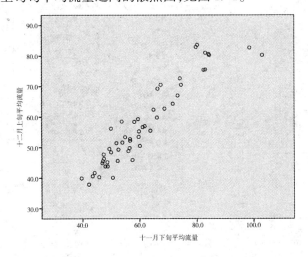

图 19-1　预报因子与预报对象散点图

由图 19-1 可见，开都河大山口水文站 11 月下旬旬平均流量与 12 月上旬旬平均流量呈对数曲线关系，如果用 y 表示 12 月上旬旬平均流量，用 x 表示 11 月下旬旬平均流量，则其模型表达式为：

$$y = a + b\ln x$$

其中，a、b 是模型参数，可由原始观测资料确定其初始值。由第 9 章图 9-1 可见，开都河大山口水文站 1957 年 11 月下旬旬平均流量、12 月上旬旬平均流量分别为 39.6 m³/s 和 39.9 m³/s，1958 年分别为 71.6 m³/s 和 64.3 m³/s，代入上式，计算得 a、b 的初始值为：$a = -111.659$，$b = 41.198$。

19.2.1.2　非线性回归分析

非线性回归分析操作步骤如下：

步骤 1：在第 9 章图 9-1 中依次单击菜单"分析→回归→非线性"，见图 19-2，再从弹出的非线性回归对话框左侧的列表框中选择"十二月上旬旬平均流量"，移动到因变量列表框，在模型表达式框内输入非线性回归模型表达式"a ＋ b * ln(十一月下旬旬平均流量)"，见图 19-3。

步骤 2：单击图 19-3 左侧的"参数"按钮，打开参数对话框，在名称文本框输入"a"，初始值文本框输入"－111.659"，见图 19-4，单击"添加"按钮，继续在名称文本框输入"b"，初始值文本框输入"41.198"，单击"添加"按钮，结果见图 19-5。

图 19-2　SPSS 非线性回归模块

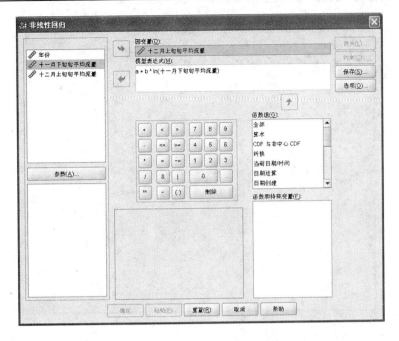

图 19-3　非线性回归对话框

图 19-4　参数对话框(一)　　　　　　　　　　图 19-5　参数对话框(二)

　　步骤 3：单击图 19-5 中的"继续"按钮,返回非线性回归对话框,见图 19-6,"确定"按钮被激活。

　　步骤 4：单击图 19-6 右上侧的"保存"按钮,打开保存对话框,选择"预测值",单击"继续"按钮,返回图 19-6。

　　步骤 5：单击图 19-6 中的"确定"按钮,执行非线性回归的操作,SPSS 会自动以变量名"PRED_"将开都河大山口水文站 1957～2009 年 12 月上旬旬平均流量非标准化估计值显示在数据编辑窗口,见图 19-7。

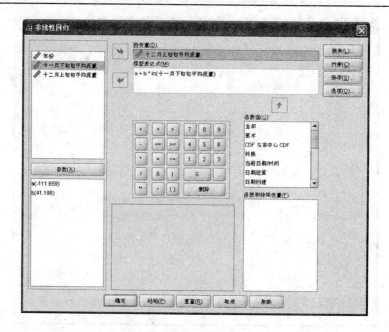

图 19-6   非线性回归对话框

	年份	十一月下旬旬平均流量	十二月上旬旬平均流量	PRED_	
1	1957	39.6	39.9	34.27	
2	1958	71.6	64.3	67.65	
3	1959	61.8	57.0	59.36	
4	1960	50.0	48.4	47.41	
5	1961	58.2	58.4	55.97	
6	1962	50.0	56.2	47.41	
7	1963	59.8	55.3	57.50	
8	1964	59.7	53.5	57.41	
9	1965	52.3	45.6	49.95	
10	1966	47.5	46.3	44.52	
11	1967	46.9	44.9	43.81	
12	1968	54.0	51.6	51.75	
13	1969	51.9	51.4	49.52	
14	1970	53.8	58.5	51.54	
15	1971	98.6	82.7	85.69	
16	1972	66.1	59.8	63.15	
17	1973	60.1	50.5	57.78	
18	1974	57.5	45.9	55.29	
19	1975	50.6	40.1	48.09	
20	1976	52.6	49.3	50.27	
21	1977	48.4	48.8	53.90	
22	1978	45.8	40.3	42.47	
23	1979	47.4	47.7	44.40	
24	1980	61.1	56.7	58.71	
25	1981	45.8	43.8	46.05	
26	1982	56.5	49.8	54.30	
27	1983	49.4	49.9	46.73	

图 19-7   开都河大山口水文站历年 12 月上旬旬平均流量非标准化估计值

19.2.1.3　相对拟合误差与历史拟合曲线

1）相对拟合误差

按照 3.2.2 部分的操作步骤,可由 SPSS 自动生成开都河大山口水文站历年 12 月上旬旬平均流量与其估计值之间的相对拟合误差,见图 19-8、图 19-9,可见,1957～2009 年逐年相对拟合误差除 1974 年偏大外,其余都在 ±20% 之内,合格率达 98.1% 。

	年份	十一月下旬旬平均流量	十二月上旬旬平均流量	PRED_	相对拟合误差
1	1957	39.6	39.9	34.27	-14.11
2	1958	71.6	64.3	67.65	5.21
3	1959	61.8	57.0	59.36	4.13
4	1960	50.0	48.4	47.41	-2.04
5	1961	58.2	58.4	55.97	-4.15
6	1962	50.0	56.2	47.41	-15.63
7	1963	59.8	55.3	57.50	3.98
8	1964	59.7	53.5	57.41	7.30
9	1965	52.3	45.6	49.95	9.54
10	1966	47.5	46.3	44.52	-3.84
11	1967	46.9	44.9	43.81	-2.43
12	1968	54.0	51.6	51.75	0.29
13	1969	51.9	51.4	49.52	-3.66
14	1970	53.8	58.5	51.54	-11.89
15	1971	98.6	82.7	85.69	3.61
16	1972	66.1	59.8	63.15	5.60
17	1973	60.1	50.5	57.78	14.42
18	1974	57.5	45.9	55.29	20.46
19	1975	50.6	40.1	48.09	19.92
20	1976	52.6	49.3	50.27	1.97
21	1977	56.1	48.8	53.90	10.46
22	1978	45.8	40.3	42.47	5.38
23	1979	47.4	47.7	44.40	-6.91
24	1980	61.1	56.7	58.71	3.55
25	1981	48.8	43.8	46.05	5.13
26	1982	56.5	49.7	54.30	9.04
27	1983	49.4	49.5	46.73	-5.59

图 19-8　生成的相对拟合误差（%）序列（一）

	年份	十一月下旬旬平均流量	十二月上旬旬平均流量	PRED_	相对拟合误差
27	1983	49.4	49.5	46.73	-5.59
28	1984	48.0	43.8	45.11	3.00
29	1985	43.5	40.6	39.57	-2.55
30	1986	42.2	37.9	37.86	-0.12
31	1987	47.1	45.5	44.05	-3.19
32	1988	48.7	45.2	45.93	1.61
33	1989	56.7	52.2	54.50	4.41
34	1990	44.2	41.7	40.47	-2.96
35	1991	56.7	52.8	54.50	3.22
36	1992	55.0	53.4	52.79	-1.15
37	1993	63.8	55.5	61.15	10.18
38	1994	82.4	75.4	75.57	0.23
39	1995	59.5	59.3	57.22	-3.51
40	1996	74.5	70.5	69.89	-0.86
41	1997	67.4	70.5	64.25	-8.87
42	1998	83.0	81.0	75.98	-6.20
43	1999	83.0	75.5	75.98	0.64
44	2000	73.3	67.0	68.98	2.95
45	2001	74.1	72.6	69.59	-4.15
46	2002	103.0	80.3	88.15	9.77
47	2003	80.2	83.6	74.05	-11.43
48	2004	79.7	82.9	73.69	-11.11
49	2005	68.7	62.7	65.32	4.18
50	2006	84.1	80.6	76.74	-4.79
51	2007	64.9	62.1	62.12	-0.41
52	2008	66.3	69.2	63.33	-8.54
53	2009	84.4	80.3	76.89	-4.21

图 19-9　生成的相对拟合误差（%）序列（二）

2）历史拟合曲线

同理,按照 3.2.2 部分的操作步骤,可由 SPSS 自动生成由开都河大山口水文站历年 12 月上旬旬平均流量与其估计值组成的历史拟合曲线图,见图 19-10,拟合较好。

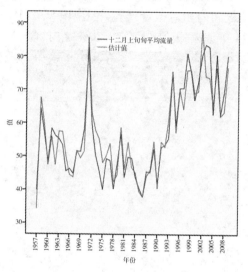

图 19-10　历史拟合曲线图

非线性回归分析在 SPSS 上的操作过程到此结束,用户应选择路径保存数据编辑窗口、结果输出窗口中的数据与结果,供后继分析使用。

19.2.1.4　统计检验与预报

1）迭代历史记录

由表 19-1 可见,非线性回归模型经过 3 次迭代计算和 2 次求导计算后,残差平方和稳定地达到最小化,计算终止。

表 19-1　迭代历史记录[b]（Iteration History[b]）

迭代数[a]（Iteration Number[a]）	残差平方和（Residual Sum of Squares）	参数（Parameter）	
		a	b
1.0	1 592.432	−111.659	41.198
1.1	968.245	−173.078	56.363
2.0	968.245	−173.078	56.363

注:导数是通过数字计算的。

a. 主迭代数在小数左侧显示,次迭代数在小数右侧显示。

b. 由于连续参数估计值之间的相对减少量最多为 PCON = 1.00×10^{-8},因此在 3 模型评估和 2 导数评估之后,系统停止运行。

2）参数估计

由表 19-2 可见,非线性回归模型参数 a 的估计值为 −173.078,参数 b 的估计值为 56.363。其 95% 置信区间都不包括 0,说明参数 a 和 b 均有统计学意义。如果用 y、x 分别表示预报对象和预报因子,则非线性回归模型为:

$$y = -173.078 + 56.363\ln x$$

表19-2 参数估计值(Parameter Estimates)

参数(Parameter)	估计(Estimate)	标准误(Std. Error)	95% 置信区间(95% Confidence Interval)	
			下限(Lower Bound)	上限(Upper Bound)
a	-173.078	10.983	-195.126	-151.029
b	56.363	2.683	50.977	61.748

3) 参数估计值的相关性

由表19-3可见,参数 a 和参数 b 之间相关系数为 -0.999,非常高。

表19-3 参数估计值的相关性(Correlations of Parameter Estimates)

	a	b
a	1.000	-0.999
b	-0.999	1.000

4) 方差分析

由表19-4备注栏可见,决定系数 R^2 为0.896,表明非线性回归模型能够解释预报对象89.6%的变异,模型的拟合效果不错。

表19-4 方差分析[a](ANOVA[a])

源(Source)	平方和(Sum of Squares)	df	均方(Mean Squares)
回归(Regression)	182 587.932	2	91 293.966
残差(Residual)	968.245	51	18.985
未更正的总计(Uncorrected Total)	183 556.177	53	
已更正的总计(Corrected Total)	9 349.226	52	

注:因变量为12月上旬旬平均流量。

a. R^2 = 1 - (残差平方和)/(已更正的平方和) = 0.896。

5) 预报

开都河大山口水文站2010年11月下旬旬平均流量为75.7 m³/s,代入上述非线性回归模型,计算得该站2010年12月上旬旬平均流量的预报值为70.8 m³/s,实际情况是79.0 m³/s,相差 -10.38%。

第9章曾选用相同的水文观测数据,用加权最小二乘法意义下的一元线性回归分析法,对开都河大山口水文站2010年12月上旬旬平均流量进行了预报,统计检验与预报结果:R^2 为0.888,预报值为70.11 m³/s,与实际值相差 -11.25%。

而本次非线性回归分析统计检验与预报结果:R^2 为0.896,预报值为70.8 m³/s,与实际值相差 -10.38%。可见,决定系数 R^2 略微增大,相对拟合误差略微减小,说明与加权最小二乘法意义下的一元线性回归分析得到的模型相比,用非线性回归分析得到的模型,其拟合效果和精度都有所提高。

19.2.2　受约束的非线性回归分析

本次选用黄河流域洮河红旗水文站 1955～2000 年 11 月月平均流量为预报对象,选用 10 月月平均流量为预报因子,在定义最小一乘法为损失函数的条件下,用 SPSS 进行了受约束的非线性回归分析计算,并对 2001 年 11 月月平均流量进行了预报,结果令人满意。SPSS 数据文件见第 10 章图 10-1、图 10-2。

19.2.2.1　确定非线性回归模型的表达式和模型参数的初始值

第 10 章曾以黄河流域洮河红旗水文站 1955～2000 年 11 月月平均流量为预报对象,以 10 月月平均流量为预报因子,进行了曲线参数估计分析计算,最后确定幂函数模型为最佳曲线关系模型,如果用 y、x 分别表示预报对象和预报因子,则其模型表达式为:

$$y = 1.758x^{0.774}$$

本次选用上式为非线性回归模型表达式,模型参数初始值取 $a = 1.758$,$b = 0.774$。

19.2.2.2　最小一乘法意义下的非线性回归分析

操作步骤如下:

步骤 1:在第 10 章图 10-1 中依次单击菜单"分析→回归→非线性",弹出非线性回归对话框,从对话框左侧的列表框中选择"十一月月平均流量",移动到因变量列表框,在模型表达式框内输入非线性回归模型表达式"a * (十月月平均流量 * * b)",见图 19-11。

步骤 2:单击图 19-11 左侧的"参数"按钮,打开参数对话框,在名称文本框输入"a",初始值文本框输入"1.758",单击"添加"按钮,接着继续在名称文本框输入"b",初始值文本框输入"0.774",单击"添加"按钮,结果见图 19-12。

图 19-11　非线性回归对话框

步骤 3:单击图 19-12 中的"继续"按钮,返回非线性回归对话框,见图 19-13,"确定"

按钮被激活。

　　步骤4：单击图 19-13 右上侧的"损失"按钮,打开损失函数对话框,选择用户定义的损失函数单选按钮,在其下侧的文本框内输入"ABS(RESID_)",即残差的绝对值(最小一乘法),这时,称非线性回归分析为受约束的非线性回归分析,或最小一乘法意义下的非线性回归分析,结果见图 19-14。

　　步骤5：单击图 19-14 中的"继续"按钮,弹出如图 19-15 所示的是否改用序列二次规划算法的对话框,按"确定"按钮,返回图 19-13。

　　步骤6：单击图 19-13 右上侧的"保存"按钮,在打开的保存对话框中选择"预测值",单击"继续"按钮,返回图 19-13。

　　步骤7：单击图 19-13 中的"确定"按钮,执行最小一乘法意义下的非线性回归的操作,SPSS 会自动以变量名"PRED_"将洮河红旗水文站 11 月月平均流量非标准化估计值显示在数据编辑窗口,见图 19-16。

图 19-12　参数对话框

图 19-13　非线性回归对话框

图 19-14　损失函数对话框

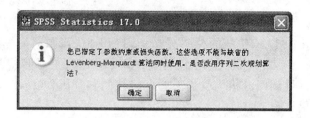

图 19-15　是否改用序列二次规划对话框

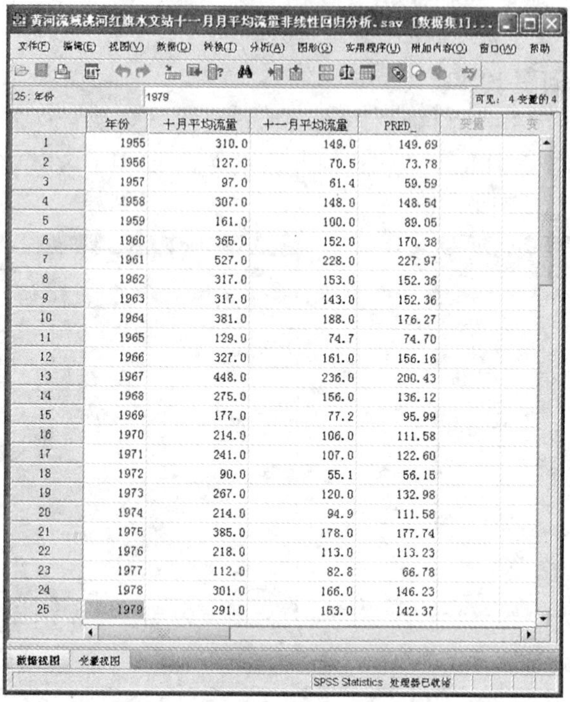

图 19-16　洮河红旗水文站历年 11 月月平均流量非标准化估计值

19.2.2.3　相对拟合误差与历史拟合曲线

1）相对拟合误差

按照 3.2.2 部分的操作步骤,可由 SPSS 自动生成洮河红旗水文站历年 11 月月平均流量与其估计值之间的相对拟合误差,见图 19-17、图 19-18,可见,1955～2000 年逐年相对拟合误差除 1969 年、1989 年偏大外,其余都在 ±20% 之内,合格率达 95.7%。

2）历史拟合曲线

同理,按照 3.2.2 部分的操作步骤,可由 SPSS 自动生成由洮河红旗水文站历年 11 月月平均流量与其估计值组成的历史拟合曲线图,见图 19-19,拟合很好。

受约束的非线性回归分析在 SPSS 上的操作过程到此结束,用户应选择路径保存数据编辑窗口、结果输出窗口中的数据与结果,供后继分析使用。

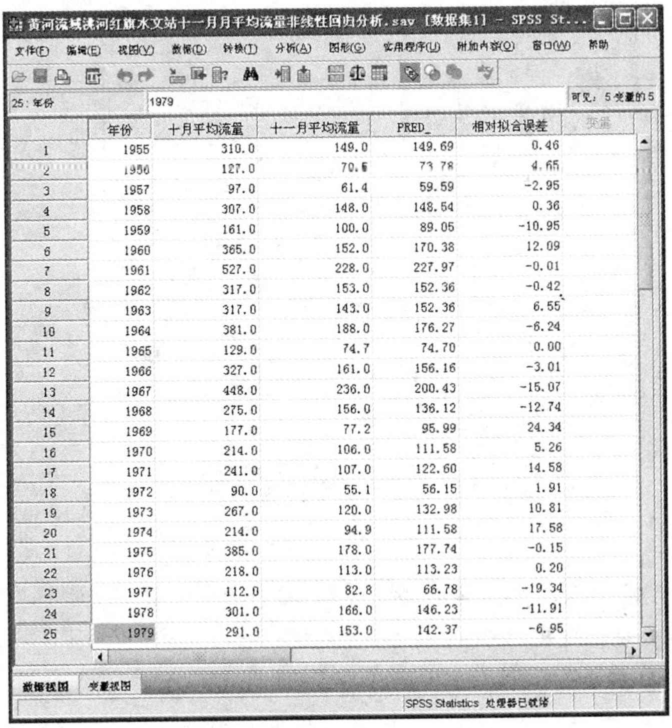

图 19-17　生成的相对拟合误差(％)序列(一)

	年份	十月平均流量	十一月平均流量	PRED_	相对拟合误差	变量
1	1955	310.0	149.0	149.69	0.46	
2	1956	127.0	70.6	73.78	4.65	
3	1957	97.0	61.4	59.59	-2.95	
4	1958	307.0	148.0	148.54	0.36	
5	1959	161.0	100.0	89.05	-10.95	
6	1960	365.0	152.0	170.38	12.09	
7	1961	527.0	228.0	227.97	-0.01	
8	1962	317.0	153.0	152.36	-0.42	
9	1963	317.0	143.0	152.36	6.55	
10	1964	381.0	188.0	176.27	-6.24	
11	1965	129.0	74.7	74.70	0.00	
12	1966	327.0	161.0	156.16	-3.01	
13	1967	448.0	236.0	200.43	-15.07	
14	1968	275.0	156.0	136.12	-12.74	
15	1969	177.0	77.2	95.99	24.34	
16	1970	214.0	106.0	111.58	5.26	
17	1971	241.0	107.0	122.60	14.58	
18	1972	90.0	55.1	56.15	1.91	
19	1973	267.0	120.0	132.98	10.81	
20	1974	214.0	94.9	111.58	17.58	
21	1975	385.0	178.0	177.74	-0.15	
22	1976	218.0	113.0	113.23	0.20	
23	1977	112.0	82.8	66.78	-19.34	
24	1978	301.0	166.0	146.23	-11.91	
25	1979	291.0	153.0	142.37	-6.95	

图 19-17　生成的相对拟合误差(％)序列(一)

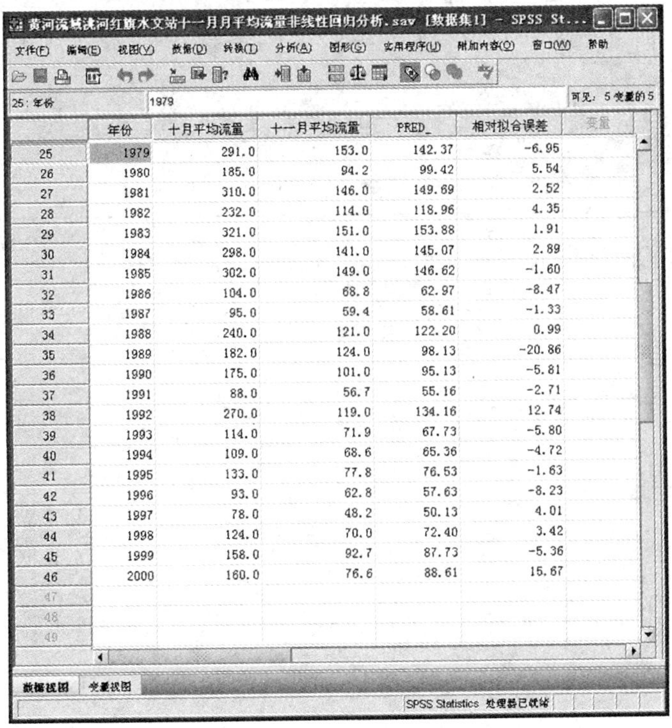

	年份	十月平均流量	十一月平均流量	PRED_	相对拟合误差	变量
25	1979	291.0	153.0	142.37	-6.95	
26	1980	185.0	94.2	99.42	5.54	
27	1981	310.0	146.0	149.69	2.52	
28	1982	232.0	114.0	118.96	4.35	
29	1983	321.0	151.0	153.88	1.91	
30	1984	298.0	141.0	145.07	2.89	
31	1985	302.0	149.0	146.62	-1.60	
32	1986	104.0	68.8	62.97	-8.47	
33	1987	95.0	59.4	58.61	-1.33	
34	1988	240.0	121.0	122.20	0.99	
35	1989	182.0	124.0	98.13	-20.86	
36	1990	175.0	101.0	95.13	-5.81	
37	1991	88.0	56.7	55.16	-2.71	
38	1992	270.0	119.0	134.16	12.74	
39	1993	114.0	71.9	67.73	-5.80	
40	1994	109.0	68.6	65.36	-4.72	
41	1995	133.0	77.8	76.53	-1.63	
42	1996	93.0	62.8	57.63	-8.23	
43	1997	78.0	48.2	50.13	4.01	
44	1998	124.0	70.0	72.40	3.42	
45	1999	158.0	92.7	87.73	-5.36	
46	2000	160.0	76.6	88.61	15.67	
47						
48						
49						

图 19-18　生成的相对拟合误差(％)序列(二)

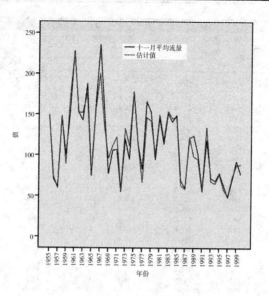

图 19-19   历史拟合曲线图

19.2.2.4   统计检验与预报

1)迭代历史记录

由表 19-5 可见,最小一乘法意义下的非线性回归模型经过 15 次迭代计算后,损失函数的值稳定地达到最小化,计算终止。模型参数 a 的估计值为 1.585,参数 b 的估计值为 0.793。如果用 y、x 分别表示预报对象和预报因子,则最小一乘法意义下的非线性回归模型为:

$$y = 1.585x^{0.793}$$

表 19-5   迭代历史记录[b](Iteration History[b])

迭代数[a](Iteration Number[a])	损失函数的值(Value of Loss Function)	参数(Parameter)	
		a	b
0.1	352.872	1.758	0.774
1.1	352.797	1.758	0.774
2.1	351.468	1.677	0.782
3.1	351.079	1.660	0.784
4.1	350.873	1.643	0.786
5.1	350.850	1.627	0.787
6.1	350.772	1.595	0.791
7.1	350.354	1.603	0.790
8.1	350.221	1.611	0.789
9.1	350.114	1.603	0.791
10.1	349.900	1.586	0.793

续表 19-5

迭代数[a]（Iteration Number[a]）	损失函数的值（Value of Loss Function）	参数（Parameter）	
		a	b
11. 1	349. 900	1. 586	0. 793
12. 1	349. 900	1. 586	0. 793
13. 1	349. 894	1. 585	0. 793
14. 1	349. 894	1. 585	0. 793

注：导数是通过数字计算的。

a. 主迭代数在小数左侧显示，次迭代数在小数右侧显示。

b. 由于在当前点 15 不能改善，因此在 15 之后停止运行。

2）预报

洮河红旗水文站 2001 年 10 月月平均流量为 223 m^3/s，代入上述最小一乘法意义下的非线性回归模型，计算得该站 2001 年 11 月月平均流量的预报值为 115 m^3/s，实际情况是 111 m^3/s，相差 3. 60%。

第 10 章曾选用相同的水文观测数据，用幂函数曲线参数估计法，对洮河红旗水文站 2001 年 11 月月平均流量进行了预报，预报结果为 116 m^3/s，与实际值相差 4. 50%，而本次最小一乘法意义下的非线性回归分析预报结果与实际值相差 3. 60%，可见，预报精度有所提高。

参 考 文 献

[1] 范钟秀. 中长期水文预报[M]. 南京:河海大学出版社,1999.

[2] 旦木仁加甫. 常用中长期水文预报 Visual Basic 6.0 应用程序及实例[M]. 郑州:黄河水利出版社, 2004.

[3] 旦木仁加甫. 非平稳时间序列 VB6.0 系统应用模型[M]. 郑州:黄河水利出版社,2006.

[4] 中华人民共和国国家质量监督检验检疫总局,中国国家标准化管理委员会. GB/T 22482—2008 水文情报预报规范[S]. 北京:中国标准出版社,2009.

[5] 旦木仁加甫. 利用模糊聚类分析法对河川径流进行分型与预报[J]. 干旱区水文水资源,1992(1).

[6] 旦木仁加甫. 开都河平原洪水六元回归模型的建立与预报[J]. 巴州科技,1999(2).

[7] 旦木仁加甫. 开都河年径流量逐步回归模型的建立和预报[J]. 巴州科技,2005(2).

[8] 旦木仁加甫. 开都河年均流量非平稳序列模型的建立与预报[J]. 新疆水利,1995(6).

[9] 旦木仁加甫. 黄水沟年均流量非平稳序列混合模型的建立与预报[J]. 巴州科技,2006(2).

[10] 旦木仁加甫. 马尔可夫链在年径流量定性预报中的应用[J]. 巴州科技,2003(3).

[11] 余建英,何旭红. 数据统计分析与 SPSS 应用[M]. 北京:人民邮电出版社,2003.

[12] 宇传华. SPSS 与统计分析[M]. 北京:电子工业出版社,2007.

[13] 李志辉,罗平. PASW/SPSS Statistics 中文版统计分析教程[M]. 北京:电子工业出版社,2010.

[14] 赖国毅,陈超. SPSS 17.0 中文版常用功能与应用实例精讲[M]. 北京:电子工业出版社,2010.

[15] 杜智敏. 抽样调查与 SPSS 应用[M]. 北京:电子工业出版社,2010.

[16] 旦木仁加甫. 新疆巴州洪水特点概述[J]. 干旱区地理,1991(2).

[17] 旦木仁加甫. 对内陆区几个传统水文观点的剖析[J]. 新疆水利,1999(3).

[18] 旦木仁加甫. 从新疆巴州平原水文过程的绿洲环境与气候效应谈干旱区生态水文学[J]. 新疆水利,2000(5).

[19] 华东水利学院. 水文学的概率统计基础[M]. 北京:水利出版社,1981.

[20] 丁晶,刘权授. 随机水文学[M]. 北京:中国水利水电出版社,1997.

[21] 林三益. 水文预报[M]. 北京:中国水利水电出版社,2001.

[22] N K Goel. 随机水文学[M]. 王志毅,周刚炎,译. 郑州:黄河水利出版社,2001.

[23] 旦木仁加甫. 未来气候变暖对内陆区径流形成机制的可能影响[C]∥中国科学技术协会. 人水和谐及新疆水资源可持续开发利用论坛,2005.

[24] 旦木仁加甫. 试析气候变化在昆仑山—阿尔金山北坡河流的水文效应[J]. 巴州科技,2008(1).

[25] 蔡建琼,于惠芳,朱志洪,等. SPSS 统计分析实例精选[M]. 北京:清华大学出版社,2006.

[26] 林杰斌,林川雄,刘明德. SPSS 12 统计建模与应用务实[M]. 北京:中国铁道出版社,2006.

[27] 何书元. 应用时间序列分析[M]. 北京:北京大学出版社,2003.

[28] 余锦华,扬维权. 多元统计分析与应用[M]. 广州:中山大学出版社,2005.

[29] 张润楚. 多元统计分析[M]. 北京:科学出版社,2006.